海军院校重点建设教材

舰载飞行力学与控制

主　编　徐彦军

副主编　丁　祥　康小伟　王　强

北京航空航天大学出版社

内 容 简 介

本书主要介绍飞机的平衡、稳定性与操纵性、飞行性能、飞机操纵等基本原理。首先,在建立飞机运动方程的基础上,讨论飞机的平衡、稳定性和操纵性。然后,结合直线飞行、特技飞行、起飞着陆、舰基起降、失速螺旋等具体飞行动作,介绍飞行性能分析的基本理论和研究方法,讨论飞行操纵原理。

本书可作为航空飞行与指挥专业的本科教材,也可作为相关专业的教材或参考书。

图书在版编目(CIP)数据

舰载飞行力学与控制 / 徐彦军主编. --北京 : 北京航空航天大学出版社,2022.10

ISBN 978 - 7 - 5124 - 3869 - 9

Ⅰ. ①舰… Ⅱ. ①徐… Ⅲ. ①舰载飞机－飞行力学② 舰载飞机－飞行控制 Ⅳ. ①V212.1②V249.1

中国版本图书馆 CIP 数据核字(2022)第 156430 号

舰载飞行力学与控制

主 编 徐彦军

副主编 丁 祥 康小伟 王 强

策划编辑 董 瑞 责任编辑 董 瑞

*

北京航空航天大学出版社出版发行

北京市海淀区学院路 37 号(邮编 100191) http://www.buaapress.com.cn

发行部电话:(010)82317024 传真:(010)82328026

读者信箱:goodtextbook@126.com 邮购电话:(010)82316936

北京建宏印刷有限公司印装 各地书店经销

*

开本:787×1 092 1/16 印张:15.75 字数:383 千字

2022 年 10 月第 1 版 2025 年 1 月第 3 次印刷 印数:2 001～3 000 册

ISBN 978 - 7 - 5124 - 3869 - 9 定价:56.00 元

前　言

本书是为海军航空飞行与指挥专业学员学习"舰载飞行力学与控制"课程编写的海军重点建设教材。

全书依据军事人才培养方案,强调系统性和基础性,突出基本理论、基本知识和基本技能。在此基础上,本书注重以下几个方面的教学需求:一是充分考虑海军飞行员陆基、舰基起降的双重要求,增加了舰基起降理论;二是现代飞行控制技术与飞机飞行高度融合,对飞机的飞行品质、飞行性能、飞行安全以及飞行员的驾驶技术都产生了深刻的影响,因此在相关章节后面对自动控制问题进行了分析阐述;三是吸纳了近年来航空兵部队飞行训练改革的最新成果,并与本书内容有机结合,力求适应部队实战化训练和武器装备更新发展的现实需求。

全书共分为8章:第1~3章在建立飞机的运动方程的基础上,主要介绍了飞机的纵向、侧向静稳定性和静操纵性,并简要介绍了动稳定性和动操纵性的基本概念,以及飞机的闭环稳定性;第4~7章较为详细地讨论了直线飞行、机动飞行、陆基起飞与着陆、舰基起降等具体飞行动作,阐述了操纵飞机飞行的基本原理;第8章介绍了与飞行动力学相关的失速、螺旋等典型特情。本书在编写过程中,强调系统性和基础性,突出基本理论、基本知识和基本技能。通过学习本书,学员能够掌握系统扎实的飞行动力学理论、飞行驾驶技术理论,为后续各机型飞行原理课程奠定扎实的飞行力学基础。

本书是课程组的集体劳动成果,由海军航空大学徐彦军担任主编,丁祥、康小伟、王强担任副主编,郭卫刚、雷卫东、潘向宁、董超、宋志杰等参与编写,康小伟绘制和完善了本书插图。全书由白勇特级飞行员、卢建华教授、费景荣教授审稿。

本书是海军近70年飞行原理课程教学教材的传承,包含了海军全体飞行原理教员们的集体智慧和经验。

编　者

2022 年 5 月

目　　录

第1章 飞机的运动方程和平衡

从力学角度看,飞机可以看作是具有六个自由度的刚体。这六个自由度就是沿三个坐标轴方向的移动和绕三个坐标轴方向的转动。为了能够准确地描述飞机在外力和外力矩作用下的运动规律,必须建立飞机的运动方程。

本章首先介绍描述飞机运动的常用坐标系,然后建立飞机的运动方程,最后分析飞机的平衡。

1.1 常用坐标系

描述飞机的运动,要选用合适的坐标轴系,而飞机的坐标轴系又多以其重心(质心)为原点,所以本节将首先介绍飞机的重心及其位置表示方法。

1.1.1 飞机重心及其位置表示法

飞机各部件、燃料、弹药、乘员等重力的合力就是飞机的重力,飞机重力的着力点就是飞机的重心。飞机重心的前后位置常用重心在某一特定翼弦上的投影点距该翼弦前端的距离来表示,如图 1-1-1 所示。对矩形翼来说,各翼弦长度都相同,任一翼弦均可作为表示重心位置的基准。但对梯形翼、后掠翼和三角翼等机翼来说,由于沿翼展方向各翼弦前缘位置不同,翼弦长度也不同,故需要选择一特定翼弦作为基准,这一特定翼弦就是平均空气动力弦 b_A。平均空气动力弦就是一个假想的矩形翼的翼弦,如图 1-1-2 所示。该矩形翼的面积、空气动力以及俯仰力矩等特性都与原机翼等效。平均空气动力弦的长度和位置可从各型飞机技术说明书中查到。

将飞机重心投影到平均空气动力弦上,若投影点到平均空气动力弦前缘的距离为 x_G,重心位置就以此距离占平均空气动力弦 b_A 的百分数 $\bar{x}_G$ 来表示,即

$$\bar{x}_G = \frac{x_G}{b_A} \times 100\% \qquad\qquad (1-1-1)$$

飞行中,飞机重心变化的前后位置比较明显。如某型飞机的正常质量为 1 400 kg,重心变化范围(即重心前限、后限)为 17%～24.1%b_A。

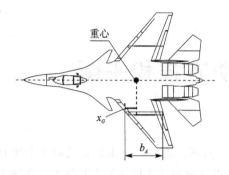

图 1-1-1　重心的前后位置表示方法

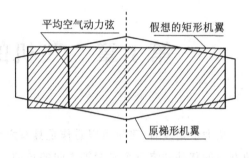

图 1-1-2　平均空气动力弦

1.1.2　坐标轴系

描述飞机在空中运动常用的直角坐标轴系有地面坐标轴系、机体坐标轴系、气流坐标轴系（速度坐标轴系）、航迹坐标轴系等。这几个坐标轴系除地面坐标轴系外，都是动坐标轴系，随飞机的运动而变化，坐标轴系的原点都定在飞机的重心上，各轴在空间的方向和位置按右手定则确定，称为右手直角坐标系。

1. 地面坐标轴系 ($O_g x_g y_g z_g$)

以地面为基准，原点 O_g 位于地面任意选定的某固定点（例如飞机的起飞点），通过该点画出三条互相垂直的坐标轴，该坐标轴系称为地面坐标轴系。它是固定在地球表面的一种坐标系，如图 1-1-3 所示。

地面纵轴 $O_g x_g$——平行于海平面（地平面），以指向某一方向为正（例如航行起始方向）。

地面立轴 $O_g y_g$——垂直于海平面（地平面），指上为正，指下为负。

地面横轴 $O_g z_g$——垂直于 $O_g x_g y_g$ 平面，顺着 $O_g x_g$ 的正方向，指向右为正，指向左为负。

描述飞机的运动轨迹（即相对于地面的运动速度的大小和方向）和姿态，要用到地面坐标轴系。为了方便讨论地面坐标轴系与其他坐标系之间的关系，通常将地面坐标系平移，使原点 O_g 与其他坐标系的原点 O（飞机重心）重合。

2. 机体坐标轴系 ($O x_1 y_1 z_1$)

以飞机机体为基准，原点位于飞机的重心 O，通过该点画出三条互相垂直的坐标轴，该坐标轴系称为机体坐标轴系。它是固联于飞机并随飞机运动的一种动坐标系，如图 1-1-4 所示。

机体纵轴 $O x_1$——位于飞机对称面内，通过飞机重心与机身轴线（或机翼平均空气动力弦）平行，指向机头方向为正，指向机尾方向为负。

机体立轴 $O y_1$——在飞机对称面内，通过飞机重心与机体纵轴垂直，指向座舱上方为正，指向座舱下方为负。

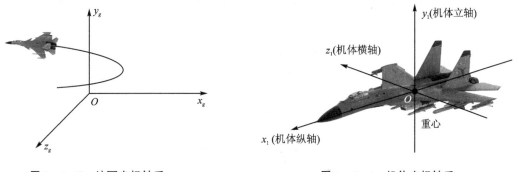

图 1 - 1 - 3　地面坐标轴系　　　　　　　图 1 - 1 - 4　机体坐标轴系

机体横轴 Oz_1——通过飞机重心与 Ox_1y_1 平面垂直,指向右翼方向为正,指向左翼方向为负。

研究飞机绕各轴的转动问题常采用机体坐标轴系。飞机绕机体纵轴、立轴和横轴的转动分别称为滚转、偏转和俯仰转动。绕各轴的气动力矩三个分量分别称为滚转力矩 M_x、偏转力矩 M_y 和俯仰力矩 M_z。

根据机体坐标轴系与地面坐标轴系之间的角度关系可以确定飞机在空间的姿态。飞机的俯仰角、坡度(滚转角)和偏航角称为飞机的姿态角。

(1) 俯仰角 ϑ

俯仰角是指机体纵轴 Ox_1 与水平面之间的夹角。一般规定,纵轴指向水平面上方为正,纵轴与水平面的夹角称为仰角;纵轴指向水平面下方为负,纵轴与水平面的夹角称为俯角(见图 1 - 1 - 5)。飞行中,飞行员可根据机头与天地线的位置关系或地平仪的指示来判断飞机俯仰角的大小。

(2) 坡度(滚转角)γ

坡度是指飞机对称面与包含机体纵轴 Ox_1 的铅垂面之间的夹角(见图 1 - 1 - 6),也称为滚转角或倾斜角。一般规定,右坡度为正,左坡度为负。在飞行中,飞行员可根据风挡与天地线的位置关系或地平仪指示来判断飞机坡度的大小和方向。

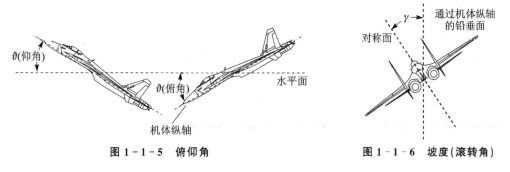

图 1 - 1 - 5　俯仰角　　　　　　　图 1 - 1 - 6　坡度(滚转角)

(3) 偏航角 ψ

偏航角是指机体纵轴 Ox_1 在水平面 Ox_gz_g 上的投影与地面纵轴 Ox_g 之间的夹角。绕地面立轴 Oy_g 按右手定则,以机头左偏航为正,机头右偏航为负。

如图 1-1-7 所示,使地面坐标轴系与机体坐标轴系的原点重合,依次使地面坐标轴系绕 Oy_g 轴转过 ψ 角、绕 Oz' 轴转过 ϑ 角、绕 Ox_1 轴转过 γ 角,可最终到达机体坐标轴系。

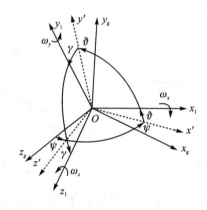

图 1-1-7　机体坐标轴系与地面坐标轴系的角方位关系

3. 气流坐标轴系($Oxyz$)

以飞行速度(空速)方向为基准,通过飞机重心 O 画出三条互相垂直的坐标轴,该坐标系称为气流坐标轴系,又称为速度坐标轴系或风轴系,如图 1-1-8 所示。

气流纵轴 Ox——通过飞机重心与飞行速度方向一致,指向飞行速度方向为正,指向相对气流方向为负。飞机阻力则规定为指向相对气流方向为正,反之为负。

气流立轴 Oy——在飞机对称面内,通过飞机重心与气流纵轴 Ox 垂直,指向座舱上方为正,反之为负。

气流横轴 Oz——通过飞机重心与 Oxy 平面垂直,指向右翼方向为正,指向左翼方向为负。

气动力的三个分量,即升力 Y、阻力 X 和侧力 Z 都是在气流坐标轴系中定义的,所以用气流坐标轴系来分析飞机的移动问题比较方便。

根据气流坐标轴系与机体坐标轴系之间的关系(即飞行速度方向相对于机体的方位),可以确定飞机的迎角和侧滑角。

(1)迎角 α

迎角在空气动力学中已有定义,即相对气流方向与翼弦之间的夹角称为迎角,但这个迎角仅指机翼的迎角。

飞机的迎角则为飞行速度矢量在飞机对称面内的投影与机体纵轴 Ox_1 之间的夹角。当飞行速度矢量沿机体立轴 Oy_1 的分量为负时,迎角为正,反之为负。

(2)侧滑角 β

飞行速度方向与飞机对称面之间的夹角称为侧滑角(见图 1-1-9)。一般规定右侧滑为正,左侧滑为负。飞行中,飞行员可以通过侧滑仪小球位置或侧滑显示来判断飞机有无侧滑和侧滑方向。

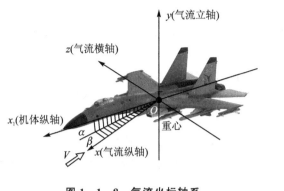

图 1-1-8　气流坐标轴系

图 1-1-9　侧滑角

4. 航迹坐标轴系 $(Ox_cy_cz_c)$

将飞机看成质点来研究时,采用航迹坐标轴系较为方便。如图 1-1-10 所示,该坐标系原点位于飞机的重心 O,三个坐标轴如下:

航迹纵轴 Ox_c——与飞行速度(地速)方向一致;

航迹立轴 Oy_c——位于包含 Ox_c 轴的铅垂面内,并与 Ox_c 轴垂直,指向上方为正;

航迹横轴 Oz_c——位于包含飞机重心的水平面内,垂直于 Ox_cy_c 平面,指向右翼为正。

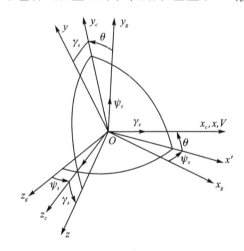

图 1-1-10　地面坐标系、航迹坐标系及速度坐标系之间的关系

根据航迹坐标轴系与地面坐标轴系定义,其中立轴 Oy_g 和 Oy_c 均位于铅垂面内,故可以确定航迹偏角和航迹倾斜角。

(1) 航迹(轨迹)偏角 ψ_s

航迹偏角是指航迹纵轴 Ox_c 在水平面 Ox_gz_g 上的投影与 Ox_g 轴之间的夹角。绕地面立轴 Oy_g 按右手定则,飞机左偏航为正,右偏航为负。

(2) 航迹(轨迹)倾斜角 θ

航迹倾斜角是指航迹纵轴 Ox_c 与水平面 Ox_gz_g 之间的夹角,又称上升角。规定轨迹向上

倾斜时 θ 为正。

在无风的情况下，气流坐标系的纵轴 Ox 和航迹坐标系的 Ox_c 是同轴的，故只有一个角可确定。

航迹滚转角 γ_s 是指飞机对称面 Ox_1y_1 与包含空速矢量（即 Ox 轴）铅垂面之间的夹角，也就是 Oy 与 Oy_c 之间的夹角。规定 γ_s 绕 Ox 轴右滚为正，左滚为负。显然，当迎角和侧滑角为零时，$\gamma_s = \gamma$。

地面坐标系、航迹坐标系及气流坐标系之间的角方位关系如图 1-1-10 所示。依次使地面坐标轴系绕 Oy_g 轴转过 ψ_s 角、绕 Oz_c 轴转过 θ 角，达到航迹坐标系，再绕 Ox_c 轴转过 γ_s 角，最终到达气流坐标轴系。

1.2　飞机的运动方程

飞机的运动方程是飞机运动规律的数学描述，是研究飞机动力学特性的基本理论模型。考虑到飞机是一个极其复杂的运动系统，要准确地描述其运动方程是非常困难和复杂的。因此，本节所讨论的力和力矩方程作如下简化假设：

① 忽略地球的旋转运动和地球曲率，把地面视为平面，即所谓平板静止地球假设，从而略去地球运动产生的离心加速度以及地球旋转和飞机运动产生的哥氏加速度；

② 由于飞机的飞行高度远小于地球半径，忽略重力加速度随飞行高度的变化；

③ 忽略飞机的弹性变形和旋转部件的影响，即把飞机看成刚体，也不考虑飞机飞行质量的变化。

④ 大气相对地球是静止的，也就是无风，无湍流，无升降气流。

1.2.1　质心运动方程(力方程)

力的方程要解决的问题是找出外力与飞机质心运动之间的关系，这个关系的理论依据就是牛顿第二定律。这个定律可表示为

$$m\vec{a} = \sum \vec{F} \qquad\qquad (1-2-1)$$

式中：

m——飞机的质量；

$\vec{a}$——飞机质心的加速度向量；

$\sum \vec{F}$——作用在飞机上的合外力向量。

设 $Oxyz$ 为原点位于飞机质心的一个动坐标系，它相对于地面坐标系 $O_gx_gy_gz_g$ 的绝对速度为 $\vec{V}$，转动角速度为 $\vec{\omega}$，如图 1-2-1 所示，则 $\vec{a}$ 可表示为

$$\vec{a} = \frac{\mathrm{d}\vec{V}}{\mathrm{d}t} = \frac{\delta \vec{V}}{\delta t} + \vec{\omega} \times \vec{V} \qquad\qquad (1-2-2)$$

式中：

$\dfrac{\mathrm{d}\vec{V}}{\mathrm{d}t}$——速度 $\vec{V}$ 的绝对导数，即质心绝对加速度，相当于观察者站在地面坐标系上所看到的速度 $\vec{V}$ 的变化率；

$\dfrac{\delta\vec{V}}{\delta t}$——速度 $\vec{V}$ 的相对导数，相当于观察者站在动坐标系上所看到的速度 $\vec{V}$ 的变化率；

$\vec{\omega}\times\vec{V}$——由于存在角速度 $\vec{\omega}$ 使 $\vec{V}$ 相对于动坐标系方向发生变化而产生的加速度。

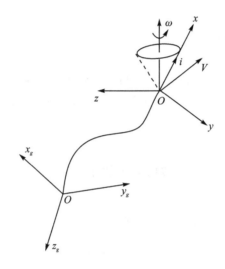

图 1-2-1　动坐标系相对于地面坐标系的关系

将飞机质心加速度 $\vec{a}$ 的表达式(1-2-2)展开，代入质心运动方程式(1-2-1)，并写成沿三个坐标轴的分量形式，可以得到

$$\begin{cases} m\left(\dfrac{\mathrm{d}V_x}{\mathrm{d}t}+\omega_y V_z-\omega_z V_y\right)=\sum X \\[2mm] m\left(\dfrac{\mathrm{d}V_y}{\mathrm{d}t}+\omega_z V_x-\omega_x V_z\right)=\sum Y \\[2mm] m\left(\dfrac{\mathrm{d}V_z}{\mathrm{d}t}+\omega_x V_y-\omega_y V_x\right)=\sum Z \end{cases} \qquad (1-2-3)$$

式中：$\sum X$、$\sum Y$、$\sum Z$ 分别为 $\sum\vec{F}$ 沿动坐标系纵轴、立轴和横轴的投影分量。

显然，上述方程组对任何动坐标系都是适合用的。在研究飞机性能、轨迹特性时，常采用航迹坐标系，把速度、角速度及合外力(发动机推力 P、飞机重力 G、升力 Y、阻力 X 和侧力 Z)在航迹坐标系 $Ox_cy_cz_c$ 中进行投影，并将三个轴的投影量代入式(1-2-3)，可得出

$$\begin{cases} m\,\dfrac{\mathrm{d}V}{\mathrm{d}t} = P\cos(\alpha + \varphi_P)\cos\beta - X - G\sin\theta \\[2mm] mV\,\dfrac{\mathrm{d}\theta}{\mathrm{d}t} = P\left[\cos(\alpha + \varphi_P)\sin\beta\sin\gamma_s + \sin(\alpha + \varphi_P)\cos\gamma_s\right] + \\[2mm] \qquad\qquad Y\cos\gamma_s - Z\sin\gamma_s - G\cos\theta \\[2mm] -mV\cos\theta\,\dfrac{\mathrm{d}\psi_s}{\mathrm{d}t} = P\left[-\cos(\alpha + \varphi_P)\sin\beta\cos\gamma_s + \sin(\alpha + \varphi_P)\sin\gamma_s\right] + \\[2mm] \qquad\qquad Y\sin\gamma_s + Z\cos\gamma_s \end{cases}$$

$$(1-2-4)$$

式中：

φ_P——发动机的安装角；

γ_s——航迹滚转角；

当飞机的迎角和侧滑角很小时，式中 γ_s 可用滚转角 γ 替换。

式（1-2-4）即为航迹坐标系中的飞机质心运动方程组，详细推导过程可参照有关参考书。

1.2.2　绕质心的转动方程(力矩方程)

根据动量矩定理，飞机绕质心的转动方程为

$$\frac{\mathrm{d}\vec{H}}{\mathrm{d}t} = \sum\vec{M} \qquad\qquad (1-2-5)$$

式中：

$\sum\vec{M}$ ——作用于飞机的外力矩向量；

$\vec{H}$——飞机绕质心的动量矩。

将 $\dfrac{\mathrm{d}\vec{H}}{\mathrm{d}t} = \dfrac{\delta\vec{H}}{\delta t} + \vec{\omega}\times\vec{H}$ 代入力矩方程式（1-2-5），并写成分量形式，有

$$\begin{cases} \dfrac{\mathrm{d}H_x}{\mathrm{d}t} + \omega_y H_z - \omega_z H_y = \sum M_x \\[2mm] \dfrac{\mathrm{d}H_y}{\mathrm{d}t} + \omega_z H_x - \omega_x H_z = \sum M_y \\[2mm] \dfrac{\mathrm{d}H_z}{\mathrm{d}t} + \omega_x H_y - \omega_y H_x = \sum M_z \end{cases} \qquad (1-2-6)$$

式中，$\sum M_x$、$\sum M_y$、$\sum M_z$ 分别为 $\sum\vec{M}$ 在机体纵轴、立轴和横轴上的投影分量；H_x、H_y、H_z 分别为动量矩 $\vec{H}$ 在机体纵轴、立轴和横轴上的投影分量。

并有

$$\begin{cases} H_x = I_x \omega_x - I_{xy} \omega_y \\ H_y = I_y \omega_y - I_{xy} \omega_x \\ H_z = I_z \omega_z \end{cases} \quad (1-2-7)$$

式中，I_x、I_y、I_z、I_{xy} 分别为飞机绕机体纵轴、立轴、横轴的转动惯量及飞机对机体纵轴和立轴的惯性积；ω_x、ω_y、ω_z 分别为绕 Ox_1、Oy_1、Oz_1 轴的角速度。

将式(1-2-7)代入式(1-2-6)可以得到

$$\begin{cases} I_x \dfrac{\mathrm{d}\omega_x}{\mathrm{d}t} + (I_z - I_y)\omega_y \omega_z + I_{xy}\left(\omega_z \omega_x - \dfrac{\mathrm{d}\omega_y}{\mathrm{d}t}\right) = \sum M_x \\[2mm] I_y \dfrac{\mathrm{d}\omega_y}{\mathrm{d}t} + (I_x - I_z)\omega_z \omega_x - I_{xy}\left(\omega_y \omega_z + \dfrac{\mathrm{d}\omega_x}{\mathrm{d}t}\right) = \sum M_y \\[2mm] I_z \dfrac{\mathrm{d}\omega_z}{\mathrm{d}t} + (I_y - I_x)\omega_x \omega_y + I_{xy}(\omega_y^2 - \omega_x^2) = \sum M_z \end{cases} \quad (1-2-8)$$

式(1-2-8)考虑到飞机具有纵向对称面，因而 $I_{yz}=I_{xz}=0$。如果机体坐标轴系和飞机的主惯性轴系相重合或十分接近(现代飞机机身细长比越来越大，通常十分接近)，则近似地有 $I_{xy}=0$，式(1-2-8)还可进一步简化为

$$\begin{cases} I_x \dfrac{\mathrm{d}\omega_x}{\mathrm{d}t} + (I_z - I_y)\omega_y \omega_z = \sum M_x \\[2mm] I_y \dfrac{\mathrm{d}\omega_y}{\mathrm{d}t} + (I_x - I_z)\omega_z \omega_x = \sum M_y \\[2mm] I_z \dfrac{\mathrm{d}\omega_z}{\mathrm{d}t} + (I_y - I_x)\omega_x \omega_y = \sum M_z \end{cases} \quad (1-2-9)$$

式(1-2-3)和式(1-2-8)决定了飞机的运动，是飞行运动的最基本方程，在已知作用力和力矩的条件下，通过数值解算就可以得出飞机的运动状态。

1.3　飞机的平衡

从飞机平衡的含义可知，平衡的条件有二：一是作用于飞机上的各力互相平衡，即 $\sum \vec{F} = 0$；二是作用于飞机上的各力矩互相平衡，即 $\sum \vec{M} = 0$。本节是在作用于飞机上的力已经平衡的前提下，来研究与飞机转动特性有关的力矩平衡问题，并把飞机的力矩平衡分为俯仰、横侧和方向三个方面来分析。

1.3.1　飞机的俯仰平衡

飞机绕机体横轴(Oz_1)的转动称为俯仰运动。飞机俯仰力矩的平衡简称俯仰平衡，又称为纵向平衡，是指作用于飞机上的各俯仰力矩之和等于零，即 $\sum M_z = 0$。飞机的俯仰力矩主

要由机翼、机身、发动机短舱、平尾等部件的升力产生。当飞机俯仰力矩平衡时,飞机升力对飞机重心不构成力矩,此时飞机升力着力点(称为飞机压力中心)与飞机重心重合。实际上飞机在飞行中,除升力外,阻力和推力(或螺旋桨拉力)也会对重心形成力矩,但对一般飞机来说,由于阻力、推力(或螺旋桨拉力)的作用线距重心很近,对重心形成的力矩可忽略不计。因此,研究飞机的俯仰平衡,主要是研究升力所构成的俯仰力矩平衡问题。

1. 飞机的俯仰力矩

(1) 飞机零升力矩 M_{z0}

如前所述,飞机的俯仰力矩主要是由升力产生的,那么当飞机的升力为零时,有没有俯仰力矩呢?一般来说,飞机以零升迎角飞行时,虽然升力为零,但仍有一个力偶矩,这一力偶矩称为飞机的零升力矩,通常用 M_{z0} 表示。这是由于飞机上下不对称、压力分布不均匀所致。为分析方便,可不考虑机身的作用,把飞机只看作由机翼和尾翼两部分组成。当飞机总升力为零时,机翼和尾翼各自的升力都不为零,通常机翼上产生一个较小的正升力,尾翼则产生一大小相等、方向相反的负升力,如图1-3-1所示。机翼正升力和尾翼负升力组成一上仰力偶矩,这就是飞机的零升力矩 M_{z0}。

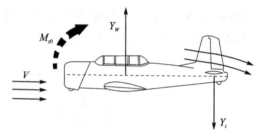

图1-3-1　零升力矩

(2) 俯仰稳定力矩 M_{zs}

飞机从零升迎角开始增大迎角,飞机各部分都要因迎角增加而产生附加升力,飞机附加升力的着力点称为飞机焦点。根据理论分析和实验证实,低速飞行时,在中小迎角范围内,飞机焦点位置是基本不变的。设计制造飞机时,一般要使飞机焦点位置在重心之后。所以上述迎角增加而产生飞机附加升力对重心形成的力矩为一下俯力矩,该力矩称为俯仰稳定力矩,用 M_{zs} 表示,如图1-3-2所示。

(3) 俯仰操纵力矩 M_{zc}

升降舵偏转角不同,水平尾翼产生的升力也不同,升降舵从中立开始偏转所产生的平尾升力对飞机重心构成力矩,该力矩称为俯仰操纵力矩,用 M_{zc} 表示,如图1-3-3所示。

飞机俯仰力矩是上述三种力矩之和,俯仰力矩平衡即是上述三种力矩的互相平衡,即

$$M_{z0} + M_{zs} + M_{zc} = 0 \qquad (1-3-1)$$

飞机俯仰力矩同飞机升力、阻力一样,可用公式表示为

$$M_z = m_z \frac{1}{2} \rho V^2 S b_A \qquad (1-3-2)$$

式(1-3-2)称为飞机俯仰力矩公式。式中,m_z 为俯仰力矩系数,可由实验得出,综合地表达了飞机迎角、焦点位置、重心位置、升降舵偏角对飞机俯仰力矩的影响。

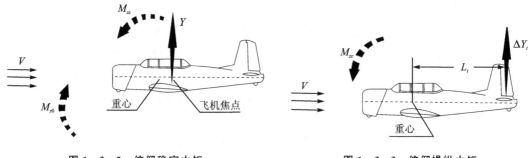

图 1 - 3 - 2　俯仰稳定力矩　　　　　　　　　　图 1 - 3 - 3　俯仰操纵力矩

将式(1 - 3 - 1)等号两边都除以 $\frac{1}{2}\rho V^2 Sb_A$,则成为系数表示形式,即

$$m_{z0} + m_{zs} + m_{zc} = 0 \tag{1 - 3 - 3}$$

式(1 - 3 - 3)表明:飞机俯仰平衡的条件是飞机零升力矩系数、俯仰稳定力矩系数和俯仰操纵力矩系数之和为零。

(4) 飞机俯仰力矩系数曲线

飞机俯仰力矩系数 m_z 随迎角 α 或升力系数 C_y 变化的关系曲线称为飞机俯仰力矩系数曲线,它是根据该型飞机的实验数据绘制的。图 1 - 3 - 4 是某飞机低速飞行,升降舵偏角 δ_z 为零时的俯仰力矩系数曲线。从曲线图上可以看出,当 $\alpha = 0°$ 时,有上仰力矩,当 $\alpha = 3.7°$ 时,能取得俯仰力矩平衡。

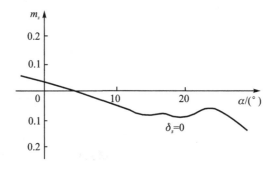

图 1 - 3 - 4　飞机低速飞行 m_z 随 α 的变化曲线($\delta_z = 0°$)

2. 影响飞机俯仰平衡的因素

影响飞机纵向平衡的主要因素有:重心变化、收放起落架、收放襟翼、放减速板和加减油门等。

(1) 重心变化

飞机飞行中,燃料的消耗、人员和货物的移动等会造成飞机重心位置的变化。飞机重心位置的前后移动会直接影响俯仰力矩的大小。飞机重心如果前移,上仰力矩将减小,使原来处于俯仰平衡的飞机下俯;重心后移时,情况相反,由于上仰力矩增加,飞机将上仰。

（2）收放起落架

收放起落架对飞机俯仰平衡的影响有两个方面：一是收放起落架改变了飞机的质量分布，会使飞机重心位置发生变化，从而影响飞机俯仰力矩。如果放起落架时重心位置后移一段距离 Δx_G，升力就会对新重心形成一个上仰力矩（见图 1-3-5），其大小为 $\Delta M_z = Y \cdot \Delta x_G$，反之就会形成一个下俯力矩；二是放起落架时，起落架还会产生附加阻力，该阻力作用在飞机重心下面，对重心形成下俯力矩。

那么，放起落架时，飞机究竟是下俯还是上仰，要看上述两个力矩综合作用的结果。不同的机型，其结果是不一样的。如某型初教机放起落架时，由于重心前移和起落架阻力都会产生下俯力矩，故机头下俯。

同一型飞机，收起落架时对飞机俯仰平衡影响与放起落架时相反。

（3）收放襟翼

如图 1-3-6 所示，放襟翼时，一方面由于襟翼靠近机翼后缘，放襟翼增加的升力作用在重心之后，对重心形成附加的下俯力矩，力图使机头下俯；另一方面，放襟翼会引起通过机翼的气流下洗角增大，使水平尾翼有效迎角减小，升力减小，相当于在水平尾翼上产生向下的附加升力，对重心形成附加上仰力矩，促使机头上仰。

放襟翼时飞机究竟是下俯还是上仰，与襟翼的位置、类型和水平尾翼位置的高低有关。如某型初教机的襟翼装在机翼中段，水平尾翼位置又低，放襟翼时，下洗角对水平尾翼的影响大，水平尾翼产生的附加上仰力矩大于机翼产生的附加下俯力矩，机头上仰。

同一类型的飞机，飞行中收襟翼时，飞机俯仰力矩的变化与放襟翼时相反。

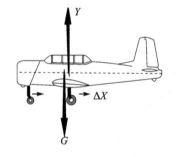 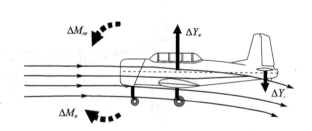

图 1-3-5　放起落架对俯仰平衡的影响　　　**图 1-3-6　放襟翼对飞机俯仰平衡的影响**

（4）放减速板

减速板是飞行中使飞机减速的装置，放减速板对飞机的俯仰平衡有一定的影响，其影响情况与减速板的位置有关。放开装在机身两侧的减速板会使流向水平尾翼的气流向下弯曲，产生一个上仰力矩；放开装在机身下部的减速板，除了产生飞机上仰力矩外，由于作用在减速板上的空气动力位于重心下面，还会产生一个下俯力矩。对于同时装有上述减速板的飞机，同时放开这些减速板时，一般是上仰力矩大于下俯力矩，飞机抬头。

（5）加减油门

发动机工作状态不同，对飞机俯仰平衡有一定影响。因为发动机的推力线虽距重心很近，但一般并不通过重心;另外,飞机带有一定迎角飞行时,喷气式飞机进气道处或螺旋桨飞机旋转面处要产生一个向上的附加空气动力,这些力都会对飞机产生俯仰力矩。例如,推力线在飞机重心下方的飞机,加油门后,推力增加,且进气道处(旋转面处)产生的向上的空气动力增大,飞机额外增加一个上仰力矩,机头上仰。

1.3.2　飞机的横侧平衡

飞机绕机体纵轴(Ox_1)的转动称为滚转运动。飞机的横侧平衡是指作用于飞机上各滚转力矩之和为零,即 $\sum M_x = 0$,飞机绕纵轴不滚转或做等角速度滚转。

1. 飞机的滚转力矩

飞机的滚转力矩是指作用在飞机上各滚转力矩之和,其表示式为

$$M_x = m_x \frac{1}{2} \rho V^2 SL \tag{1-3-4}$$

式中:

L——翼展;

m_x——滚转力矩系数。

横侧平衡时,飞机的滚转力矩 $M_x = 0$,即 $m_x = 0$。

作用在飞机上的滚转力矩主要有以下两种:

(1)机翼升力力矩

飞行中,一边机翼的升力对飞机重心形成的滚转力矩称为机翼升力力矩。由于飞机左右对称,左右两翼升力一般都是相等的,且距重心距离相等,故两翼升力力矩互相抵消,保持横侧平衡,如图 1-3-7 所示。

飞行中,飞行员压杆,副翼不中立,下偏副翼一侧的机翼会产生一个向上的附加升力,上偏副翼一侧的机翼会产生一个向下的附加升力,两力对飞机重心形成的滚转力矩就会使飞机加速滚转,从而改变原来的横侧平衡状态。

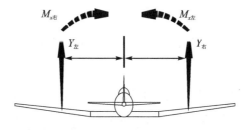

图 1-3-7　机翼升力力矩

(2)螺旋桨副作用引起的滚转力矩

螺旋桨工作时形成的反作用力矩会迫使飞机向螺旋桨转动的反方向滚转。另外,螺旋桨

滑流扭转作用会使两翼迎角不同,造成两翼升力不等。上述两力矩方向相反,因而可以互相抵消一部分。

2. 影响飞机横侧平衡的主要因素

正常情况下,飞机两翼受到的升力对重心产生的滚转力矩是相等的,可以互相抵消。但当一边机翼发生变形时,机翼两侧的升力就会不同,因此两侧的滚转力矩产生了差异,打破了原来的横侧平衡。

飞机上燃料的消耗以及人员、货物的移动会造成重心的左右移动,使滚转力矩发生变化。而两侧机翼油箱里的油量不相等也会影响飞机的横侧平衡。

对于螺旋桨飞机,当油门改变时,螺旋桨的反作用力矩会发生改变,从而影响飞机的横侧平衡。

飞行员可利用偏转副翼产生的横向操纵力矩来平衡滚转力矩以保持横侧平衡。

1.3.3　飞机的方向平衡

飞机绕机体立轴(Oy_1)的转动称为偏转运动。飞机的方向平衡是指作用在飞机上的各偏转力矩之和为零,即$\sum M_y = 0$,飞机绕立轴不发生偏转或做等角速度偏转。

1. 飞机的偏转力矩

飞机偏转力矩是作用在飞机上的所有偏转力矩之和,其表达式为

$$M_y = m_y \frac{1}{2}\rho V^2 SL \tag{1-3-5}$$

式中:

m_y——偏转力矩系数。

飞机方向平衡时,偏转力矩$M_y = 0$,即$m_y = 0$。

作用在飞机上的偏转力矩主要有以下四种:

(1) 机翼阻力力矩

飞行中,一边机翼的阻力对飞机重心形成的力矩称为机翼阻力力矩。

(2) 侧力力矩

侧力力矩主要由垂直尾翼产生。飞机做无侧滑飞行时,如方向舵不中立,垂直尾翼会产生一侧力,它对飞机重心形成偏转力矩。飞机做带侧滑飞行时,垂直尾翼、机身产生的侧力对飞机重心也构成偏转力矩,这些力矩统称为侧力力矩。

(3) 推力力矩

双发(或多发)飞机,一边发动机的推力对飞机重心形成的力矩称为推力力矩。在正常情况下,左右发动机的推力是对称的,推力的合力矩为零。如果两边推力不对称,就会产生一个

不平衡的推力力矩,影响飞机的方向平衡。

（4）螺旋桨滑流扭转形成的偏转力矩

一般情况下,螺旋桨飞机的机身后部和垂直尾翼只受上层滑流的影响。如某型初教机,螺旋桨左转引起的上层滑流自右向左偏斜,作用在机身后部和垂直尾翼上,产生向左的侧力,对飞机重心形成右偏力矩。

2. 影响飞机方向平衡的主要因素

正常情况下,飞机两翼受到的阻力对重心产生的偏转力矩是相等的,可以互相抵消。但当一边机翼发生变形时,机翼两侧的阻力就会不同,因此两侧的偏转力矩产生了差异,打破了原来的方向平衡。

对于双发飞机,当两侧发动机工作状态不同时,两侧的偏转力矩也会发生差异,影响飞机的方向平衡。

对于螺旋桨飞机,当油门改变时,螺旋桨的滑流扭转作用会发生变化,从而影响飞机的方向平衡。

飞行员可利用偏转方向舵产生的方向操纵力矩来平衡偏转力矩以保持方向平衡。

本章小结

描述飞机在空中运动常用的直角坐标轴系有地面坐标轴系、机体坐标轴系、气流坐标轴系（速度坐标轴系）、航迹坐标轴系。这几个坐标轴系除地面坐标轴系外,都是动坐标轴系,随飞机的运动而变化,坐标轴系的原点都定在飞机的重心上,各轴在空间的方向和位置按右手定则确定。在已知作用力和力矩的条件下,通过数值解算飞机质心运动方程和飞机绕质心的转动方程就可以得出飞机的运动状态。飞机的平衡不仅包括作用在飞机上的各力相互平衡,还包括作用在飞机上的各力矩相互平衡,即俯仰平衡、横侧平衡和方向平衡。

复习思考题

1. 为什么要建立各种坐标系?
2. 什么是飞机的重心? 什么是平均空气动力弦?
3. 什么是地面轴系、机体轴系和气流轴系?
4. 解释下列名词:俯仰角(ϑ)、坡度角(γ)、侧滑角(β)、迎角(α)、航迹倾斜角(θ)。
5. 俯仰角 ϑ、航迹倾斜角 θ、迎角 α 之间有何区别? 什么情况下 $\vartheta=\theta$? 什么情况下 $\vartheta=\alpha$?
6. 推导飞机的基本运动方程用了哪些假设和条件限制?
7. 简述推导飞机质心运动方程和力矩方程的基本思路。

8. 空中飞行时飞机有几个自由度？其平衡条件是什么？

9. 解释下列名词：焦点、压力中心、零升力矩。

10. 分别说明飞机俯仰力矩中三种不同性质的力矩，写出飞机的俯仰力矩平衡关系式。

11. 说明收、放起落架对飞机俯仰平衡的影响。

12. 说明收、放襟翼对飞机俯仰平衡的影响。

13. 写出飞机俯仰、滚转和偏转力矩的表达式，并比较之。

14. 什么是飞机的横侧平衡？作用在飞机上的滚转力矩有哪些？

15. 什么是飞机的方向平衡？作用在飞机上的偏转力矩有哪些？

第 2 章　飞机的稳定性

　　稳定性是指物体保持其固有姿态或抵抗外界扰动的能力,是物体的一种运动特性。飞机的稳定性是指飞机在飞行中受到各种微小扰动,偏离基准运动后,能自动恢复原基准运动的特性。因此,飞机稳定性也可以根据恢复平衡的能力分为稳定、不稳定和中立稳定三种。

　　稳定性又可分为静稳定性和动稳定性。静稳定性是研究飞机受微小扰动偏离平衡状态后,是否具有恢复原平衡状态的趋势,动稳定性则是研究飞机受小扰动后恢复过程的特性。飞机稳定性又因握杆和松杆而有差异,握杆是指飞机受扰动后,舵面位置不变,松杆则是指飞机受扰动后,舵面处于松浮状态,舵面偏角将会随空气动力的变化而变化。鉴于握杆稳定性是分析松杆稳定性的基础,本章主要分析握杆稳定性,下面提到的稳定性,如不加以说明,都是指握杆稳定性。

2.1　纵向静稳定性

　　飞机的纵向静稳定性包括迎角静稳定性和速度静稳定性。下面分别说明。

2.1.1　迎角静稳定性

　　迎角静稳定性又称为过载静稳定性,是指飞机受微小扰动,迎角发生变化而速度不变,在飞机上能产生俯仰稳定力矩,使飞机具有恢复原来迎角的趋势;若没有这种趋势,则为迎角静不稳定。

1. 俯仰稳定力矩

　　假定飞机在飞行中处于平衡状态,作用在飞机上的合力和合力矩都等于零。当受扰动迎角变化时,可以不考虑原来的力和力矩,只需要考虑迎角变化时,新增加或减小的那部分力和力矩,即附加力和力矩。

　　例如,飞机受扰动,迎角增大,从图 2-1-1 可以看出,机身、机翼、尾翼、进气道等处都因迎角增大而产生附加升力。飞机上各部分附加升力的总和即飞机附加升力(ΔY),它的着力点即飞机焦点。

　　如果飞机焦点在重心之后,ΔY 就会对重心产生一个下俯力矩,该力矩使飞机具有恢复原来平衡迎角的趋势,是俯仰稳定力矩。如果飞机焦点在重心之前,则产生一上仰力矩,使飞机迎角更加偏离原来平衡状态时的迎角,该力矩为俯仰不稳定力矩。如果焦点与重心重合,则 ΔY 对重心不形成力矩。同理飞机受扰迎角减小,飞机附加升力是负的,其着力点仍在飞机焦点上。如果焦点在重心之后,就能产生俯仰稳定力矩。如果焦点在重心之前,则产生俯仰不稳定力矩。如果焦点与重心重合,则不形成力矩。

综上所述,只要飞机焦点在重心之后,飞机受扰动迎角变化时,就能产生俯仰稳定力矩,

使飞机有恢复原迎角的趋势,飞机即具有迎角静稳定性。飞机俯仰稳定力矩的大小与迎角变化量($\Delta\alpha$)、飞机焦点位置和气流动压有关。当飞机受扰动引起的迎角变化量($\Delta\alpha$)相同时,飞机焦点位置越靠后,动压越大,则俯仰稳定力矩越大。

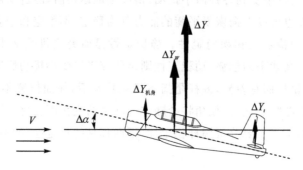

图 2 - 1 - 1　迎角改变所引起的附加升力

2. 迎角(过载)静稳定度(m_z^α,$m_z^{c_y}$)

图 2 - 1 - 2 所示是飞机俯仰力矩系数随迎角的变化曲线。由图可见:当 $m_z^\alpha = (\mathrm{d}m_z/\mathrm{d}\alpha) < 0$,即曲线斜率为负时,若飞机受扰动,迎角增加一个 $\Delta\alpha(\Delta\alpha > 0)$,俯仰力矩系数($m_z$)就会减小一个 $\Delta m_z(\Delta m_z < 0)$,产生要使迎角减小的稳定力矩;若飞机受扰动,迎角减小一个 $\Delta\alpha(\Delta\alpha < 0)$,则会增大一个 $\Delta m_z(\Delta m_z > 0)$,产生要使迎角增大的稳定力矩。可见,$m_z^\alpha < 0$,表明飞机是迎角静稳定的。若 $m_z^\alpha > 0$,即俯仰力矩系数曲线斜率是正值,则飞机是迎角静不稳定的。若 $m_z^\alpha = 0$,则飞机是迎角中立稳定。故 m_z^α 定义为迎角静稳定度,m_z^α 可写为

$$m_z^\alpha = \frac{\mathrm{d}m_z}{\mathrm{d}\alpha} = \frac{\mathrm{d}m_z}{\mathrm{d}C_y} \cdot \frac{\mathrm{d}C_y}{\mathrm{d}\alpha} = m_z^{c_y} \cdot C_y^\alpha \qquad (2-1-1)$$

而在 $\alpha < \alpha_{cr}$(临界迎角)范围内,$C_y^\alpha > 0$,故迎角静稳定性与否,也可用 $m_z^{c_y}$ 来判断。即 $m_z^{c_y} < 0$,迎角静稳定;$m_z^{c_y} > 0$,迎角静不稳定;$m_z^{c_y} = 0$,迎角中立稳定。因此,通常也把 $m_z^{c_y}$ 称为迎角静稳定度。

从图 2 - 1 - 3 可以看出,飞机受扰动后,ΔY 对重心形成的俯仰稳定力矩的大小为

$$\Delta M_{zs} = -\Delta Y(x_F - x_G)$$

式中:

x_F——飞机焦点到平均空气动力弦前端的距离。

ΔY 用 $\Delta C_y \dfrac{1}{2}\rho V^2 S$ 代入,则上式改写成

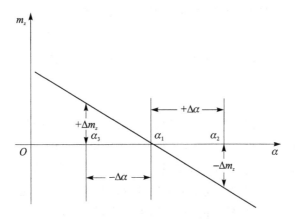

图 2 - 1 - 2　俯仰力矩系数 m_z 与迎角 α 关系曲线

$$\Delta M_{zs} = -\Delta C_y \frac{\rho}{2} V^2 S(x_F - x_G)$$

$$= -C_y^\alpha \Delta\alpha \frac{\rho}{2} V^2 S(x_F - x_G)$$

$$= -C_y^\alpha \Delta\alpha \frac{\rho}{2} V^2 Sb_A(x_F/b_A - x_G/b_A)$$

由于 $\Delta M_{zs} = \Delta m_{zs} \dfrac{1}{2}\rho V^2 Sb_A$，所以

$$\Delta m_{zs} = -C_y^\alpha \Delta\alpha \left(\frac{x_F}{b_A} - \frac{x_G}{b_A}\right)$$

得出

$$m_z^\alpha = \frac{\Delta m_{zs}}{\Delta\alpha} = -C_y^\alpha \left(\frac{x_F}{b_A} - \frac{x_G}{b_A}\right)$$

令 $\bar{x}_F = \dfrac{x_F}{b_A}, \bar{x}_G = \dfrac{x_G}{b_A}$，则

$$m_z^\alpha = -C_y^\alpha(\bar{x}_F - \bar{x}_G) \qquad\qquad (2-1-2)$$

$$m_z^{c_y} = \frac{m_z^\alpha}{C_y^\alpha} = -(\bar{x}_F - \bar{x}_G) \qquad\qquad (2-1-3)$$

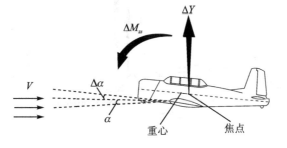

图 2 - 1 - 3　飞机的稳定力矩

从式(2-1-3)可以看出,迎角静稳定度 $m_z^{c_y}$ 实际上表示了焦点与重心的相对距离的大小。从式(2-1-2)可以看出,m_z^{a} 除了与焦点距重心距离有关外,还同升力系数斜率大小有关。如已知重心位置及 m_z 与 C_y 关系曲线,通过上式可以得出飞机焦点位置。

3. 俯仰阻尼力矩

严格地说,在研究飞机的迎角静稳定性时,不仅要考虑力矩的作用,还要考虑力的作用。为了进一步说明迎角稳定性与力的关系,需要用到俯仰阻尼力矩。

当飞机绕横轴以 ω_z 做上仰转动时,如图 2-1-4 所示,飞机重心前后各处获得额外的速度,这些速度与飞行速度矢量相加,改变了飞机各处的局部迎角,各处的局部升力对飞机重心形成俯仰力矩,起阻碍飞机俯仰转动的作用,称为俯仰阻尼力矩。由于水平尾翼所产生的俯仰阻尼力矩是飞机俯仰阻尼力矩的主要部分,所以常以水平尾翼所产生的阻尼力矩为代表来分析整个飞机的俯仰阻尼力矩。做气动估算时,可在水平尾翼俯仰阻尼力矩上乘一系数,得到全机的俯仰阻尼力矩。

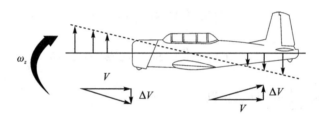

图 2-1-4　ω_z 引起各处 α 的变化

4. 机动点及物理意义

在直线飞行中,受扰后迎角增大,飞行速度不变,必然要引起升力增大,使轨迹向上弯曲,飞机做曲线运动。飞机有迎角增量 $\Delta\alpha$,在飞机焦点就会产生一附加升力(ΔY_a)。另外,假设要保持该迎角增量不变,则飞机必然要有一绕横轴的上仰转动角速度,因此,在水平尾翼处就会产生一附加升力(ΔY_{w_z})。上述两个附加升力的合力(ΔY)就是飞机迎角变化及俯仰转动引起的飞机总的附加升力,该力的着力点称为飞机的机动点,如图 2-1-5 所示。

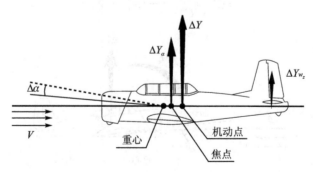

图 2-1-5　飞机机动点

飞机机动点在飞机重心之后,ΔY 对飞机重心形成的力矩是飞机稳定力矩和阻尼力矩之和。在前面分析飞机的迎角稳定性时,没有考虑力的作用,因此飞机的迎角稳定性只取决于飞机的焦点位置是否在重心之后。实际上,飞机受扰动迎角变化所引起的力的变化对飞机的迎角静稳定性也有一定的影响。现以飞机焦点与飞机重心重合为例来说明这一问题。

如飞机受扰动迎角增加,飞机附加升力作用在焦点(即重心)上,对重心不形成俯仰稳定力矩。但由于迎角增大,升力增大,运动轨迹要向上弯曲,使迎角有减小的趋势,即有恢复平衡迎角的趋势,这说明飞机是迎角静稳定的。可见,单纯用飞机焦点位置来判断飞机是否具有迎角静稳定性是不准确的,而应该用机动点相对于飞机重心的位置来判断。所以,飞机机动点位置与重心位置的关系反映了飞机是否具有迎角静稳定性,即飞机是否具有抵制迎角(过载)变化的能力。

2.1.2　速度静稳定性

速度静稳定性是指飞机在受扰动过程中,速度发生变化时,迎角相应变化,保持飞机载荷因数($n_y = Y/G$)不变的条件下,具有恢复原来速度的趋势。没有这个恢复趋势称为速度静不稳定。由于通常取 $n_y = 1$,又是在平直飞行的基础上研究的,故称为直线变速静稳定性。例如,飞机在水平飞行中受到扰动速度增大,保持 $n_y = 1$,飞机迎角应减小,$\Delta C_y < 0$,如果此时能产生一上仰力矩,力图增大迎角,减小速度,说明飞机具有恢复原来平衡状态的趋势,即飞机具有速度静稳定性。如果此时产生下俯力矩,力图减小迎角,进一步增大速度,说明飞机是速度静不稳定的。

2.1.3　影响纵向静稳定性的因素

这里只分析影响迎角静稳定的因素。机型不同或同一机型而飞行条件不同,飞机迎角静稳定性的强弱将不同。

1. 重心位置前后的影响

根据 $m_z^{c_y} = -(\bar{x}_F - \bar{x}_G)$ 的关系可以看出,当飞机焦点位置不变时,重心位置前后移动,会使迎角静稳定度 $m_z^{c_y}$ 发生变化。重心后移,迎角静稳定性减弱。飞机重心与飞机焦点重合,迎角静稳定性等于零。飞机焦点所在位置又称为中立重心位置,简称中立点。其实此时飞机仍有迎角静稳定性,只有当飞机机动点与飞机重心重合时,飞机才真正属于迎角中立稳定。大型飞机重心位置变化往往很大,例如某型轰炸机的重心位置的正常变化范围为(20.7% ~ 33.7%)b_A,在着陆状态下,重心位于 33.7%b_A 处,已相当靠后,万一燃料系统工作不正常,用油顺序错误,飞机重心位置就会超出正常规定范围,严重时甚至威胁安全。

2. 迎角的影响

后掠翼飞机在小于抖动迎角的迎角范围内,飞机焦点是不随迎角变化的,故 $m_z^{c_y}$ 不变。

大于抖动迎角后由于翼尖气流分离,会使飞机焦点前移,$m_z^{c_y}$ 的绝对值减小,甚至由负变正,飞机迎角静稳定性减弱或变为迎角静不稳定。图 2 - 1 - 6 所示为某型飞机 m_z 随 C_y 变化曲线,从曲线上可以看出:在中、小 C_y 时,m_z 与 C_y 的关系曲线基本上是直线,$m_z^{c_y}<0$;当 C_y 增大到一定数值时,大于抖动迎角后,曲线斜率(绝对值)开始减小,逐渐变成等于零,甚至变为正值;C_y 再增大时,曲线斜率又变为负值。

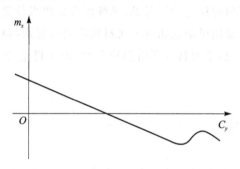

图 2 - 1 - 6　m_z 与 C_y 关系曲线

3. 飞行马赫数的影响

低速飞行时,飞机焦点的位置一般不随飞行速度变化。但在高速飞行时,由于空气压缩性的影响,飞机焦点将随飞行马赫数变化,这是造成高速飞行时飞机纵向稳定性发生变化的主要原因。

图 2 - 1 - 7 给出了某二型飞机焦点随飞行马赫数变化的曲线。从曲线上可以看出,飞机焦点位置在 Ma_{cr} 以前,基本上不随飞行马赫数变化。当 Ma 超过 Ma_{cr} 以后,焦点位置急剧地向后移动。

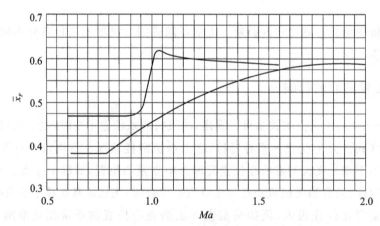

图 2 - 1 - 7　某飞机的焦点位置随飞行马赫数的变化

飞行马赫数超过 Ma_{cr} 后,飞机焦点位置后移主要是由于机翼焦点位置后移引起的。近声速飞行,机翼上表面已产生局部超声速区和局部激波。当机翼迎角增大时,机翼上表面的气流速度普遍增快,使局部激波向后移动,局部超声速区扩大。从机翼前端一直到激波前的超声速区内,压力都普遍降低。特别是在激波前的超声速区内,压力降低更为显著。这就是说,机翼上表面后部压力减小的比例增大,而不像亚声速时那样,机翼表面压力按同一比例变化,所以机翼附加升力的着力点后移。

在跨声速范围内,随飞行马赫数增大,焦点位置显著后移是高速飞机焦点位置变化的普遍规律;只有在飞行马赫数大于 1 达到超声速前缘后,机翼上、下表面的气流大部分超过声速,当飞机受扰动而增大迎角时,机翼上、下表面沿翼弦方向各点的吸力和压力几乎是按同一比例均匀变化,机翼焦点位置才不再向后移动,大约位于平均空气动力弦 45%～50% 的地方。

由于飞机高速飞行时,焦点位置随飞行马赫数增大显著后移,所以飞机的纵向静稳定性明显增强。另外,飞机弹性变形、发动机不同工作状态和松开驾驶杆等,都会影响飞机焦点位置。当上述影响使飞机焦点前移时,将导致迎角静稳定性减弱。

2.1.4　俯仰稳定力矩在曲线飞行中的作用

根据俯仰稳定力矩产生的原理,飞行中,不论何种原因引起飞机迎角变化,都会产生俯仰稳定力矩,力图使飞机恢复原来的迎角。如图 2-1-8 所示,飞机在俯仰力矩平衡的状态下,飞行轨迹逐渐向上弯曲,相对气流从前上方吹来,引起飞机迎角减小,从而产生上仰的俯仰稳定力矩,使机头上仰转动,力图保持原来迎角不变。飞行轨迹弯曲,相对气流变化是连续的,故机头的上仰转动也是连续的。同理,如果飞行轨迹向下弯曲,机头将向下转动。这种由于轨迹弯曲而引起的飞机俯仰转动与轨迹转动相适应的现象称为"机头追气流"。

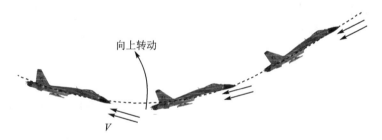

图 2-1-8　运动轨迹向上弯曲引起的飞机上仰转动

2.2　侧向静稳定性

飞机的侧向静稳定性一般可分为方向静稳定性与横侧静稳定性。

2.2.1　方向静稳定性

方向静稳定性是指飞机受微小扰动产生侧滑(或侧滑角变化)后,飞机能产生方向稳定力矩,具有恢复原方向平衡的趋势。

1. 方向稳定力矩

飞机在平飞中,受微小扰动出现左侧滑,如图 2 - 2 - 1 所示,气流从飞机左前方吹来,作用在机身、垂直尾翼、发动机进气道等处,分别产生向右的附加侧力,由于垂直尾翼面积大且靠后,故其总和(ΔZ)一般作用在飞机重心之后,对重心形成方向稳定力矩,使飞机具有恢复原来方向平衡的趋势。对于后掠翼飞机,后掠角具有增强方向稳定性的作用。因为飞机出现侧滑时,侧滑前翼的相对气流垂直分速比侧滑后翼的相对气流垂直分速大(见图 2 - 2 - 2),致使侧滑前翼的阻力比侧滑后翼的阻力大。两翼的阻力差对飞机重心就构成了方向稳定力矩。在低速飞行时,由于其作用较小,常忽略不计。

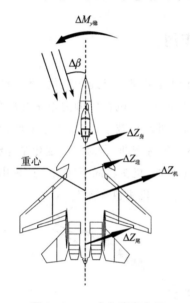
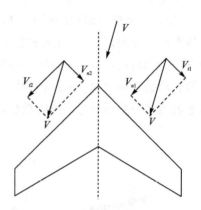

图 2 - 2 - 1　方向稳定力矩　　　　　图 2 - 2 - 2　机翼后掠角的有效分速

2. 方向静稳定度(m_y^β)

$m_y^\beta = \mathrm{d}m_y/\mathrm{d}\beta$(即如图 2 - 2 - 3 所示的 m_y 与 β 曲线斜率),称为方向静稳定度。它表明飞机侧滑角每变化一个单位值所引起的偏转力矩系数增量。由于规定右侧滑角为正,左侧滑角为负,右偏力矩为负,左偏力矩为正,所以要使飞机在产生侧滑后具有恢复原来平衡状态的趋势,应使 $m_y^\beta < 0$。当 $m_y^\beta > 0$ 时,飞机方向不稳定。当 $m_y^\beta = 0$ 时,方向中立稳定。

3. 影响方向静稳定性的因素

(1)垂直尾翼

飞机方向稳定力矩主要靠垂直尾翼产生,故垂直尾翼面积的大小对方向静稳定性影响很大。垂直尾翼面积大,侧滑后产生的侧力大,方向稳定性增强。垂直尾翼展弦比不同,方向稳定性也不同。垂直尾翼展弦比大,侧力系数随 β 变化的斜率 $C_z^\beta = \mathrm{d}C_z/\mathrm{d}\beta$ 增大,方向稳定性增强。

（2）迎　角

方向静稳定性一般要随迎角增大而有所减弱。主要原因是飞机在大迎角飞行时,机身、机翼遮蔽了流向垂直尾翼的气流,并使垂直尾翼相对气流来向的有效展弦比减小,导致垂直尾翼的稳定作用下降。迎角过大,某些飞机会失去方向静稳定性。

（3）飞行马赫数

在临界飞行马赫数 Ma_{cr} 以下,飞机的方向静稳定性基本上不随飞行马赫数而变化。当接近 Ma_{cr} 时,垂尾侧力系数斜率 C_z^{β} 也像机翼升力系数一样有所增大,这使方向静稳定性有所增强。同样,在大于 Ma_{cr} 时,方向静稳定性更为增强。但当飞行马赫数超过 1 至某一 Ma,方向静稳定性随飞行马赫数的增大而迅速降低。这是由于在这个 Ma 范围内,垂尾侧力系数斜率 C_z^{β} 降低的缘故。图 2-2-4 所示是某歼击机的方向静稳定度 m_y^{β} 随飞行马赫数 Ma 的变化情况,从图中可以看出上述趋势。

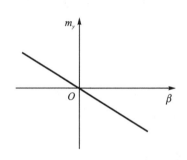

图 2-2-3　m_y 与 β 关系曲线

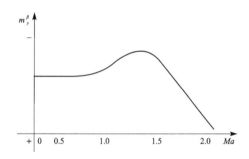

图 2-2-4　飞机的 m_y^{β} 曲线

某些飞机为改善大迎角和大马赫数下的方向静稳定性,采用背鳍、腹鳍或增大垂直尾翼面积(或用双垂尾)等方法。

2.2.2　方向稳定力矩在曲线飞行中的作用

如图 2-2-5 所示,假设飞机起始状态是无侧滑的直线运动,作用在飞机上的偏转力矩是平衡的。当飞机向右做水平曲线运动时,飞机飞行轨迹向右弯曲,如果机头不向右偏转,飞机会出现右侧滑,右侧滑一旦发生,就会产生方向稳定力矩,使机头向右偏转,力图消除右侧滑。同理,飞行轨迹向左弯曲时,也会产生方向稳定力矩,使机头向左偏转。这种现象与俯仰稳定力矩在曲线飞行中的作用相同,也属"机头追气流"现象。

通过上述分析可知,飞机原先处于平衡状态,由于飞行轨迹弯曲,飞机上也会产生相应的稳定力矩,使机头跟上轨迹变化,力图保持原来的平衡状态。

图 2-2-5　机头追气流

2.2.3 横侧静稳定性

横侧静稳定性是指飞机受微小扰动产生侧滑（或侧滑角发生变化）后，能产生横侧稳定力矩，具有恢复原横侧平衡的趋势。

1. 横侧稳定力矩

飞机在飞行中受微小扰动出现侧滑，例如，在平飞中受扰动飞机向左倾斜，升力与重力的合力作为向心力，使飞行轨迹向左弯曲（见图 2-2-6），飞机将出现左侧滑，相对气流从左前方吹来，由于低速飞机机翼一般都具有上反角，从图 2-2-7 可以看出，在上反角的作用下，左翼迎角大于右翼迎角，左翼升力大于右翼升力，左、右两翼升力之差对重心形成一个使飞机向右，即向侧滑反方向滚转的力矩，力图消除坡度和向心力，进而消除侧滑。该滚转力矩就是横侧稳定力矩，它使飞机具有自动恢复原来横侧平衡的趋势。

高速飞机大都采用后掠翼，当飞机出现侧滑时，横侧稳定力矩是靠后掠角的作用产生的。

从图 2-2-8 可以看出，飞机带侧滑时，左右两翼的有效后掠角不同，相对气流垂直于机翼前缘的有效分速（直接影响机翼弦向压力分布的气流分速）V_n 不同。例如，飞机带左侧滑，左翼气流有效分速（$V_{n左}$）大于右翼气流有效分速（$V_{n右}$），左翼升力大于右翼升力，两翼升力差形成向右滚转的力矩，即横侧稳定力矩。某些高速飞机，由于后掠角的作用产生的横侧稳定力矩过大，故采用机翼下反角（与上反角的作用相反）以适当减弱横侧稳定力矩的作用。

另外，高垂直尾翼在侧滑中产生的侧力在重心的上方，对飞机形成的滚转力矩（见图 2-2-9）也属于横侧稳定力矩。

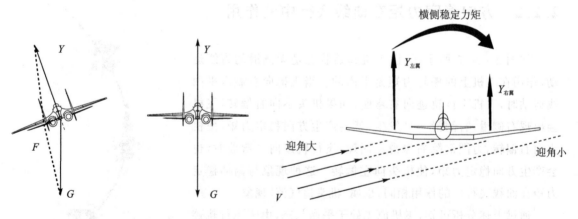

图 2-2-6　倾斜带来不平衡力　　　　　　　　图 2-2-7　上反角作用

2. 横侧静稳定度(m_x^β)

$m_x^\beta = \mathrm{d}m_x/\mathrm{d}\beta$ 称为横侧静稳定度。它表明飞机侧滑角每变化一个单位值引起的横侧力矩系数的增量。对于能产生横侧稳定力矩的飞机来说,右侧滑角增大($\Delta\beta>0$),飞机会产生左滚力矩($\Delta m_x<0$),左侧滑角($\Delta\beta<0$)增大,飞机会产生右滚力矩($\Delta m_x>0$)。因此,飞机产生横侧稳定力矩的条件是

$$m_x^\beta < 0$$

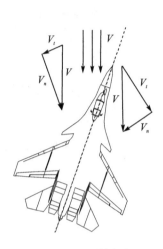

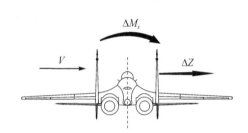

图 2-2-8　后掠角作用　　　　　　　　　图 2-2-9　垂直尾翼的滚转力矩

3. 影响横侧静稳定性的因素

(1) 迎　角

由机翼上反角的作用所产生的横侧稳定力矩是由两翼迎角差造成的。侧滑角一定时,两翼迎角差也就一定,它与飞机的迎角大小无关。在正常迎角范围内,在其他条件不变的情况下,两翼迎角差一定,形成的横侧稳定力矩的大小就一定。但当迎角大于临界迎角后,侧滑引起的两翼迎角差就会产生相反的结果,使侧滑前翼的升力小于侧滑后翼的升力。这是因为迎角超过临界迎角越多,升力系数越小。但是,实际情况是具有上反机翼的低速飞机(如某型初教机),当迎角大于临界迎角时,出现侧滑仍能产生横侧稳定力矩,主要原因是飞机侧滑时,侧滑后翼受机身遮挡,机翼上表面气流更乱,升力系数更小,机身遮挡作用对升力的影响人于两翼迎角差对升力的影响,从而使侧滑前翼的升力仍然大于侧滑后翼的升力,形成横侧稳定力矩。

由机翼后掠角作用所产生的横侧稳定力矩则与迎角有关。因为后掠引起的两翼升力差是靠侧滑前后两翼的气流有效分速不一样造成的。两翼升力人小除与有效分速有关外,还与当时飞机迎角有关,也就是飞机的升力系数有关。在侧滑角一定的情况下,迎角越大,即升力系数越大,两翼升力差就越大,横侧稳定力矩越大。若飞机以无升力迎角飞行,两翼升力系数为零,此时产生侧滑,虽然两翼的有效分速不同,但升力均为零,不存在两翼升力差,也就不产生横侧稳定力矩。后掠翼飞机在负迎角、负升力情况下产生侧滑时,两翼将形成横侧不稳定力矩。

（2）机翼的上下安装位置

在侧滑中,由于机身和机翼的互相干扰,引起沿机身两侧和两翼的压力分布更加不对称,故会额外产生滚转力矩,从而影响横侧稳定性。如图 2-2-10 所示,对于上单翼飞机来说,在左侧滑中,左翼下表面的气流受机身阻挡,流速减慢,压力升高,上、下压力差增大;右翼下表面压力有所减小,形成一附加的横侧稳定力矩,增强了横侧稳定性。下单翼飞机则相反,会形成一个附加的横侧不稳定力矩,削弱横侧静稳定性。中单翼飞机对飞机的横侧静稳定性影响不大。从方向稳定力矩和横侧稳定力矩的产生原因可知,只要飞机有侧滑,就会同时产生方向和横侧稳定力矩,侧滑消失,方向和横侧稳定力矩也同时消失。

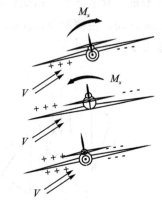

图 2-2-10　机翼位置的影响

机翼上反角(ψ)在侧滑角(β)下形成横侧稳定力矩可近似表示为

$$M_{x\psi} = -\frac{1}{4}C_y^{\alpha}\beta\psi SqL \qquad (2-2-1)$$

写成力矩系数形式为

$$m_{x\psi} = -\frac{1}{4}C_y^{\alpha}\beta\psi$$

单位侧滑角形成的横侧稳定力矩系数,即横侧静稳定度为

$$m_{x\psi}^{\beta} = -\frac{1}{4}C_y^{\alpha}\psi \qquad (2-2-2)$$

机翼后掠角(χ)在侧滑角(β)下形成的横侧稳定力矩可近似表示为

$$M_{x\chi} = -\frac{1}{2}Y\tan\chi \cdot \beta L \qquad (2-2-3)$$

写成力矩系数的形式为

$$m_{x\chi} = -\frac{1}{2}C_y\tan\chi \cdot \beta$$

单位侧滑角形成的横侧稳定力矩系数,即横侧静稳定度为

$$m_{x\chi}^{\beta} = -\frac{1}{2}C_y\tan\chi \qquad (2-2-4)$$

由式(2-2-1)～式(2-2-4)可见,上反角作用的横侧静稳定度与 C_y^{α} 和 ψ 的大小有关,后掠角作用的横侧静稳定度则与 C_y 和 χ 的大小有关。

对任意一架飞机来讲,由侧滑引起的机翼横侧稳定力矩系数可表示为

$$m_x = -\frac{1}{4}C_y^{\alpha}\beta\psi - \frac{1}{2}C_y\tan\chi \cdot \beta - \frac{1}{4}C_y^{\alpha}\Delta\psi\beta \qquad (2-2-5)$$

式中:

等号右边第 1 项——机翼上反角的作用;

等号右边第 2 项——机翼后掠角的作用;

等号右边第 3 项——机翼安装位置不同,机身、机翼相互干扰的作用(用相当的上反角 $\Delta\psi$ 来代替)。通常,下单翼飞机 $\Delta\psi$ 取$-2°$,上单翼飞机 $\Delta\psi$ 取 $2°$,中单翼飞机 $\Delta\psi$ 取 $0°$。

横侧静稳定度可写成

$$m_x^\beta = \frac{\mathrm{d}m_x}{\mathrm{d}\beta} = -\frac{1}{4}C_y^\alpha \psi - \frac{1}{2}C_y \tan\chi - \frac{1}{4}C_y^\alpha \Delta\psi \qquad (2-2-6)$$

(3)飞行马赫数

飞行马赫数小于 Ma_{cr},横侧静稳定度 m_x^β 基本不变;飞行马赫数大于 Ma_{cr},横侧静稳定度的绝对值 $|m_x^\beta|$ 一般先随飞行马赫数增大而增大,而后又随 Ma 的增大而减小,有的飞机甚至出现横侧静不稳定现象,m_x^β 由负变正,而后随着飞行马赫数的继续增大,m_x^β 由正变负且负值越来越大,横侧静稳定性又显著增强。当飞行马赫数大于 1 以后,横侧稳定性又随飞行马赫数增大而逐渐减弱。

产生上述现象的原因是现代高速飞机的后掠翼或三角翼的左右两翼在侧滑中有效后掠角不同,Ma_{cr} 不同所造成的。在亚声速阶段,在同一迎角下,左右两翼因侧滑导致 Ma_{cr} 不同。例如,在右侧滑中,右翼的有效后掠角小,Ma_{cr} 较低,升力系数增大的时机较早;而左翼的有效后掠角大,Ma_{cr} 较高,升力系数增大的时机较晚,因而侧滑前翼升力系数的增长大于侧滑后翼,所以 $|m_x^\beta|$ 增大。但在跨声速后段,侧滑前翼的升力系数开始下降,而侧滑后翼的系数仍处于上升阶段,因而横侧静稳定性下降。当飞行马赫数增大到某一数值,侧滑后翼升力系数大于侧滑前翼,起了不稳定作用,如图 2-2-11 所示。飞行马赫数再增大,侧滑前翼升力系数开始增大,侧滑后翼升力系数开始减小,到某一 Ma 时,侧滑前翼升力系数又开始大于侧滑后翼,飞机又恢复了横侧静稳定性,随着飞行马赫数的增大,左右两翼升力系数差值增大,横侧静稳定性因之增强。

超声速阶段横侧静稳定性随 Ma 增大又逐渐减弱。主要原因是:第一,为保持平飞,迎角逐渐减小,升力系数减小了。与此同时,即使迎角不变,超声速升力系数也会随着 Ma 的增大而减小(根据 $C_y = 4\alpha/\sqrt{Ma^2-1}$)。第二,随着 Ma 的增大,垂直尾翼的侧力系数曲线斜率也和升力系数曲线斜率 C_y^α 一样逐渐降低,因而垂尾所起的横侧稳定作用减弱。有的飞机在跨声速飞行中,由于横侧稳定性减弱,以至转为横侧不稳定,有可能自发地进入盘旋下降;有的还可能产生蹬舵反向倾斜。

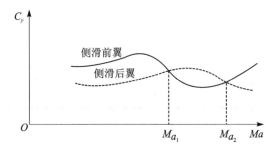

图 2-2-11　后掠翼侧滑时 C_y 随 Ma 的变化曲线

2.3　飞机的动稳定性

2.3.1　动稳定性概述

动稳定性是指飞机受小扰动后,恢复平衡状态的特性,也就是经过扰动运动最终恢复基准运动的特性。能恢复是动稳定,否则是动不稳定。在分析飞机稳定性时,一般将飞机的稳定直线飞行作为基准运动,由于某种扰动的作用使飞机偏离了原来的状态,改变了飞机运动参数的数值,如 V_0、α_0、ϑ_0 改变为

$$V = V_0 + (\Delta V)_0$$
$$\alpha = \alpha_0 + (\Delta \alpha)_0$$
$$\vartheta = \vartheta_0 + (\Delta \vartheta)_0$$

式中:

$(\Delta V)_0$、$(\Delta \alpha)_0$、$(\Delta \vartheta)_0$——初始扰动值。

图 2-3-1 所示为飞机迎角扰动值 $\Delta \alpha$ 随时间变化的 4 种情况,它可以代表在扰动停止后,飞机的扰动运动可能具有的基本模式,即扰动运动可能是非周期的,也可能是周期的,可能是收敛的,也可能是发散的。前面分析的静稳定性是指飞机受扰动后是否具有恢复原平衡状态的趋势。显然,图 2-3-1 中的第 2 种情况($\Delta \alpha$ 单调发散)没有恢复趋势,是迎角静不稳定,根本没有恢复到原平衡迎角的可能性。图中的第 1、3、4 种情况有恢复趋势,属于迎角静稳定,都有恢复到原平衡迎角的可能性。但其中只有第 1 和第 3 种情况能最终恢复到原来平衡迎角,这就是说第 1、3 种情况是动稳定的。

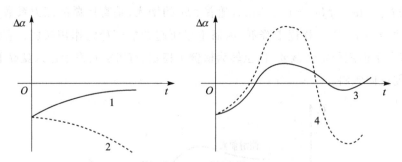

图 2-3-1　扰动值 $\Delta \alpha$ 随时间变化的 4 种情况

通过以上分析可知,飞机静稳定是动稳定的必要条件,飞机必须具有静稳定,才谈得上动稳定。飞机具有静稳定,不一定同时具有动稳定。因此,要研究飞机的稳定性,除了研究静稳定性外,还要研究动稳定性。

衡量飞机动稳定性通常用以下三种参数。

1. 变幅时间

变幅时间用半衰期 $t_{1/2}$（或倍幅时间 t_2）表示。半衰期 $t_{1/2}$（倍幅时间 t_2）是指飞机受扰动后,变量的偏离值减至初始偏离值的一半(或增为初始值的两倍)所需的时间。对于周期模态,偏离值以包络线为准,如图 2-3-2 所示。$t_{1/2}$ 小,表明衰减快,动稳定性好。对于发散的模态,则要求 t_2 大,因 t_2 大,飞行员来得及修正,危害小。

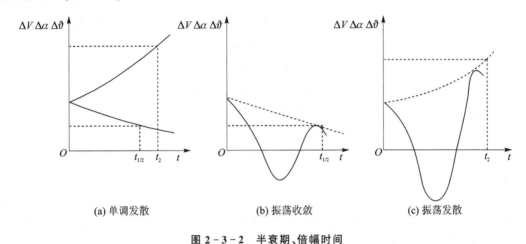

(a) 单调发散　　　　　　(b) 振荡收敛　　　　　　(c) 振荡发散

图 2-3-2　半衰期、倍幅时间

2. 摆动周期(T)

周期 T 是指飞机扰动运动振荡一次所需时间,与实际频率(ω_d)成反比,即 $\omega_d T = 2\pi$。可得

$$T = \frac{2\pi}{\omega_d} \tag{2-3-1}$$

3. 振荡次数 $N_{1/2}$(或 N_2)

$N_{1/2}$(或 N_2)是在 $t_{1/2}$(或 t_2)的时间内,扰动运动的振荡次数,振荡次数 $N_{1/2}$ 少,说明动稳定性好。如模态发散,则希望 N_2 不要过少。

2.3.2　飞机的纵向动稳定性

1. 纵向平衡的恢复

飞行实践证明,当飞机受到扰动偏离原来纵向平衡状态后,飞机的迎角和速度都要发生变化。在最初阶段,速度变化很慢,迎角变化很快。迎角能在很短时间内,基本上恢复原来平衡的迎角,以后迎角大小大致不再变化。飞机速度则变化比较明显,持续时间相对较长,并且会出现飞行轨迹起伏波动的现象,如图 2-3-3 所示。

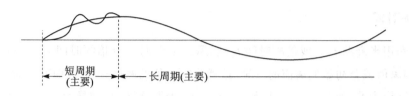

图 2 - 3 - 3　飞机恢复纵向平衡的过程

　　这是因为飞机一般都具有较强的迎角静稳定性,迎角变化后能产生足够的俯仰稳定力矩,加上飞机一般又具有较强的俯仰阻尼,因此能迅速地(往往在几秒钟以内)使飞机基本上恢复到原来的平衡迎角。但是,飞机受扰动后,不但力矩平衡受到破坏,力的平衡也受到破坏,因此在迎角变化的同时,还必然使飞行轨迹和飞行速度也发生相应的变化。不过因为不平衡力相对较小,且飞机质量大,线加速度小,所以飞行轨迹和速度的变化在最初阶段表现得不很明显。

　　通过上述分析可以得出:恢复迎角过程实质上就是恢复飞机纵向力矩平衡的过程,主要表现在最初阶段,这种恢复过程中的往复振荡的周期比较短,称为短周期模态;恢复速度的过程实质上是恢复飞机力的平衡过程,主要表现在后来的阶段,这种变化恢复周期比较长,称为长周期模态。飞机的纵向运动就是短周期和长周期模态的组合。必须指出,纵向扰动运动从一开始上述两种模态就同时存在,同时起作用,直至恢复到原来的基准运动。如果不能恢复到原来的基准运动,则飞机是纵向动不稳定的。

　　根据理论分析,纵向扰动运动参数可以迎角变化量为例来说明,可以表示为

$$
\begin{aligned}
\Delta\alpha(t) = &\ \Delta\alpha_1 \mathrm{e}^{-\zeta_{sp}\omega_{nsp}t} \cos\left(\omega_{nsp}\sqrt{1-\zeta_{sp}^2} \cdot t + \varphi_1\right) + \\
&\ \Delta\alpha_2 \mathrm{e}^{-\zeta_p\omega_{np}t} \cos\left(\omega_{np}\sqrt{1-\zeta_p^2} \cdot t + \varphi_2\right)
\end{aligned} \tag{2-3-2}
$$

式中:ζ_{sp}、ζ_p 分别为短、长周期阻尼比;ω_{nsp}、ω_{np} 分别为短、长周期无阻尼振荡频率;φ_1、φ_2 分别为短、长周期的相位角。

　　式(2 - 3 - 2)中等号右侧第 1 项为短周期模态,第 2 项为长周期模态。

　　要使飞机恢复原来的迎角,不但短周期模态要收敛,长周期模态也要收敛,如短周期模态收敛,长周期模态发散,那么飞机在扰动运动过程中,起初迎角能很快接近平衡迎角,但最终却因飞机力的不平衡影响到力矩的不平衡,而使迎角发散。但由于长周期运动周期长,一般发散也较缓慢,飞行员来得及修正,因此飞行员最关心的是最初几秒内飞机是否稳定,也就是短周期模态是否稳定的问题。故有时只分析短周期模态的迎角情形,认为在这段时间内速度不变,$\Delta\alpha(t)$ 则可用短周期模态的 $\Delta\alpha(t)$ 来表示,而略去式(2 - 3 - 2)中等号右侧第 2 项 $\Delta\alpha_2 \mathrm{e}^{-\zeta_p\omega_{sp}t} \cos\left(\omega_{np}\sqrt{1-\zeta_p^2} \cdot t + \varphi_2\right)$。

2. 纵向品质指标要求

　　为了保证飞机的纵向飞行品质,在飞行品质规范中分别对长、短周期作了要求。如对长周期模态的阻尼比 ζ_p,在正常飞行情况下要求 $\zeta_p > 0$,即是收敛的。而在非正常飞行的情况下的

最低要求是倍幅时间至少为 55 s。对短周期模态的阻尼比 ζ_{sp}，按不同飞行阶段作了不同的要求，具体可以从飞行品质规范中查到。如在战斗或起落阶段，要求在正常情况下应在 1.30 与 0.35 之间。短周期模态的无阻尼自振频率 ω_{nsp}，按不同飞行阶段用操纵期望参数 $\omega_{nsp}^2/(\Delta n_y/\Delta \alpha)$ 在飞行品质规范上的图示限制范围。ω_{nsp} 过大过小，飞行员都反映不满意。

2.3.3　飞机的侧向动稳定性

侧向运动包括飞机滚转、偏转和侧移等。在分析侧向静稳定性时，将其分解为方向和横侧两个方面，并认为互不影响。但在实际飞行中方向和横侧是互相影响的，这是侧向运动不同于纵向运动的特点，它给分析侧向动稳定性带来一定的复杂性。侧向平衡受破坏的恢复过程是在两个稳定力矩、两个阻尼力矩的共同作用下逐步恢复的。在分析侧向动稳定时，飞机的基准运动与分析纵向时相同，也是无侧滑的平直飞行。因为侧向的两个稳定力矩已经讲过，所以在分析侧向平衡过程前，先讲一下侧向阻尼力矩的产生。

1. 侧向阻尼力矩

侧向阻尼力矩包括方向阻尼力矩和横侧阻尼力矩，下面分别说明。

（1）方向阻尼力矩

方向阻尼力矩主要靠垂直尾翼产生，其产生原因与俯仰阻尼力矩相似，当飞机绕立轴偏转时，垂直尾翼处相对气流方向变化，产生的附加侧力对飞机重心形成一阻碍飞机偏转的力矩，即方向阻尼力矩。

方向阻尼力矩的变化规律与俯仰阻尼力矩类似，即它分别同偏转角速度 ω_y 和飞行速度的一次方成正比，可写为

$$M_y^{\omega_y} \omega_y = m_y^{\omega_y} \frac{1}{2}\rho V^2 SL \cdot \omega_y \qquad (2-3-3)$$

式中：

$M_y^{\omega_y}$ ——单位偏转角速度的方向阻尼力矩；

$m_y^{\omega_y}$ ——单位偏转角速度的方向阻尼力矩系数。

（2）横侧阻尼力矩

横侧阻尼力矩主要靠机翼产生。如飞机绕纵轴向左滚转时（见图 2-3-4），左翼下沉，在左翼范围内，出现向上的相对气流速度（ΔV），使左翼的实际相对气流方向发生改变，引起左翼迎角增大。右翼上扬，使右翼的实际相对气流方向发生改变，引起右翼迎角减小。在迎角小于临界迎角的范围内，迎角增大，产生正的附加升力，迎角减小，产生负的附加升力。左、右两翼的附加升力对重心形成横侧阻尼力矩，阻止飞机向左滚转。同理，飞机向右滚转时，也会产生阻止飞机向右滚转的横侧阻尼力矩。

横侧阻尼力矩的变化也同俯仰和方向阻尼力矩类似，分别与滚转角速度 ω_x 和飞行速度的一次方成正比，可表示为

$$M_x^{\omega_x} \omega_x = m_x^{\omega_x} \frac{1}{2}\rho V^2 SL \cdot \omega_x \qquad (2-3-4)$$

式中：

$M_x^{\omega_x}$——单位滚转角速度的横侧阻尼力矩；

$m_x^{\omega_x}$——单位滚转角速度的横侧阻尼力矩系数。

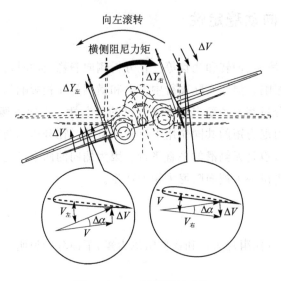

图 2-3-4 横侧阻尼力矩

2. 侧向平衡的恢复

在平飞中,飞机受微小扰动,侧向平衡被破坏而出现倾斜和侧滑,比如飞机向左倾斜(左坡度),升力平衡不了重力,升力与重力的合力得不到平衡,它作为向心力,使飞机运动轨迹向左转弯而出现左侧滑。有侧滑就会同时产生方向稳定力矩和横侧稳定力矩。飞机在方向稳定力矩的作用下,机头要向左偏转。飞机在横侧稳定力矩作用下,产生向右滚转的角加速度,从而消除左坡度。在飞机右滚、左偏的过程中,又会产生横侧和方向阻尼力矩,阻碍飞机右滚和左偏。在改平左坡度时,飞机一般仍有右滚角速度。飞机消除左侧滑时,一般仍有左偏角速度。这样,飞机又会形成右坡度,出现右侧滑,又会产生横侧稳定力矩和方向稳定力矩,力图使飞机向左滚转改平右坡度,向右偏转消除右侧滑。如此循环往复又滚又摆的扰动运动在阻尼力矩作用下逐渐减弱,直至最后恢复侧向平衡状态。

上述飞机恢复侧向平衡的实际过程与纵向动稳定性类似,可把它看作是滚转、滚偏振荡和盘降三个模态运动的叠加组成的。一开始,即第一阶段,飞机受扰动所引起的滚转角速度能很快地在滚转阻尼的作用下消失掉;第二阶段,由于飞机带坡度和侧滑,出现又滚又偏的振荡,随后在阻尼的作用下,滚偏振荡逐渐消失;第三阶段,飞机接着又会出现偏转角速度,飞机坡度缓慢变化,逐渐改平,恢复侧向平衡状态。某些飞机后期坡度会逐渐增大,以致使飞机进入近似螺旋的盘旋下降,恢复不了侧向平衡。飞行员必须加以操纵,才能使它恢复侧向平衡状态。

飞机受侧向扰动之后,恢复平衡过程中出现三种模态的物理成因是:飞机绕机体纵轴

(Ox_1)的转动惯量 I_x 通常比绕机体立轴(Oy_1)的转动惯量 I_y 要小,所以飞机容易产生滚转而形成坡度,而不易产生偏转造成侧滑。同时,又因飞机的滚转阻尼一般比较大,使扰动运动所引起的滚转角速度能很快衰减。当飞机有了坡度和随后出现侧滑时,就会同时产生横侧稳定力矩和方向稳定力矩。坡度消失,滚转角速度(ω_x)并不能立即消失为零,侧滑消失,方向偏转角速度(ω_y)并不能立即为零,于是又产生反方向的坡度,形成反方向的侧滑。在滚、偏过程中又会产生阻尼力矩,这样就会形成了滚偏振荡。到扰动运动后期,上述两种运动基本已衰减,但飞机的坡度、侧滑和两个角速度不可能同时消失为零,此时飞机仍会带有坡度、侧滑。如飞机带左坡度,并有小量左侧滑,飞机就会向左偏转,由机头偏转引起的两翼升力差形成的力矩如小于左侧滑形成的横侧稳定力矩,飞机坡度就会缓慢减小,最后消失为零,飞机恢复侧向平衡状态。如果两翼的升力差形成的力矩大于左侧滑造成的横侧稳定力矩,飞机坡度就会缓慢增大,最后飞机进入半径越来越小的盘旋下降运动,侧向平衡不能恢复。这也是为什么把它称为盘旋模态的道理。当飞机的横侧静稳定性强,而方向静稳定性相对较弱时,其滚偏振荡模态比较明显;反之,当飞机的方向静稳定性强,而横侧静稳定性相对较弱时,其盘旋模态比较明显。

3. 侧向动稳定性品质指标

根据侧向动稳定性的恢复过程由三个模态组成,飞行品质规范分别对它们的动态参数作了限定,以保证飞机具有良好的侧向动稳定性。

对于滚转模态,限制其时间常数,按不同飞机不同飞行阶段用表格列出数字,限制其大小。

对于滚偏振荡模态,则按机种、按飞行阶段,不同等级限定阻尼比、最小频率和阻尼的数值。

对于盘降模态,则按飞行阶段限定其最小倍幅时间。

另外,对大气扰动专门作了要求。要求对滚偏振荡所要求的基本阻尼与大气扰动要求的阻尼加以比较,取两者中较大者。

2.4　闭环条件下的稳定性

自动控制原理告诉我们,自动控制系统有两种控制方式,即开环控制和闭环控制。开环控制是指控制装置与被控制对象之间只有顺向作用而没有反向联系的控制过程,因此,开环控制系统的输出量不对系统的控制作用产生影响。闭环控制则是指控制装置与被控对象之间既有顺向作用,又有反向联系的控制过程。把系统的输出信号送回到输入端,并与输入信号比较的过程称为反馈。由于反馈的存在,整个控制过程是闭合的,可以达到预定的控制目的。飞机在空中的运动可以看作一个控制过程,把外界干扰或操纵指令作为输入信号,飞机各种动态参数作为输出信号,那么对飞机的控制也有两种形式,一种是开环操纵,另一种是闭环操纵。前面分析飞机的稳定性、操纵性,就是把飞机看作一个开环控制系统来研究的,认为飞机处于某种平衡状态,研究在已知干扰作用下,飞机运动参数变化过程。在这种情况下,飞机输出信号即运动参数对控制作用没有影响,所以是开环。

　　实际飞行中,飞机运动过程常常是一个闭环操纵过程,因为飞行员要想保持预定飞行状态或达到新的飞行状态,需要反复操纵。因此,飞行员要根据当时实际飞行状态与所要求的飞行状态之间的差别,做出判断,实施操纵,如仍没有达到预定状态或过了头,就要进行修正,这种操纵过程就是不断反馈,不断修正的过程,所以是闭环操纵。

2.4.1　飞机轨迹稳定性

　　飞机轨迹稳定性是一种闭环条件下的飞机稳定性。是指飞机受到扰动后,飞行员不改变油门而只改变升降舵来保持预定飞行轨迹的稳定性。在实际飞行中,如飞机在着陆进场或水平直线巡航时,飞行员为保持直线飞行轨迹,精力集中地通过目测或通过仪表,用升降舵对飞机进行不断操纵。此时飞机的稳定性研究就是闭环稳定性,也就是飞行轨迹稳定性问题。

1. 原因分析

　　飞行轨迹稳定性问题主要发生在着陆、着舰进近等低速飞行阶段,其物理意义可以从下滑轨迹的控制进行解释。飞机进场时,如果飞机受到扰动,偏离了预定的直线下滑轨迹,下滑角增大,飞行员拉杆后,如果下滑角减小,恢复原来的飞行轨迹,则飞机具有轨迹稳定性;如果飞行员拉杆后,下滑角反而增大,进一步偏离预定轨迹,则飞机不具有轨迹稳定性。

　　通常,在油门位置不变且不考虑推重比等其他因素影响的情况下,下滑角的大小取决于升阻比。飞机做稳定飞行时,有利速度(对应有利迎角,见直线飞行)下的升阻比最大。在速度大于有利速度的范围内,飞机受到扰动,速度减小,飞机轨迹向下弯曲时,飞行员拉杆增大迎角保持直线下滑轨迹。此时,迎角增大导致升阻比增大,下滑角减小,轨迹角变化趋势与拉杆意图一致,飞行轨迹是稳定的。在速度小于有利速度的范围内,拉杆增大迎角时,速度减小,升阻比也减小,下滑角反而有增大的趋势,即轨迹角的变化趋势与拉杆意图不一致。在此速度范围内,如果飞行员试图单纯用拉杆的方式减小下滑角,结果只会是拉杆越多,下滑角越大。在此速度范围内,要想减小下滑角,则需要推杆操纵,这不符合飞行员的正常操纵习惯。

2. 稳定条件

　　飞行轨迹稳定性可以飞行员只用升降舵严格保持飞机直线运动的简化分析来分析,即认为垂直于飞机运动方向上的力始终是平衡的,而且飞机处于俯仰力矩平衡状态。这种飞行轨迹是否稳定只考虑平行于飞行方向上的力的变化。

　　例如,扰动前力是平衡的,扰动后飞行员不动油门只动驾驶杆,虽然能保持直线飞行,但是迎角和速度都变化了,如速度收敛,则轨迹是稳定的,速度若发散,最终必然破坏保持直线轨迹的条件,轨迹是不稳定的。下面从力的关系出发,来分析保持轨迹稳定性的条件。为简便起见,认为发动机推力不随速度变换,即 $P^V = \mathrm{d}P/\mathrm{d}V = 0$。

　　垂直运动方向上的力平衡,即

$$Y^V \Delta V + Y^\alpha \Delta \alpha = 0 \qquad\qquad (2-4-1)$$

平行于运动方向上的力的关系应是

$$m \frac{\mathrm{d}\Delta V}{\mathrm{d}t} = -X^V \Delta V - X^\alpha \Delta \alpha \qquad\qquad (2-4-2)$$

由式(2-4-1)得

$$\Delta \alpha = -\frac{Y^V}{Y^\alpha} \Delta V$$

代入式(2-4-2)得

$$m \frac{\mathrm{d}\Delta V}{\mathrm{d}t} + X^V \Delta V - \frac{Y^V}{Y^\alpha} X^\alpha \Delta V = 0$$

简化成

$$\frac{\mathrm{d}\Delta V}{\mathrm{d}t} + \frac{X^V - \dfrac{Y^V}{Y^\alpha} X^\alpha}{m} \Delta V = 0$$

根据上式可求出

$$\Delta V(t) = \Delta V_0 \, \mathrm{e}^{\lambda t}$$

式中

$$\lambda = -\frac{X^V - \dfrac{Y^V}{Y^\alpha} X^\alpha}{m} = -\frac{\dfrac{X^V}{Y^V} - \dfrac{X^\alpha}{Y^\alpha}}{m \, Y^V}$$

要 $\Delta V(t)$ 收敛须 $\lambda < 0$，即 $\dfrac{X^V}{Y^V} - \dfrac{X^\alpha}{Y^\alpha} > 0$，又因

$$X^V = \frac{\mathrm{d}X}{\mathrm{d}V} = C_x \rho V S$$

$$Y^V = \frac{\mathrm{d}Y}{\mathrm{d}V} = C_y \rho V S$$

$$X^\alpha = \frac{\mathrm{d}X}{\mathrm{d}\alpha} = C_x^\alpha \frac{1}{2} \rho V^2 S$$

$$Y^\alpha = \frac{\mathrm{d}Y}{\mathrm{d}\alpha} = C_y^\alpha \frac{1}{2} \rho V^2 S$$

则可得

$$\frac{C_x}{C_y} - \frac{C_x^\alpha}{C_y^\alpha} = \frac{C_x}{C_y} - \frac{\mathrm{d}C_x}{\mathrm{d}C_y} > 0 \qquad\qquad (2-4-3)$$

这就是在 $P^V = 0$ 时飞行轨迹稳定的条件。

从飞机极曲线可以看出，在有利迎角时，$\dfrac{C_x}{C_y} = \dfrac{\mathrm{d}C_x}{\mathrm{d}C_y}$，因此它是飞行轨迹稳定与不稳定的临界点。迎角大于有利迎角时，$\dfrac{C_x}{C_y} < \dfrac{\mathrm{d}C_x}{\mathrm{d}C_y}$，飞行轨迹不稳定；迎角小于有利迎角时，$\dfrac{C_x}{C_y} > \dfrac{\mathrm{d}C_x}{\mathrm{d}C_y}$，飞行轨迹稳定。

3. 判别准则

为了便于试飞测量,在飞行品质规范中用 $d\theta/dV$ 作为飞行轨迹稳定性的判别准则。判别准则 $d\theta/dV$ 与上述 λ 是相当的,根据数学推导,可得出

$$\lambda = g\,\frac{d\theta}{dV}$$

显然,$d\theta/dV < 0$ 轨迹是稳定的,反之,轨迹是不稳定的。

在飞行中,如果飞机有少许的飞行轨迹不稳定,也是允许的,因为不稳定程度小,倍幅时间长,飞行员完全来得及用油门帮助控制速度。我国的飞行品质规范规定 $d\theta/dV$ 可以为正,但正值应小于 $0.032°/(km \cdot h^{-1})$,对应的倍幅时间大于 $34.7\ s$,这样,飞行员有足够的时间来调节油门加以修正。

2.4.2　利用自动器改善飞机的纵向稳定性

现代飞机飞行速度和高度范围显著扩大,要在所有飞行包线内都获得良好的动稳定性和操纵反应,只在气动布局上努力往往很难办到,解决这一问题的有效办法就是在飞机上安装自动器。这样可以在不改变飞机气动布局的情况下,改善飞机稳定性和操纵反应特性。由于带有自动器时,飞机动态特性的全面分析已超出本书范畴,本节只是从概念上着重介绍纵向阻尼器和增稳系统对飞机动态特性的影响。

1. 带有纵向阻尼器飞机的动态特性

飞机纵向阻尼器是一种人为地增加纵向阻尼的自动器。图 2-4-1 所示为此类自动器的工作原理图,其中角速度传感器用于感受俯仰角速度变化信号,并输入放大器进行放大,从放大器输出的信号使舵机移动,然后通过助力器带动舵面朝着阻止飞机转动的方向偏转。例如,当飞机产生机头上仰的角速度时,阻尼器工作的结果让升降舵(平尾)下偏,产生阻止机头上仰的气动力矩,其效果相当于加大了纵向平尾阻尼力矩。

如果不考虑阻尼器中舵机、助力器等元件本身动态特性的影响,即阻尼器在理想工作条件下,由图 2-4-1 可得升降舵(平尾)偏角与俯仰角速度之间的关系为

$$\Delta\delta_z = K_{\omega_z}\omega_z \qquad\qquad (2-4-4)$$

式中:

K_{ω_z}——俯仰角速度对升降舵(平尾)偏度的传递系数(放大系数)。

式(2-4-4)常称为阻尼器的调节规律或运动方程。纵向自动阻尼器起着增加短周期阻尼和无阻尼自然频率的作用,从而改善了飞机短周期的稳定性。例如超声速某歼击机,未加纵向阻尼器时,在 $H=12\ km$,$Ma=1.4\sim1.8$ 试飞时,阻尼比 ζ 为 $0.1\sim0.16$;加装阻尼器后,在 $H=11\ km$,$Ma=1.5$ 和 1.8 飞行时,ζ 分别达到 0.38 和 0.42,满足飞行品质规范中 $\zeta>0.35$ 的要求。在飞行高度和速度变化时,自然阻尼变化很大,传递函数 K_{ω_z} 固定不变时,不能在所有飞行状态下得到满意的飞机响应过程。这种传递函数为常值的阻尼器在低空阻尼增加过

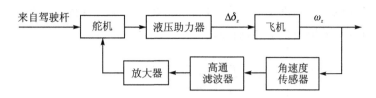

图 2 - 4 - 1　纵向阻尼器的组成

大,在高空则感到不足。由此可见,动态响应过程的品质只有靠阻尼器根据飞行状态改变传递函数来达到。图 2 - 4 - 2 给出了传递函数 K_{ω_z} 随速压和高度变化的典型规律。为达到这种目的要向传递函数 K_{ω_z} 调节器输入一个来自速压传感器的输入信号。

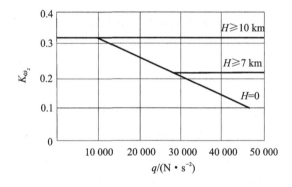

图 2 - 4 - 2　K_{ω_z} 随速压和飞行高度的变化

应该指出,当飞机做定常机动飞行时,由于 ω_z 保持常数,从式(2 - 4 - 4)可知,舵偏角增量 $\Delta\delta_z$ 亦保持常数。与不带阻尼器的情况相比,这不仅增加了驾驶杆力,而且减少了舵面的可用偏角。为了克服这个缺点,通常在角速度传感器的输出端增加一个高通滤波器,它只允许高频信号通过,而对直流分量即稳态俯仰角速度,其输出量为零。

2. 带纵向增稳装置飞机的动态特性

从前面分析可知,阻尼器的作用主要是增加飞机的纵向阻尼,从而在一定状态下改善飞机的短周期反应特性,但它对飞机的纵向静稳定性不产生任何影响。现代高速飞机飞行包线不断扩大,从亚声速到超声速,飞机的焦点位置发生很大变化,因而对一定的质心位置,飞机的纵向静稳定性也发生较大改变。往往是超声速飞行时稳定性合适的飞机,在亚声速飞行时,由于焦点前移,静稳定性常感不足,甚至变成静不稳定的。这个问题仅仅依靠阻尼器是不能解决的,必须借助于纵向增稳装置。增稳装置是在阻尼器的基础上发展而来的,它除了有俯仰角速度反馈回路外,还有对迎角或法向过载的反馈回路,因而不仅增加了飞机的俯仰阻尼,而且增加了飞机的纵向静稳定性,提高了飞机短周期振荡频率,可以在更广阔的飞行范围内改善飞机的飞行品质。

图 2 - 4 - 3 所示为增稳装置的工作原理图。从图上可以看出,有两条反馈回路,其中内回路用于增加飞机的短周期阻尼,外回路用于增加飞机的纵向静稳定性。其中迎角变化是通过迎角传感器感受,其信号输入放大器放大后,再经舵机及助力器推动舵面朝着减小迎角变化的

方向转。例如,某种原因使飞机迎角突然增加,增稳装置立即感受到这一信号,并使舵面向下偏转,产生使飞机低头的俯仰力矩,因而迎角减小,故其作用相当于增加了飞机的纵向稳定性。

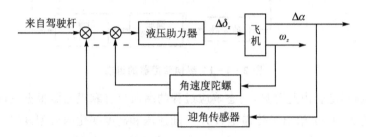

图 2 - 4 - 3　纵向增稳装置的组成

如果不考虑阻尼器中舵机、助力器等元件本身动态特性的影响,即增稳装置在理想工作条件下,其调节规律可以表示为

$$\Delta \delta_z = K_a \Delta \alpha + K_{\omega_z} \omega_z \qquad (2 - 4 - 5)$$

式中:

K_a——升降舵(平尾)偏角对迎角的传递系数(放大系数)。

利用式(2 - 4 - 5)可以明显看出增稳装置的工作原理。如某种原因使迎角增加了 $\Delta\alpha$,此时舵面将向下偏转 $\Delta\delta_z$,于是在负的操纵力矩 $m_z^{\delta_z}\Delta\delta_z$ 作用下,机头向下偏转,迎角逐渐减小。与此同时,舵面偏角也相应减小。当 $\Delta\alpha = 0$ 时,$\Delta\delta_z = 0$,舵面重新回到原来配平位置。此外,飞机在运动过程中,由于存在 ω_z,因此也要引起舵面偏转,其方向与迎角引起的偏转方向相反,起到增加阻尼的作用。由于迎角传感器本身测量精度较低,直接测量迎角变化比较困难。考虑到迎角和法向过载存在有如下关系:

$$\Delta n_y = \frac{\Delta Y}{G} = \frac{Y^a \Delta\alpha V_0}{g} \qquad (2 - 4 - 6)$$

在一定飞行状态下,采用法向过载传感器感受过载,反馈给舵机能起到 α 反馈信号的作用。在此情况下,增稳装置调节规律可表示为

$$\Delta\delta_z = K_{n_y} \Delta n_y + K_{\omega_z} \omega_z \qquad (2 - 4 - 7)$$

本章小结

飞机的三轴稳定包括俯仰、方向和横侧三个方面,稳定性要受到迎角、飞行马赫数等因素的影响。静稳定性是指飞机受微小扰动偏离平衡状态后,是否具有恢复原平衡状态的趋势;动稳定性则是指受小扰动后恢复的过程特性。飞机要在空中稳定飞行,总体上应该是稳定的。角速度和迎角反馈可以改善飞机的俯仰稳定性;同理,侧滑角和侧向角速度反馈也可以改善飞机的侧向稳定性。

复习思考题

1. 什么是静稳定性？
2. 什么是迎角静稳定性？飞机是如何产生迎角静稳定性的？
3. 什么是迎角（过载）静稳定度？如何判定飞机具有迎角静稳定性？
4. 什么是速度静稳定性？
5. 影响纵向静稳定性的因素有哪些？
6. 什么是方向静稳定性？飞机是如何产生方向静稳定性的？
7. 什么是方向静稳定度？如何判定飞机具有方向静稳定性？
8. 什么是横侧静稳定性？飞机是如何产生横侧静稳定性的？
9. 什么是横侧静稳定度？如何判定飞机具有横侧静稳定性？
10. 什么是动稳定性？
11. 飞机受到扰动后，如何恢复纵向平衡？
12. 飞机受到扰动后，如何恢复侧向平衡？
13. 衡量飞机具有良好侧向动稳定性品质的指标有哪些？

第3章 飞机的操纵性

飞机的操纵性是指飞机在飞行员操纵杆、舵、油门、襟翼、减速板等的情况下改变飞机状态的特性。由于飞行中飞行员经常操纵的是杆、舵,因此,一般讲的飞机操纵性仅指飞机在飞行员操纵杆、舵的情况下改变飞行状态的特性。

研究飞机的操纵性,主要从以下两个方面进行:一是静操纵性和动操纵性(也称操纵的稳态反应和动态反应)。静操纵性是指飞机在飞行员操纵杆、舵后,重新稳定下来,各力矩取得新的平衡时,杆、舵操纵与飞行状态之间的关系,它包括杆、舵行程,施加于杆、舵上的力等的变化规律。动操纵性是指飞机从飞行员操纵杆、舵开始至到达稳态为止,这一过渡过程的时间长短与特性也就是飞机对飞行员操纵杆、舵的反应快慢与反应情况的规律。二是开环操纵和闭环操纵。

3.1 飞机纵向静操纵性

飞机纵向操纵性是指在飞行员操纵驾驶杆偏转升降舵之后,飞机改变迎角、速度等的特性。飞机纵向静操纵性是指操纵升降舵后待飞机稳定下来(通常是指平直飞行与稳定曲线飞行),杆力、杆位移与飞行状态之间的关系。

3.1.1 飞行中改变迎角的原理与俯仰操纵度

1. 直线飞行中改变迎角的原理

飞机直线飞行中,其俯仰力矩平衡关系式为

$$M_{z0} + M_{zs} + M_{zc} = 0$$

或

$$m_{z0} + m_{zs} + m_{zc} = 0$$

由于飞机原来俯仰力矩是平衡的,所以在研究飞机迎角变化时,可以不考虑原来的力矩,只考虑飞行员推、拉驾驶杆引起的力矩的变化量。

如飞行员向后拉一点杆,升降舵上偏,在平尾处就要产生一个向下的附加升力,它对飞机重心形成力矩,即附加的俯仰操纵力矩(见图 3-1-1)迫使机头上仰,增大迎角。飞机迎角一增大,飞机上又会产生一个向上的附加升力,它作用在飞机焦点上,对飞机重心产生一个附加俯仰稳定力矩,该力矩力图制止飞机迎角增大。当飞行员操纵引起的附加操纵力矩与迎角增大引起的附加稳定力矩相平衡时,飞机便稳定在新的迎角下,此时力矩平衡关系式可写为

$$\Delta M_{zs} + \Delta M_{zc} = 0 \qquad (3-1-1)$$

或

$$\Delta m_{zs} + \Delta m_{zc} = 0 \qquad (3-1-2)$$

Δm_{zc} 可写成 $m_z^{\delta_z} \Delta \delta_z$。$m_z^{\delta_z} = \mathrm{d}m_z / \mathrm{d}\delta_z$ 为升降舵效能,即单位升降舵偏角的俯仰力矩系数的变化量。Δm_{zs} 可写成 $m_z^{\alpha} \Delta \alpha$。

故式(3-1-2)可改写为

$$m_z^{\delta_z} \Delta \delta_z + m_z^{\alpha} \Delta \alpha = 0 \qquad (3-1-3)$$

在低速常用迎角范围内飞行,$m_z^{\delta_z}$、m_z^{α} 都是常量,也就是说当 $\Delta \delta_z$ 一定时,$\Delta \alpha$ 也就一定。

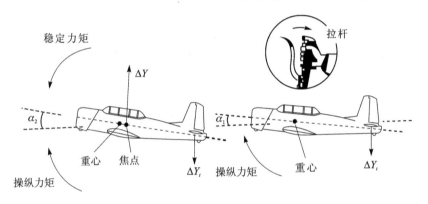

图 3-1-1　偏转升降舵时,飞机俯仰力矩的平衡

飞机取得力矩平衡后,可不再考虑原来的力矩。如此时飞行员再向后拉一点杆,飞机迎角又会再增大一点。同理,飞行员推一点杆,飞机就会平衡在较小的迎角下飞行。

可见,在直线飞行中,每一个杆的前后位置都对应一个固定的迎角。杆位越靠后,对应的迎角也就越大。

这里需要指出的是,上述分析只考虑力矩的关系,没有考虑力的关系。实际上,同一架飞机在直线飞行中需要的升力大小是一定的(如平飞,升力须与重力相等)。直线飞行中,飞行员拉杆增加迎角时,飞机升力系数随之增大,为保持升力大小不变,必须同时相应减小飞行速度。因俯仰操纵力矩和俯仰稳定力矩都与飞行速度的平方成正比,飞行速度减小时,两力矩都是按同一比例变化,所以飞行速度变化不影响直线飞行中的俯仰力矩平衡。用力矩系数来分析,就可以不考虑速度的变化。

2. 俯仰静操纵度

俯仰静操纵度是指升降舵每偏转一个单位值引起的飞机迎角增量,用 $\mathrm{d}\alpha / \mathrm{d}\delta_z$ 表示。

由于规定升降舵上偏角为负,$\Delta \delta_z$ 为负时,迎角增加,$\Delta \alpha$ 为正,故俯仰静操纵度一般为负,即

$$\frac{\mathrm{d}\alpha}{\mathrm{d}\delta_z} < 0 \qquad (3-1-4)$$

3. 曲线飞行中改变迎角的原理

飞行中,飞行员拉杆使飞机从稳定直线飞行进入向上的曲线飞行,此时若飞行速度方向向上转动的角速度保持不变,要保持飞机在曲线飞行中的迎角不变,飞机绕横轴的转动角速度也需要保持不变,且与速度方向的转动角速度大小相同。可见,曲线飞行与直线飞行相比,同样杆的前后位置,飞机迎角是不同的。这是因为在曲线飞行中,飞行员拉杆产生的俯仰操纵力矩($M_z^{\delta_z} \Delta \delta_z$)除克服由于迎角增加产生的附加俯仰稳定力矩($M_z^{\alpha} \Delta \alpha$)外,还要克服由于飞机绕横轴转动产生的俯仰阻尼力矩($M_z^{\omega_z} \omega_z$),这样才能使飞机保持等角速度转动。所以,在不考虑原来直线飞行时力矩关系的条件下,曲线飞行中,俯仰力矩平衡关系式为

$$M_z^{\delta_z} \Delta \delta_z + M_z^{\alpha} \Delta \alpha + M_z^{\omega_z} \omega_z = 0 \qquad (3-1-5)$$

写成力矩系数形式为

$$m_z^{\delta_z} \Delta \delta_z + m_z^{\alpha} \Delta \alpha + m_z^{\omega_z} \omega_z = 0 \qquad (3-1-6)$$

在直线飞行中,飞行员拉杆产生的俯仰操纵力矩使飞机迎角增加,其迎角增加量可表示为

$$\Delta \alpha = -\frac{m_z^{\delta_z}}{m_z^{\alpha}} \Delta \delta_z \qquad (3-1-7)$$

在曲线飞行中,由于力矩平衡关系式中多了俯仰阻尼力矩,其迎角增量可从式(3-1-6)得出

$$\Delta \alpha = -\frac{m_z^{\delta_z}}{m_z^{\alpha}} \Delta \delta_z - \frac{m_z^{\omega_z}}{m_z^{\alpha}} \omega_z \qquad (3-1-8)$$

对比式(3-1-7)、式(3-1-8)可以看出,曲线飞行与直线飞行相比,增加相同的迎角,飞行员需要多拉杆,多增加升降舵向上偏转的角度,其增加的升降舵偏角所产生的俯仰操纵力矩用来克服俯仰阻尼力矩。由于 $m_z^{\omega_z}$ 的大小与飞行速度有关,故当其他条件不变时,速度大小不同,同样的杆位置,飞机平衡的迎角也不同。也就是说,曲线飞行中,一个杆的前后位置不能对应一个固定迎角。

3.1.2 杆力和杆位移

1. 直线飞行中的杆力、杆位移和配平速度

(1) 驾驶杆力与杆位移

飞行员操纵驾驶杆时,需要施加一定的力量,这个力称为驾驶杆力,简称杆力。驾驶杆上端的位置变化量称为杆位移。例如,飞行员向后拉杆,上偏升降舵(见图3-1-2),飞行员给杆施加一个向后的杆力(F_s),杆端后移 $\mathrm{d}x$,升降舵上偏 $\mathrm{d}\delta_z$,作用于升降舵上的空气动力(ΔY_{δ_z})对枢轴形成的枢轴力矩为 M_H。

从力学原理可知,杆力所做的功与 M_H 有如下关系:

$$F_s \mathrm{d}x + M_H \mathrm{d}\delta_z / 57.3 = 0$$

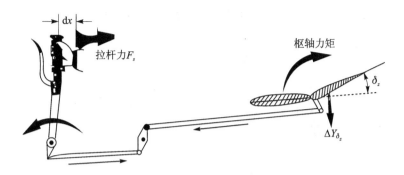

图 3-1-2　杆力、杆位移与 δ_z

由此得

$$F_s = -M_H \frac{\mathrm{d}\delta_z}{\mathrm{d}x} \cdot \frac{1}{57.3} = -K_z M_H \qquad (3-1-9)$$

式中：

$K_z = \dfrac{\mathrm{d}\delta_z}{\mathrm{d}x} \cdot \dfrac{1}{57.3}$ ——操纵系统传动比。

对于人力操纵系统来说，K_z 近似为一个常数，若起始条件为杆中立，杆位移(x)与升降舵偏角(δ_z)的关系可表示为

$$x = \frac{\delta_z}{K_z} \qquad (3-1-10)$$

由于 M_H 的大小与气流动压和升降舵偏角的大小有关，气流动压大，M_H 大，升降舵偏角大，M_H 的值也大，故驾驶杆力的大小（绝对值）与气流动压和升降舵偏角的大小有关。

（2）升降舵调整片的作用

调整片是装在舵面后缘的一种辅助舵面。飞行中，可用升降舵调整片减小或消除杆力。比如升降舵上偏（见图 3-1-3），舵面上的空气动力(ΔY_{δ_z})对升降舵枢轴形成枢轴力矩，力图使升降舵回到中立位置。为了保持升降舵偏转角不变，必须用力拉杆。这时如将升降舵调整片向下偏转，在调整片上就会产生一个向上的空气动力(ΔY_t)，对升降舵枢轴构成力矩，帮助升降舵向上偏转，减轻拉杆力。调整片偏至适当的位置时，升降舵枢轴力矩之和为零，则杆力等于零。调整片可使枢轴力矩为零、杆力为零的作用，称为配平或气动平衡。

应当指出，调整片虽然可以使升降舵枢轴力矩等于零，但对整个水平尾翼的升力(ΔY_t)的大小及着力点影响不大，因此，水平尾翼升力对飞机重心形成的俯仰力矩与调整片不偏转时基本相同。也就是说，调整片可以减轻杆力，直到杆力为零，但基本上不改变俯仰操纵力矩的大小。

为了减小枢轴力矩，减轻飞行员操纵驾驶杆的力量，除调整片外，飞机通常还设置气动补偿，如移轴补偿和角式补偿等。

移轴补偿：将舵面枢轴安装位置从前缘向后移动一段距离（见图 3-1-4），就可以利用位于枢轴前面的部分舵面——补偿舵面进行补偿。

角式补偿：舵面尖端有一部分面积凸出于枢轴前面（见图 3-1-5），称为角式补偿。舵面

偏转后,作用于角式补偿面上的空气动力对枢轴形成的力矩可以抵消一部分枢轴力矩。

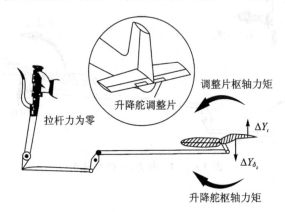

图 3 - 1 - 3　调整片的作用

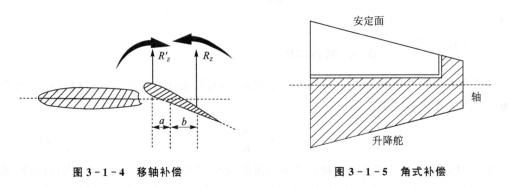

图 3 - 1 - 4　移轴补偿　　　　　　　图 3 - 1 - 5　角式补偿

(3) 平直飞行的杆位移

从前面对直线飞行中改变迎角原理的分析得知,直线飞行中一个驾驶杆的前后位置对应一个固定迎角,即杆位靠前,迎角小,杆位靠后,迎角大。在平飞中,升力等于重力,用不同迎角做平飞,飞行速度也不同,大速度对应小迎角,小速度对应大迎角。这样就可以得出飞机在稳定平飞中杆位移与飞行速度的关系,即大速度平飞,杆位靠前,小速度平飞,杆位靠后。杆位移与平直飞行速度的关系可用图 3 - 1 - 6 表示。

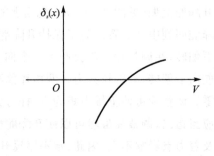

图 3 - 1 - 6　平飞 δ_z(或 x)与 V 关系曲线

杆位移与平飞速度的关系曲线可用力矩关系说明。在稳定平飞中,飞机俯仰力矩等于零,即

$$M_{z0} + M_{zs} + M_{zc} = 0$$

也即

$$m_{z0} + m_{zs} + m_{zc} = 0$$

飞机俯仰力矩系数从无升力迎角开始算起,飞机升力力矩系数可以写为

$$m_{zs} = \frac{\mathrm{d}m_z}{\mathrm{d}C_y} \cdot C_Y = m_z^{c_y} \cdot C_y$$

同样

$$m_{zc} = \frac{\mathrm{d}m_z}{\mathrm{d}\delta_z} \cdot \delta_z = m_z^{\delta_z} \cdot \delta_z$$

上式可以写为 $m_{z0} + m_z^{c_y} C_y + m_z^{\delta_z} \cdot \delta_z = 0$,得

$$\delta_z = -\frac{m_{z0}}{m_z^{\delta_z}} - \left(\frac{m_z^{c_y}}{m_z^{\delta_z}}\right) \cdot C_y \tag{3-1-11}$$

从式(3-1-11)可以看出,升降舵偏角(δ_z)产生的操纵力矩一部分用来克服俯仰稳定力矩,一部分用来克服零升力矩。在低速飞行中,m_{z0}、$m_z^{c_y}$ 和 $m_z^{\delta_z}$ 基本不变,用来克服俯仰稳定力矩的那部分升降舵偏角与 C_y 成正比。

由升力公式可知,在平飞时,$Y = G = C_y(\rho V^2/2)S$,得 $C_y = 2G/(\rho V^2 S)$,将 C_y 代入式(3-1-11),得

$$\delta_z = -\frac{m_{z0}}{m_z^{\delta_z}} - \frac{m_z^{c_y}}{m_z^{\delta_z}} \cdot \frac{2G}{\rho V^2 S} \tag{3-1-12}$$

可以看出,克服俯仰稳定力矩的那部分舵偏角与 V^2 成反比。

根据上述关系得出的 δ_z 与 V 的关系如图 3-1-6 所示。又因升降舵偏角与杆位移两者的关系是线性关系(从中立位置开始),$x = \delta_z/K_z$,故杆位移与飞行速度的关系曲线同 δ_z 与飞行速度的关系曲线相同。

(4) 平飞杆力特性

根据平飞杆位移及杆力公式可以得出平飞杆力随速度的变化关系,一般来说,在大速度下平飞增速,为保持升力不变,飞行员应随速度增大向前推杆以减小迎角。大速度平飞,迎角本来很小,须推杆减小的迎角不多,推杆行程不大,但推杆力却要增大很多,这是因为动压大所致。小速度平飞,由于动压小,改变速度时,拉杆或推杆的行程虽较大,杆力变化却不大。杆力与速度的变化关系曲线如图 3-1-7 所示。

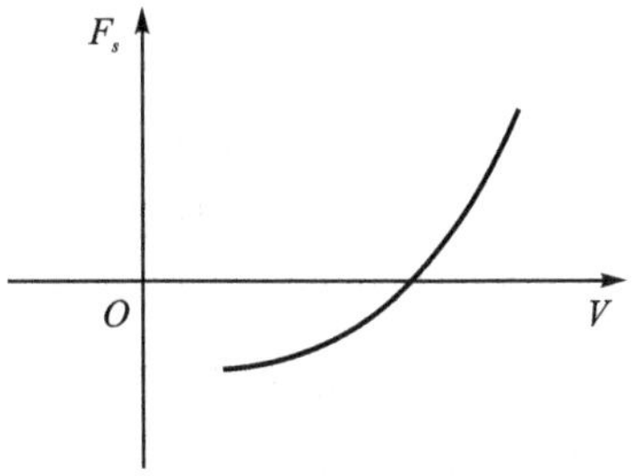

(5) 配平速度

直线飞行时(一般指平飞),杆力为零时的飞行速度称为配平速度。调整片(调效)中立时的配平速度称

图 3-1-7　F_s 与 V 关系曲线

为平衡速度。飞机做平衡表速飞行一般是在平飞状态或直线上升状态(一般上升角不大,可认为升力等于重力)。

配平速度的大小对平飞杆力影响很大。配平速度过小,则小速度时拉杆力过小,而大速度时推杆力过大;相反,配平速度过大,则大速度时推杆力过小,而小速度时拉杆力过大。所以,在飞行中应将配平速度调得合适。具体做法应按机种地面预习教科书的规定进行。

2. 曲线飞行中的杆力和杆位移

曲线飞行中的杆力和杆位移可以看作是飞机平直飞行的杆力和杆位移加上飞行员操纵驾驶杆使飞机由平直飞行转入曲线飞行的那部分杆力和杆位移,而这部分的杆力和杆位移可以根据改变飞机载荷因数(即 Y/G,用 n_y 表示)乘以飞机的单位载荷杆力($\mathrm{d}F_s/\mathrm{d}n_y$)和单位载荷杆位移($\mathrm{d}x/\mathrm{d}n_y$)得出。

(1) 单位载荷杆力

单位载荷杆力又称杆力过载梯度,是指每增加一个载荷因数(即增加一个飞机重力大小的飞机升力)所应增加的杆力,用 $\mathrm{d}F_s/\mathrm{d}n_y$ 或 $F_s^{n_y}$ 表示。它是衡量飞机曲线飞行时杆力变化的一个重要参数。对同一架飞机来说,速度小时,拉单位载荷需要的舵偏角变化大;速度大时,拉单位载荷需要的舵偏角变化小,而单位载荷杆力与速度和舵偏角变化相关,两者变化抵消。所以在低速飞行阶段,单位载荷杆力基本不随飞行速度变化,故只要知道平飞杆力曲线和单位载荷杆力,就可以算出在各个速度下,飞机做曲线飞行时不同载荷因数下所需的杆力,即

$$F_s = F_{s0} + \frac{\mathrm{d}F_s}{\mathrm{d}n_y}(n_y - 1) \qquad (3-1-13)$$

式中:

F_{s0}——平飞杆力;

F_s——曲线飞行时的驾驶杆力。

(2) 单位载荷杆位移

单位载荷杆位移又称杆位移过载梯度,是指每增加一个载荷因数所对应增加的杆位移,用 $\mathrm{d}x/\mathrm{d}n_y$ 或 x^{n_y} 来表示。同理,计算曲线飞行时的杆位移可用下式求出:

$$x = x_0 + \frac{\mathrm{d}x}{\mathrm{d}n_y}(n_y - 1) \qquad (3-1-14)$$

式中:

x_0——平飞时的杆位移;

x——曲线飞行时的杆位移。

单位载荷杆位移大小与飞行速度大小有关。这是因为速度大小不同时,在平尾上产生同样大小的附加升力所需 $\Delta\delta_z$ 的大小不同,即杆位移不同。大速度时需要的杆位移少,小速度时需要的杆位移多。

3.1.3　影响纵向静操纵性的因素

1. 重心位置

从迎角静稳定度 $m_y^{c_y} = -(\bar{x}_F - \bar{x}_G)$,直线和曲线飞行改变迎角的原理及俯仰力矩平衡关系式可知,重心位置不同,纵向静操纵性不同。重心前移,会使同样条件下的俯仰稳定力矩增

大,改变迎角需要的俯仰操纵力矩也须相应增大,杆力、杆位移都增大,飞行员会感到操纵变得很沉重;反之,重心后移,飞行员会感到操纵变得很轻盈。正是因为飞机重心位置对飞机纵向静稳定性和静操纵性的影响很大,所以重心位置移动不得过量,要有前后位置限制。

（1）重心前限

飞机重心位置的前限主要是从平直和曲线飞行静操纵性的基本要求考虑的,具体如下:

① 着陆时,应具有足够有效的俯仰操纵,升降舵应有一定操纵裕量,如前三点飞机通常要有 10% 的裕量。

② 前三点飞机起飞时,升降舵偏角应能保持以规定速度抬起前轮。后三点飞机起飞时,轻型的在 $0.5V_s$,其他类型飞机在 V_s（平飞失速速度）时能抬起尾轮,并使飞机达到推力轴线为水平的俯仰姿态。

③ 着陆进场时,杆力不超过规定值。超声速飞机高空飞行,使用水平尾翼最大偏角能保证产生足够的升力。

（2）重心后限

飞机重心位置的后限是从纵向静操纵性的需要提出的,它和纵向静稳定性要求是一致的,主要包括:

① 平直飞行中,要求随速度的增加,升降舵须向下偏转,即要求杆位移向前。

② 平直飞行中,要求在平衡点处随速度增加,飞行员手中的杆力为推杆力,速度减小,为拉杆力,即杆力随速度的变化梯度为正。

③ 在做向上曲线飞行时,要求杆位移向后。

④ 在做向上曲线飞行时,要求增大拉杆力。

取上述四项要求中重心位置最小值为重心后限。上述四项要求也就是要保证飞机焦点（握杆、松杆）和飞机机动点（握杆、松杆）在重心之后,即飞机重心必须在它们之前。做到了上述要求,既达到了飞机纵向静稳定性的要求,又达到了纵向稳定性的要求。

轰炸、运输等大型飞机在飞行中,飞机重心位置会因燃料消耗等原因超出上述规定范围,要求飞行员按手册规定进行调油,保证重心位置始终在正常范围内,否则将会影响飞机的正常操纵,甚至危及安全。另外,运输机在装载货物和空投时应按规定进行。

2. 飞行马赫数对纵向静操纵性的影响

（1）平飞杆力随飞行马赫数的变化

图 3-1-8 给出了某飞机平飞杆力随飞行马赫数变化的曲线。

从平飞杆力曲线可以看出,在飞行马赫数小于 0.85 的情况下,平飞杆力随着速度的变化像低速飞机一样,即随着飞行速度的增大,为保持平飞,需要逐渐减小拉杆力,并在杆力减小到零后,又逐渐增大推杆力。这一规律及其原因在前面已说明,这里着重分析 Ma 大于 Ma_{cr} 后的情况。从曲线中可以看出,飞行马赫数从 0.85 增至 0.95 的范围内,随飞行马赫数的增大,为保持平飞,需要减轻推杆力,出现所谓机头自动下俯的现象。当 Ma 大于 0.95 后,保持平飞的推杆力又急剧增大,即飞机上仰的趋势比较明显。

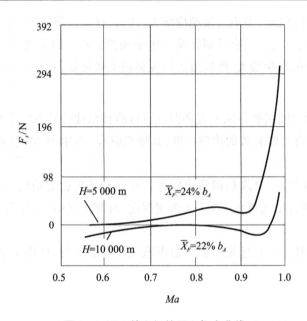

图 3 - 1 - 8　某飞机的平飞杆力曲线

飞行马赫数大于 Ma_{cr} 后,随 Ma 的增大,平飞杆力发生上述变化的原因大致可作如下解释:飞行马赫数超过 Ma_{cr} 后,机翼上表面出现了局部超声速区和局部激波。在局部超声速区内,压力显著减小。由于局部超声速区位于机翼表面的中后段,使得沿翼弦方向的压力分布有较大变化,即上下压力差较大的地方靠近机翼的中后部。根据平行力求合力的原理可知,飞机升力的着力点(即压力中心)必然靠后,因而飞机升力对重心形成附加的下俯力矩,迫使机头下俯,如图 3 - 1 - 9(a)所示。随着飞行速度的增大,机翼上表面的局部超声速区和局部激波逐渐后移,使飞机的压力中心继续后移,机头下俯的现象就更为明显。所以为保持平飞,随 Ma 的增大,应不断减小推杆力,甚至需用力拉杆。这种俯仰操纵的反常现象,实质上反映了飞机在一定 Ma 范围内,速度是静不稳定的。

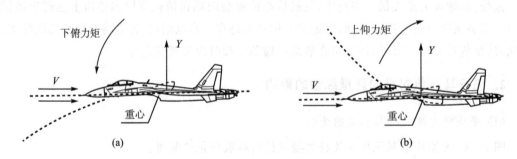

图 3 - 1 - 9　自动下俯、自动上仰现象

飞行马赫数超过某一数值后,随着 Ma 的增大,保持平飞所需的推杆力急剧增大。因为这时机翼下表面后部也产生局部超声速区和局部激波,并随着 Ma 的增大向后扩展,使机翼后部的吸力减小,压力中心前移,如图 3 - 1 - 9(b)所示。飞机升力对重心形成附加的上仰力矩,所以会导致飞机上仰。为了保持平飞,所需推杆力应急剧增大。

以上所讲的平飞杆力随 Ma 变化的趋势是高速飞机的一般规律，只是不同飞机引起杆力变化的 Ma 和杆力变化的程度有所不同。

（2）单位载荷杆力随 Ma 的变化

图 3-1-10 给出了某飞机单位载荷杆力随 Ma 变化的曲线。从图中可以看出，在亚声速阶段，单位载荷杆力基本不随 Ma 变化。在 Ma 大于 Ma_{cr} 以后的高速飞行中，单位载荷杆力显著增大，其原因主要来自以下两个方面：

① 在 Ma 接近或超过 Ma_{cr} 后，飞机焦点位置急剧后移。拉杆增加同样的载荷因数，产生的下俯稳定力矩迅速增大，为了得到所需迎角，需要上偏更多的升降舵，以产生较大的俯仰操纵力矩去克服下俯的稳定力矩。

② 高速飞行时，升降舵效能降低。在高速飞行时，当水平尾翼表面出现局部超声速区和局部激波时，升降舵效能会显著降低。这是因为在低速飞行时，飞行员上偏升降舵，由于水平尾翼表面的气流是亚声速的，飞行员偏转升降舵所改变的压力可以逆气流向前传播，使水平尾翼上下表面的压力都普遍发生变化，所以升降舵效能较高。在高速飞行时，水平尾翼表面出现了局部超声速区和局部激波，偏转升降舵只能改变局部激波后面的压力分布，而不能改变整个水平尾翼的压力分布，使升降舵效能降低。

综上所述，高速飞行中由于飞机焦点后移，增加同样的载荷因数，需要的上仰操纵力矩和升降舵偏角增大，再加上升降舵效能降低，产生同样的上仰操纵力矩，又需要进一步增加升降舵上偏角，这就必然导致单位载荷杆力的急剧增加。

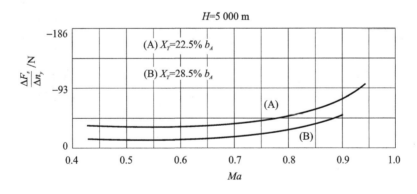

图 3-1-10　某飞机的单位载荷杆力

现代跨声速和超声速飞机为了增强舵面效能，多以全动式水平尾翼来代替升降舵，为了解决大速度飞行杆力过重的问题，在俯仰操纵系统中，安装了回力的或无回力的助力器。回力助力器的特点是水平尾翼的枢轴力矩按一定比例缩小并传到驾驶杆上来，可以减轻驾驶杆力。无回力助力器的特点是水平尾翼的枢轴力矩不能传到驾驶杆上来，飞行员感觉到的驾驶杆力是靠杆力模拟机构提供的。

3.2　飞机侧向静操纵性

　　侧向静操纵性和侧向静稳定性一样,通常可分为方向和横侧两个方面进行研究。实际上,方向和横侧操纵是互相联系、互相影响的,为了便于理解,暂不考虑相互影响,先分别分析,然后再予以综合。

3.2.1　方向静操纵性

　　方向静操纵性是指飞行员偏转方向舵改变飞机侧滑角的特性。这里分析的是直线飞行时的情况。

1. 直线飞行中改变侧滑角的原理

　　直线飞行中,偏转方向舵改变侧滑角的原理同偏转升降舵改变迎角的原理及过程基本是一样的。例如,在无侧滑的直线飞行中,飞行员蹬右舵,方向舵向右偏转一个角度,如图 3-2-1 所示,垂直尾翼产生侧力(Z_V),对飞机重心形成迫使飞机向右偏转的方向操纵力矩。飞机向右偏转,形成左侧滑。在侧滑中,机身和垂直尾翼作为一个整体所产生的侧力(Z)对飞机重心形成方向稳定力矩,且随侧滑角增大而增大,直至这两个力互相平衡,飞机保持某一侧滑角不变。此时,方向力矩平衡关系是

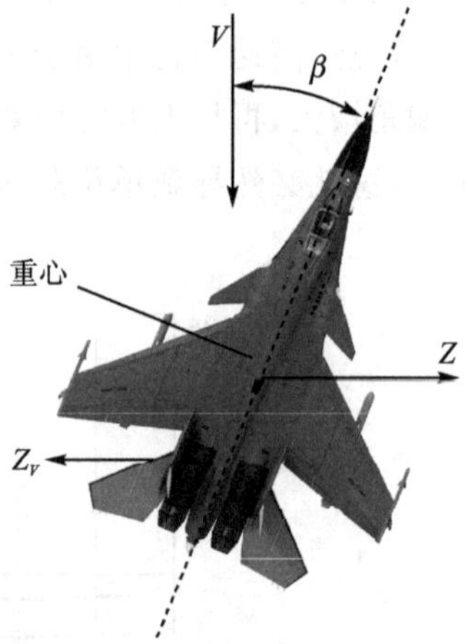

$$M_{ys} + M_{yc} = 0$$

或

$$m_{ys} + m_{yc} = 0$$

或

$$m_y^{\delta_y}\delta_y + m_y^{\beta}\beta = 0 \qquad\qquad (3-2-1)$$

图 3-2-1　方向操纵

式中:

　　$m_y^{\delta_y}$——单位方向舵偏角的方向操纵力矩系数增量,又称为方向舵效能。

　　从方向舵平衡关系式可以看出,方向静操纵与俯仰静操纵类似,在直线飞行中,一个方向舵偏转角对应一个固定的侧滑角。

2. 方向静操纵度

　　单位方向舵偏转角引起的侧滑角增量称为方向静操纵度,用 $\mathrm{d}\beta/\mathrm{d}\delta_y$ 表示。

一般规定,方向舵右偏角为正,左偏角为负。比如,飞行员蹬左舵,$\Delta\delta_y$ 为负,而飞机相应的侧滑角为右侧滑角,侧滑角增大,$\Delta\beta$ 为正,由此可见,方向静操纵度为负值,即

$$\frac{\mathrm{d}\beta}{\mathrm{d}\delta_y} < 0 \qquad\qquad (3-2-2)$$

由方向力矩系数平衡关系式 $m_y^{\delta_y}\delta_y + m_y^{\beta}\beta = 0$ 可得

$$\frac{\beta}{\delta_y} = \frac{\mathrm{d}\beta}{\mathrm{d}\delta_y} = -\frac{m_y^{\delta_y}}{m_y^{\beta}} \qquad\qquad (3-2-3)$$

由式(3-2-3)可知,方向静操纵度可通过方向静稳定度 m_y^{β} 和方向舵效能 $m_y^{\delta_y}$ 的大小求出。

3.2.2　影响方向静操纵性的因素

影响方向静操纵性的因素很多,这里主要分析飞行马赫数的影响。

随着飞行马赫数增大,动压和方向舵枢轴力矩也跟着增大,飞行员偏转同样的方向舵偏角,脚蹬力也需要相应地增大,但蹬出的舵偏角 δ_y 与所造成的侧滑角 β 两者之间的一一对应关系,在亚声速范围内,并不因飞行马赫数不同而有区别。只要是直线飞行,一个脚蹬位置总归和一个固定的侧滑角相对应。

但是在超声速飞行时,这个关系发生了变化。因为偏转方向舵所引起的压力(或压力分布)变化传不到方向舵前面的安定面上去,加上垂尾焦点后移,垂尾扭转变形加剧,方向舵效能 $m_y^{\delta_y}$ 下降,所以要产生一定的侧滑角,蹬舵量需要增大,蹬舵也很费力。为此,有些超声速飞机在方向舵操纵系统中也使用了助力器。

在亚声速飞行中,蹬左舵,飞机向左倾斜;蹬右舵,飞机向右倾斜。这是因为蹬舵造成侧滑,形成横侧稳定力矩,使飞机向蹬舵方向倾斜。但是,某些后掠翼喷气飞机在跨声速飞行的一定 Ma 范围内,飞行员蹬左舵,飞机反而向右倾斜;蹬右舵,飞机反而向左倾斜,这种现象称为蹬舵反倾斜现象。其原因是飞机产生了横侧不稳定力矩。比如,飞行员蹬左舵,形成右侧滑,如果机翼具有横侧不稳定作用,于是右翼升力减小,左翼升力反而增大。两翼升力差对飞机形成向右的滚转力矩,飞机反而向右倾斜。后掠翼在跨声速的一定 Ma 范围内就是具有这种不稳定作用,在 Ma_1 到 Ma_2 的范围内,就会出现蹬舵反倾斜现象,如图 2-2-11 所示。

3.2.3　横侧静操纵性

横侧静操纵性是指飞行员偏转副翼时,飞机在无侧滑的条件下,改变其稳定滚转角速度的特性。一般规定,向左压杆,右副翼向下的偏转角(δ_x)、驾驶杆向左的杆位移和向左的压杆力为正;向右压杆,右副翼向上的偏转角、向右的杆位移和杆力均为负。

如图 3-2-2 所示,飞行员向左压杆,右副翼下偏,右翼升力增大,左副翼上偏,左翼升力减小,左右两翼升力形成横侧操纵力矩,使飞机向左加速滚转。飞机向左的滚转过程中,在临

界迎角范围内,左翼迎角增大,升力增大,右翼迎角减小,升力减小,产生了与滚转方向相反的横侧阻尼力矩,阻碍飞机向左滚转。开始,横侧操纵力矩大于横侧阻尼力矩,滚转角速度是逐渐增大的,随着滚转角速度的增大,横侧阻尼力矩也增大。由于飞机没有侧滑,不产生横侧稳定力矩,故滚转角速度的变化只取决于横侧操纵力矩和横侧阻尼力矩,当它们取得平衡时,飞机保持该滚转角速度不变。此时飞机横侧力矩的平衡关系式为

$$M_x^{\delta_x}\delta_x + M_x^{\omega_x}\omega_x = 0$$

写成系数的形式为

$$m_x^{\delta_x}\delta_x + m_x^{\omega_x}\omega_x = 0 \qquad\qquad (3-2-4)$$

得出

$$\omega_x = -\frac{m_x^{\delta_x}}{m_x^{\omega_x}}\delta_x \qquad\qquad (3-2-5)$$

副翼操纵效能 $m_x^{\delta_x}$ 在低速中小迎角时是不随速度变化的,$m_x^{\omega_x}$ 则与速度的一次方成反比,所以当 δ_x 一定时,ω_x 与速度的大小有关,速度越大,稳定滚转角速度也越大。

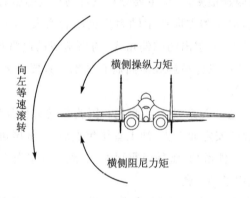

图 3 - 2 - 2　滚转力矩平衡

3.2.4　影响横侧静操纵性的因素

这里主要分析飞行速度和迎角的影响。

1. 飞行马赫数(飞行速度)

亚声速飞行,速度大小不同,压同样行程的杆,则速度大,滚转快。原因是操纵力矩随速度的平方增长,而阻尼力矩只随速度的一次方增长。同样的压杆行程,那么速度大,稳定滚转的角速度也势必大。当然这说的是机翼弯曲和扭转变形不明显的情况。

在 Ma 超过 Ma_{cr} 直到超声速这一跨声速范围内,会出现另一种情况。副翼效能降低,同样的压杆行程,稳定滚转角速度随 Ma 的进一步增大而逐渐减小。这是因为机翼上出现局部激波的缘故。在小于 Ma_{cr} 的 Ma 下,飞行员压杆,不仅引起副翼上下表面压力分布发生变化,而且引起副翼前面那部分机翼表面上的压力分布也发生显著变化,副翼效能是比较高的。但当 Ma 超过 Ma_{cr} 以后,机翼上出现局部超声速区和局部激波,飞行员压杆偏转副翼,只能引起

激波位置移动,并使激波后面的压力分布发生变化,不能改变机翼前段的压力分布,这就导致副翼效能降低。

还应指出,低空大表速飞行,Ma 并未超过 Ma_{cr},但由于偏转副翼所产生的附加升力迫使机翼扭转变形,以致副翼效能降低。如图 3 - 2 - 3 所示,比如飞行员向右压杆,左副翼下偏,产生向上的附加升力 ΔY_1,它对机翼的扭转轴构成扭转力矩,迫使左翼向减小迎角的方向扭转,引起向下的附加升力 ΔY_2;右副翼上偏,产生向下的附加升力 ΔY_1,它对机翼扭转轴也构成扭转力矩,迫使右翼向增加迎角的方向扭转,引起向上的附加升力 ΔY_2。由于 ΔY_1 与 ΔY_2 方向相反,所以 ΔY_2 起抵消作用,导致副翼效能降低。

飞行表速越大,由偏转副翼引起的扭转变形越显著,副翼效能降低的现象越加严重,这是因为由副翼偏转引起的附加升力 ΔY_1 只随速度的平方成正比例增长,但由机翼扭转变形所引起的附加升力 ΔY_2 则不仅随速度的平方成正比例地增长,而且还与扭转变形的大小,即迎角的增减量有密切关系,扭转变形的大小,即迎角增减量是由扭转引起的,所以它也随速度的平方成正比例地增长,综合起来,机翼扭转变形所引起的附加升力 ΔY_2 随速度的四次方成正比例地增长。由此可见,飞行表速越大,副翼效能也就降低得越多。

为了改善大速度下的副翼效能,在现代喷气飞机上采取了如下措施:

① 增强机翼的抗扭刚度,减少由于副翼偏转引起的机翼扭转变形。

② 阻流片。所谓阻流片,是安装在机翼内部的一条金属薄板。当副翼向下偏转到一定角度时,阻流片开始从机翼下表面垂直伸出(见图 3 - 2 - 4),它起着阻碍机翼下表面的气流,使压力升高、升力增大的作用,使副翼效能得到增强。还有一种阻流片,当副翼上偏到一定程度时,阻流片开始从机翼上表面伸出,导致机翼上表面发生气流分离,升力减小,同样可以增强副翼效能。

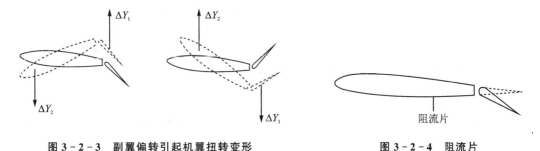

图 3 - 2 - 3　副翼偏转引起机翼扭转变形　　　　　　　　图 3 - 2 - 4　阻流片

③ 内侧副翼。由于内侧副翼位于抗扭刚性强的翼根附近,副翼偏转引起的机翼扭转变形比较小,对提高大速度下副翼效能有一定作用。有的大型飞机同时有内侧副翼和外侧副翼,低速飞行使用外侧副翼,高速飞行使用内侧副翼。

2. 迎　角

在小迎角下,横侧操纵性比较好,在大迎角下,横侧操纵性明显变差,甚至出现向压杆反方向滚转的横侧反操纵现象。这是因为在实际飞行中,不仅滚转要产生侧滑,偏转副翼引起两翼阻力不等也要产生侧滑,这将影响飞机的横侧操纵。比如飞行员向左压杆,右副翼下偏,升力增大,左副翼上偏,升力减小,形成向左滚转的横侧操纵力矩,这是问题的一个方面,另一方面,右副翼下偏,阻力增大,左副翼上偏,阻力减小,两翼阻力差形成一个使机头右偏的偏转力矩,出现左侧滑,产生要使飞机向右滚转的横侧稳定力矩,其方向正好和横侧操纵力矩相反,起抵消操纵力矩的作用。小迎角时,左、右副翼上、下偏转对两翼阻力影响小,造成的侧滑角不大,所以横侧操纵性好。但在大迎角时,副翼偏转引起的两翼阻力相差较大,造成的侧滑角也大,对横侧操纵影响大,横侧操纵性变差。迎角大于某一迎角时,横侧稳定力矩会大于横侧操纵力矩,这时飞行员向左压杆,飞机不但不向左滚转,反而向右滚转。

大迎角飞行时,比如着陆平飘,飞机出现倾斜时,飞行员往往单压杆不能及时修正,有时飞机甚至出现倾斜加剧的现象,危及飞行安全,所以大迎角出现倾斜时,需要飞行员手脚一致地压杆、蹬舵修正。

3.2.5　横侧操纵与方向操纵的相互影响

实际飞行中,不论飞行员只压杆或只蹬舵,都将引起飞机滚转和偏转,比如飞行员蹬右舵,飞机向右偏转,产生左侧滑,左侧滑产生的横侧稳定力矩又会使飞机向右滚转,因此,飞机将会右偏、右滚。又如向右压杆,飞机向右倾斜,但此时机头也会稍向左偏(两翼阻力差形成的力矩),升力和重力的合力使飞机轨迹向右弯曲,飞机产生右侧滑,并产生方向稳定力矩,促使机头向右偏转,因此飞机会右滚、右偏。

另外,偏转方向舵,垂直尾翼侧力(Z_V)不仅对飞机重心形成偏转力矩,而且对飞机重心形成滚转力矩,如图3-2-5所示。压杆偏转副翼,不但要形成滚转力矩,而且由于两翼阻力差还要形成偏转力矩。在飞机偏转和滚转的过程中,不但有阻尼力矩产生,同时还有滚转、偏转力矩产生。例如,飞机在滚转中,左、右两翼迎角不同,两翼阻力还能构成偏转力矩使飞机偏转,如图3-2-6所示。

将上述偏转方向舵形成的滚转力矩、偏转副翼形成的偏转力矩以及在偏转、滚转中形成的横侧、方向力矩统称为交叉力矩,其力矩系数导数统称为交叉导数,其形式为 $m_x^{\delta_y}$、$m_y^{\delta_x}$、$m_x^{\omega_y}$、$m_y^{\omega_x}$,其数值通常由实验得出。

在分析侧向力矩的关系时,应将上述交叉力矩考虑进去,只有当交叉力矩较小,对运动状态影响不大时才可以忽略。

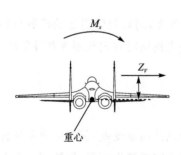

图3-2-5　Z_V 形成滚转力矩

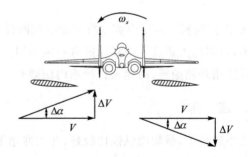

图3-2-6　滚转中左右两翼 α 不同

3.3　飞机的动操纵性

飞机的静操纵性不能全面说明飞机的操纵特性。比如有的飞机虽然在俯仰和侧向平衡状态下的所需杆、舵力和杆、脚蹬位移都很合适,但在飞行员操纵后,飞机到达预定状态的过渡过程却很长,运动参数波动幅度很大,飞机反应滞后很大,也就是说飞机跟随能力差,飞行员同样不会感到操纵满意。所以,还需要研究飞机的动操纵性,也就是飞机对操纵的反应过程,即飞机在飞行员操纵后到达新的平衡状态的过渡过程。

3.3.1　纵向动操纵性

研究飞机的操纵反应,首先要了解飞行员在实际飞行中可能有哪些操纵动作和操纵规律,飞行员的实际操纵可看成是若干典型动作的叠加。飞机的反应也就是各个典型操纵反应的叠加。所谓典型操纵动作,归纳起来有如图 3-3-1 所示的四种类型,即阶跃型、谐波型、脉冲型和斜坡型。

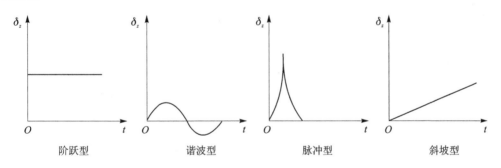

图 3-3-1　几种典型的操纵输入

下面以飞行员阶跃型操纵来分析飞机的动态反应过程。从实际飞行来讲,飞行员非常关心操纵后的最初反应,也就是有关短周期运动的问题。由于这个阶段时间较短,一般不考虑速度的变化。设飞机原处于俯仰平衡状态,基准运动是平直飞行,飞行员向后急剧拉杆,偏转升降舵至某一位置,此时飞机俯仰力矩出现了不平衡,多了一个上仰的操纵力矩。由于上仰操纵力矩的存在,飞机要做上仰转动,迎角增加,又会产生相应的俯仰稳定力矩。一般情况下,迎角增加到一定值时,俯仰操纵力矩虽已与俯仰稳定力矩大小相等,但由于飞机仍有上仰角速度,故会继续上仰,超过该迎角。飞机在转动过程中还会产生俯仰阻尼力矩,最终在俯仰阻尼力矩的作用下,振荡消失,飞机平衡在一个新的迎角下,此时飞机俯仰力矩又处于平衡状态。从飞行员操纵到最后平衡下来,是一个俯仰力矩产生不平衡最后到达平衡的过程,这与前面分析的俯仰动稳定性中短周期模态实质上是一回事。飞机短周期阻尼比不同,飞机反应也不同,如图 3-3-2 所示。

根据自动控制原理,结合飞机的阶跃操纵,与飞行员关系比较密切的性能指标一般有峰值

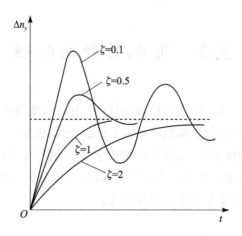

图 3 - 3 - 2　不同 ζ 时 Δn_y 与 t 关系曲线

时间(t_p)、超调量($\sigma\%$)以及调节时间(t_s)。

1. 峰值时间(t_p)

t_p 是指从飞行员做阶跃操纵到飞机运动参数达到第一峰值为止的时间。从图 3 - 3 - 2 可以看出,$\Delta n_y(t)$ 超过其稳定值到达第一峰值所需的时间 t_p 可根据曲线找出,其大小可表示为

$$t_p = \frac{\pi}{\omega_{nd}} = \frac{\pi}{\omega_{nsp}}\sqrt{1-\zeta_{sp}^2} \tag{3-3-1}$$

2. 超调量(σ)

过渡过程中,反应超出稳态值的最大偏差与稳态值的百分比称为超调量。以 $\Delta n_y(t)$ 为例,其超调量为

$$\sigma = \frac{\Delta n_y(t_p) - \Delta n_y(\infty)}{\Delta n_y(\infty)} \cdot 100\% \tag{3-3-2}$$

一般振荡是收敛的,反应的最大偏差出现在峰值时间 t_p 上,其大小为

$$\sigma = \frac{100\mathrm{e}^{-\pi\zeta_{sp}}}{\sqrt{1-\zeta_{sp}^2}}\% \tag{3-3-3}$$

超调量大,说明飞机运动参数变化幅度大。以过载为例,σ 大,不仅表现为变化幅度大,且容易超过最大允许值,导致结构损坏。为此应限制 σ,使它不得大于 30%,某些飞机往往超出这些限制,所以在操纵上应注意,切忌粗猛。

3. 调节时间(t_s)

t_s 是指飞机运动参数在阶跃操纵之后减到与稳态值相差 5%(指包络线)所经历的时间,如图 3 - 3 - 3 所示。其大小可表示为(当 $\zeta_{sp} \leqslant 0.8$ 时)

$$t_s = \frac{3.5}{\zeta_{sp}\omega_{nsp}t_s} \tag{3-3-4}$$

t_s 短,说明过渡过程短,操纵动态反应好。

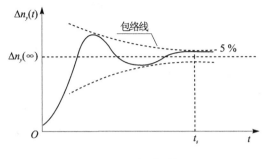

图 3 - 3 - 3 调节时间 t_s

3.3.2 侧向动操纵性

侧向操纵包括飞行员偏转副翼和方向舵两个方面,不论偏转副翼还是方向舵,都能像纵向操纵一样引起侧向三个模态反应,飞机会同时出现滚转、偏转和侧滑的变化。作为初步近似,这里只研究副翼操纵下的单纯滚转和方向舵操纵下的单纯偏转运动。虽然它与实际飞行有差别,但它反映了侧向动操纵性的一个主要方面,也是进一步研究侧向问题的一把钥匙。

1. 飞机对副翼的操纵反应——单纯滚转运动

这里分析的单纯滚转运动是指飞行员偏转副翼后,飞机并不产生侧滑,而只产生滚转角加速度的单自由度滚转。飞行员以阶跃操纵副翼,飞机上只产生横侧操纵力矩,在它的作用下,飞机加速滚转,直至横侧操纵力矩与横侧阻尼力矩相平衡保持稳定滚转角速度为止。

从飞行员阶跃操纵偏转副翼至稳定滚转为止,这一时间为过渡时间。过渡过程时间长,飞机反应慢,过渡过程时间短,飞机反应快。根据理论分析,飞机在副翼单位阶跃操纵后,滚转角速度与时间的关系可表示为

$$\omega_x(t) = -\frac{M_x^{\delta_x}}{M_x^{\omega_x}}\left(1 - e^{\frac{M_x^{\omega_x}}{I_x}t}\right) = -\frac{M_x^{\delta_x}}{M_x^{\omega_x}}\left(1 - e^{-\frac{t}{T_R}}\right) \tag{3-3-5}$$

式中:

$T_R = -I_x / M_x^{\omega_x}$——滚转时间常数。

从式(3-3-5)可以看出,横侧阻尼导数不仅直接影响 ω_x 的大小,而且还影响反应过程的时间长短,副翼操纵效用($M_x^{\delta_x}$)只影响 ω_x 的大小,并不影响反应过渡过程的时间,飞机绕纵轴的转动惯量(I_x)大,则反应时间长。

2. 飞机对方向舵的操纵反应——单纯偏转

单纯偏转是指飞机在副翼中立($\delta_x = 0$)和阶跃偏转方向舵,以零坡度、无滚转的单自由度偏转运动。它反映了飞机对方向舵操纵反应的主要方面,也是它的简化形象。在做这样的简化以后,飞行员偏转方向舵使飞机偏转产生侧滑角和侧滑角的变化情况,同飞行员偏转升降舵

使飞机迎角发生的变化类似。因而侧滑角随
时间(t)的变化情况与飞机俯仰阶跃操纵后，
飞机迎角（载荷）的变化情况是一样的，若阻
尼比在 0 与 1 之间，则侧滑角振荡，最后稳定
在与该方向舵所对应的侧滑角上，如
图 3 - 3 - 4 所示。

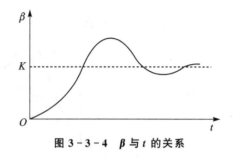

图 3 - 3 - 4　β 与 t 的关系

3.3.3　飞机动态操纵品质指标

从物理意义上来说，飞机的纵向动态操纵品质指标与纵向动稳定性中所讲的品质指标是
一个意思，在前面已说明，故在这里只对侧向动操纵性中副翼滚转操纵效率和滚转反应灵敏度
加以说明。

1. 副翼的滚转操纵效率

副翼的滚转操纵效率是在给定时间内以倾斜角变化多少来表示的滚转性能。副翼是阶跃
操纵的，时间从操纵力开始作用时算起。具体要求按飞行阶段、飞机类别和不同速度范围分别
做出了限制，如歼、强类飞机在战斗飞行阶段，等级 1 的要求是在 $2V_s$ 到 $0.7V_{max}$ 的速度范围
内，滚转 50° 只需要 1.1 s。

2. 滚转反应灵敏度

滚转反应灵敏度是指每单位压杆力在一秒内产生的滚转角。在测定或计算滚转性能时，
副翼做阶跃输入，但理想的阶跃输入实际上无法做到，因此，有的规定对于轻小型和歼击、强击
类的飞机采用 0.2 s 斜坡阶跃输入，对质量小于 45 t 的轰、运类飞机采用 0.4 s 的斜坡阶跃输
入，对质量大于 45 t 的轰、运类飞机则采用 0.6 s 斜坡阶跃输入。

对滚转反应灵敏度的要求是针对滚转操纵精确性和保持平飞姿态提出的，在高的滚转操
纵效率下，滚转反应灵敏度则成了影响飞行品质的重要因素。如滚转反应灵敏度过高，小的杆
量会产生大的滚转角加速度和角速度，使飞行员不得不以很大的注意力来保持飞机横侧平衡
状态，滚转角的精确控制也将很困难。其具体数据要求可以从飞行品质规范中查到，如歼、强
类飞机在战斗飞行阶段使用包线范围内，每 9.8 N 的压杆力 1 s 内产生的滚转角不大于 33°。

3.4　飞行员诱发振荡

3.4.1　飞行员诱发振荡概述

在人机闭环系统中，由于飞行员操纵飞机而引起的非操纵性的持续振荡称为飞行员诱发

振荡。这种振荡是持久的或不可操纵的。这并不是说所有的闭环操纵引起的强迫振荡都是不可操纵的,而是指当飞行员的操纵频率接近于飞机自由振荡频率时,由此造成的持久的、难以控制的共振现象。

诱发振荡的出现与飞行员、操纵系统、飞机机体以及间隙摩擦等许多因素有关。对于现代高速飞机,由于飞行包线扩大,操纵系统更加复杂,以及自动器的广泛使用等原因,飞行中产生诱发振荡的因素增加。飞行中发生诱发振荡,会严重影响飞机的精确机动,妨碍飞行员跟踪和瞄准,使任务难以完成。所以对于飞行员来说,应当了解诱发振荡。

3.4.2 飞行员诱发振荡物理成因的初步分析

就发生诱发振荡的飞机来讲,飞机本体的短周期模态往往是稳定的,其操纵系统的动力学特性也是稳定的,但是,当把飞行员、飞机组成闭环系统以后,飞机运动模态的稳定性下降,甚至成为不稳定的。可见,这种闭环不稳定问题在于人机之间的不良耦合。这种不良耦合正是形成诱发振荡的本质原因。

诱发振荡是由飞行员操纵诱发引起的。通常在两种情况下发生:一是飞行员为保持稳定飞行,根据飞机俯仰角变化而做往复操纵;二是飞行员为了跟踪和瞄准目标,须做精确的机动,因而往复操纵驾驶杆。当飞行员操纵驾驶杆的频率接近于飞机的自振频率时,可能出现一种并非有意识操纵的持续强迫振荡,这就是诱发振荡。可见,诱发振荡即物理学中的共振现象,"诱发"两字是指飞行员操纵动作与飞机运动"合了拍",这是形成诱发振荡的根本原因。

操纵性理论告诉我们,飞机对操纵输入的反应总是落后于操纵,在俯仰操纵中,舵面上偏到最大值和载荷(迎角)达到最大值之间有个相位差,用 ϕ_1 表示,如图 3-4-1 所示。图中粗实线表示飞机响应——俯仰角(ϑ)的变化;虚线表示理想情况,即无相位差时的升降舵偏角 δ_z 的变化。这说明飞机的跟随性好,反应没有滞后。但实际上,反应总是要落后于升降舵的偏转。在闭环操纵下,除了上述飞机反应滞后于操纵外,还有一个飞行员的反应和操纵滞后于主观愿望。这两种滞后现象的综合就会引起"适得其反"的效果,从而诱发了振荡。操纵滞后包括两部分,一部分是飞行员对反馈信号的反应有一个滞后时间(不同飞行员,信号反应的滞后时间不一定相同),以 τ 表示。另一部分是飞行员实施操纵后,杆的移动要经过整个操纵系统才能传到升降舵,由于操纵系统存在间隙,这个过程也需要一定时间。这两部分时间的总和就是飞行员的操纵对主观愿望的滞后时间。有关资料认为,这个滞后时间($\Delta\tau$)可估算为 0.25~0.35 s。

操纵滞后的相位差 ϕ_2 可根据下式计算:

$$\phi_2 = \omega \cdot \Delta\tau \qquad\qquad (3-4-1)$$

式中:

ω——振荡角速度;

$\Delta\tau$——滞后时间。

假设飞机振荡频率为每秒一周,$\Delta\tau$ 取 0.25 s,则可求得 $\phi_2 = 90°$,在诱发振荡中,ω 值较大,所以 ϕ_2 值很可能接近或超过 90°。

飞机在短周期俯仰振荡时,飞行员要抑制振荡,则根据俯仰角的大小实施往复操纵。俯仰

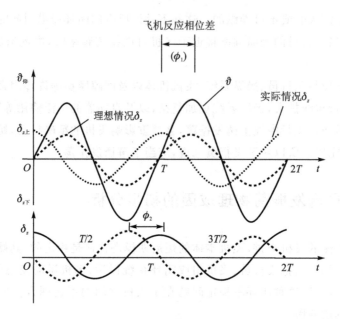

图 3 - 4 - 1　飞行员操纵引起诱发振荡

角作为反馈信号,不断反馈给飞行员,飞行员根据反馈信号做出反应。在理想情况下,机头上仰时,飞行员推杆下偏升降舵;机头下俯时,升降舵上偏,舵面的运动正好和主动操纵做强迫振荡时相反(相位差 180°),如图 3 - 4 - 1 中虚线所示。这时升降舵产生操纵力矩的时机与俯仰振荡配合得很好,机头上仰时,正好遇到下俯的操纵力矩,机头下俯时,正好遇到上仰的操纵力矩。这样操纵就会使振荡得到抑制。但实际情况总是存在上述的操纵滞后时间,即实际舵面的偏转要落后于反馈信号,如图 3 - 4 - 1 中实线所示,就是飞行员为抑制振荡而实行的操纵动作。它比理想条件(虚线)滞后一个相位角。如果操纵滞后相位角(ϕ_2)如上述估算约为 90°,而图 3 - 4 - 1 上图中飞机反应滞后相位角(ϕ_2)也为 90°,在这种情况下,图 3 - 4 - 1 下图中的实线与上图中的实线完全一致,这就是说,飞行员主观上是想抑制振荡,实际效果却是诱发了振荡。由此可见,飞行员的操纵滞后是他与飞机之间产生不良耦合的重要因素。

当然,在人机闭环系统中,飞行员作为一个环节,其传递函数不仅包括滞后环节,还包括惯性环节等项。因为人不仅对信号的反应有滞后,而且人的神经中枢对信息的传递和加工,肌肉的调节都具有一个过程,都需要一定的时间,即有惯性作用。这些方面自然也会对上述不良耦合起一定的作用,而上面的简化分析则未加考虑。

从上面的分析可见,操纵系统的动力学特性、操纵杆力和杆位移梯度以及操纵系统的摩擦和空行程都会对飞机诱发振荡的产生具有一定影响。

3.4.3　飞行员诱发振荡的预防和修正

飞行实践告诉我们,即使会发生诱发振荡的飞机,也不是随时随地都会发生诱发振荡,因为它不仅需要有一定的飞行条件,还需要有飞行员特有的操纵动作与飞机特性相耦合。有的飞机,对于某个飞行员做某个飞行动作会产生诱发振荡,而对于另一个飞行员做同样动作却不会发生,即使同一个飞行员飞同一架飞机,做某个动作不会发生诱发振荡,而做另一个动作就可能发生。这说明诱发振荡要有相当多的条件耦合才会产生。飞行员了解这一特点,在飞行中就可以预防它的产生。

例如,某型飞机在中、低空表速较大的情况下(表速 800 km/h),飞行员无意中造成负载荷而做反复修正时,动作不当就有可能出现诱发振荡,飞行员称为俯仰大幅度摆动,有时正负载荷都达到允许的最大值。理论计算也证明,在上述飞行条件下,如果力臂故障(处于大力臂位置)时,发生飞行员诱发振荡的可能性较大。

飞行中发生诱发振荡时,通常应固定杆,使飞机的振荡在阻尼的作用下逐渐衰减,也可拉杆增大过载,转入上升,减小速度,由于飞行条件的改变,也可使振荡衰减,转为正常飞行。总之,切不可反复修正,"推波助澜",越振越烈,导致超过允许过载或高度过低造成事故。

本章小结

俯仰静操纵性主要体现在杆位移、杆力与迎角、速度和载荷的关系上。侧向静操纵性主要体现在蹬舵量与侧滑角、压杆量与滚转角速度的关系上,同时又受到迎角、飞行马赫数和侧滑角等因素的影响。动操纵性是飞机对于杆舵操纵的动态响应。如果飞行员操纵动作粗猛,反复修正,就可能出现飞行员诱发振荡。飞行员应该熟悉飞机的操稳特性,这样才能更好地操控飞机。

复习思考题

1. 什么是静操纵性?
2. 什么是动操纵性?
3. 飞行中,改变迎角的原理是什么?
4. 影响纵向静操纵性的因素有哪些?
5. 什么是方向静操纵性?
6. 飞行中,改变方向的原理是什么?
7. 影响方向静操纵性的因素有哪些?
8. 什么是横侧静操纵性?
9. 影响横侧静操纵性的因素有哪些?
10. 什么是纵向动操纵性?什么是侧向动操纵性?
11. 什么是飞行员诱发振荡?其本质原因是什么?
12. 在什么情况下会发生飞行员诱发振荡?
13. 飞行中发生诱发振荡时,如何预防和修正?

第4章 直线飞行

飞机的直线飞行包括平飞、上升、下滑和直线下降侧滑,这些都属于平衡的飞行状态,是飞机最基本的运动形式,要求作用在飞机上的力和力矩都平衡。本章将从飞机的作用力和力矩关系出发,分析平飞、上升和下滑三种最基本的飞行动作(或飞行状态)以及直线下降侧滑的性能和操纵原理。

4.1 水平直线飞行

就一般意义讲,飞机在水平面内保持直线轨迹飞行,称为水平直线飞行,简称平飞。不过,这里作为特定的飞行动作(或飞行状态)所说的平飞,是指飞机在水平面内所做的既不带倾斜也不带侧滑的等速直线运动。

下面从作用力关系出发,研究飞机的平飞性能,包括最大速度、有利速度、失速速度及其随飞行高度、飞行重量等因素的变化特性。在此基础上,分析平飞中改变速度的操纵原理。

4.1.1 平飞运动方程

由对平飞的定义可知,$\gamma = \beta = \theta = 0$,并且 $\mathrm{d}V/\mathrm{d}t = 0$,参照图 $4-1-1$,很容易导出平飞的运动方程式为

$$\begin{cases} P\cos(\alpha + \varphi) = X \\ P\sin(\alpha + \varphi) + Y = G \end{cases} \qquad (4-1-1)$$

式中:

φ——飞机纵轴与飞机推力线之间的夹角,称为发动机安装角。

在平飞时,机翼的迎角通常不大,$\alpha + \varphi$ 也不大,可认为 $\cos(\alpha + \varphi) \approx 1$,$\sin(\alpha + \varphi) = 0$,于是式($4-1-1$)可简化为

$$\begin{cases} P = X \\ Y = G \end{cases} \qquad (4-1-2)$$

式($4-1-2$)表明,飞机做平飞的条件是:升力与飞机的重力相平衡,推力与飞机的阻力相平衡。

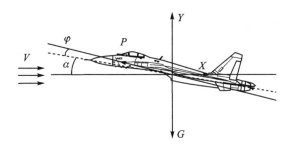

图 4 - 1 - 1　平飞时的作用力

4.1.2　平飞阻力(平飞所需推力)曲线

以简单推力法分析平飞性能时,常常要用到平飞阻力(平飞所需推力)曲线。因此,在分析平飞性能之前,必须先了解平飞阻力曲线。

1. 平飞所需速度

在平飞时,为了产生足够的升力以平衡飞机的重力所必需的飞行速度称为做平飞所需速度($V_平$)。一旦实现平飞后,实际的平飞速度就等于平飞所需速度。

根据平飞升力等于重力的条件,并应用升力公式得

$$G = Y = \frac{C_y \rho V^2 S}{2}$$

因此得出平飞所需速度为

$$V_平 = \sqrt{\frac{2G}{C_y \rho S}} \qquad\qquad (4-1-3)$$

根据公式可以看出平飞速度与飞机重量、大气密度(与高度有关)、升力系数 C_y(与迎角 α 有关)之间的关系。

在分析飞行问题时,经常要用到表速和真速的概念。飞机的飞行速度由空速管测量,根据空速管测量的动压($\rho V^2/2$),按照动压公式换算出飞行速度。以海平面标准大气密度换算得到的速度为表速,以实际飞行高度空气密度换算得到的速度为真速。因此,表速与真速的关系为

$$V_表 = \sqrt{\frac{\rho_H}{\rho_0}} V_真 \qquad\qquad (4-1-4)$$

式中:

ρ_0——海平面标准大气密度;

ρ——实际飞行高度的空气密度。

对于同一架飞机来说,其重量和机翼面积可认为不变,当迎角一定时,则升力系数一定,平飞表速就一定,即平飞表速与高度无关。而平飞真速则随高度的升高而变大。

2. 平飞阻力公式和曲线

飞机以一定的速度平飞,将产生一定的阻力。飞机平飞时的阻力称为平飞阻力($X_平$),即

$$X_平 = C_x \frac{1}{2} \rho V_平^2 S$$

由于在平飞时 $P_平 = X_平$,所以平飞阻力又称平飞所需推力。将平飞速度的表达式代入上式,则得到平飞所需推力:

$$P_平 = X_平 = \frac{G}{K} \qquad (4-1-5)$$

式中:

$K = Y/X = C_y/C_x$——飞机的升阻比。

从式(4-1-5)可以看出,平飞所需推力的大小只取决于平飞中的飞机重力和升阻比。重力大,升阻比小,则平飞所需推力大。同样重力时,升阻比越大,所需推力越小。有利迎角对应的升阻比最大,所以用有利迎角平飞,平飞所需推力最小。

在飞机重力变化不大的条件下,平飞阻力主要随升阻比变化,而升阻比又主要随飞机的迎角变化,所以平飞阻力主要随平飞时的迎角(平飞速度)变化。只要知道飞机的重量,算出不同速度对应的迎角,查出相应的升阻比,就可以算出每一平飞速度对应的平飞阻力。将平飞阻力随平飞速度的变化关系绘制成曲线,则该曲线称为平飞阻力曲线(见图4-1-2),或称为平飞所需推力曲线。

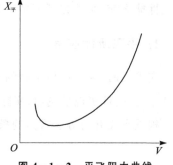

图 4-1-2 平飞阻力曲线

3. 平飞阻力的变化

平飞阻力的大小直接决定着飞机的平飞性能,为此,有必要对其变化规律做进一步的分析。

(1) 平飞阻力随飞行速度(Ma)的变化

平飞阻力随飞行速度(Ma)的变化,可以分为低速(不计空气压缩性影响)和高速(计空气压缩性影响)两个飞行阶段来说明。上一节已指出,无论是在低速或高速范围内,在不大的迎角下,飞机的阻力系数(C_x)可以用二次抛物线规律表达其变化,即

$$C_x = C_{x0} + A C_y^2 \qquad (4-1-6)$$

在不考虑空气压缩性影响的低速范围内,式(4-1-6)中 C_{x0} 为飞机废阻力系数,A 为常数,$C_y = 2G/(\rho V^2 S)$,故平飞阻力为

$$
\begin{aligned}
X_平 &= X_0 + X_i \\
&= C_{x0} \frac{1}{2} \rho V_平^2 S + A C_y^2 \frac{1}{2} \rho V_平^2 S \\
&= C_{x0} \frac{1}{2} \rho V_平^2 S + \frac{AG^2}{\frac{1}{2} \rho V_平^2 S}
\end{aligned}
\qquad (4-1-7)
$$

式中：

X_0——废阻力；

X_i——诱导阻力。

由式(4-1-7)可以看出,平飞阻力由废阻力和诱导阻力两部分组成。废阻力与V^2成正比例增大,而诱导阻力则与V^2成反比例减小。

从图4-1-3可以看出,随着平飞速度的增大,平飞阻力是先减小而后逐渐增大的。在小速度范围内,诱导阻力在平飞阻力中占主要成分;而在大速度范围内,废阻力在平飞阻力中占主要成分。飞机以有利速度平飞,由于升阻比最大,所以平飞阻力最小。

在高速(包括跨声速和超声速)飞行阶段,飞机的阻力系数C_x仍近似地按二次抛物线规律变化。只不过C_{x0}和A都随Ma变化,是Ma的函数,其变化趋势如图4-1-4所示。此时C_{x0}称为零升阻力系数,不仅包括了废阻力系数,还包括了零升波阻系数;AC_y^2称为升致阻力系数,包括了由于产生升力引起的那一部分波阻系数。

平飞阻力随Ma的变化如图4-1-4所示。图中,在飞行马赫数小于阻力临界马赫数$(Ma<M_D)$的区域 Ⅰ 内,C_{x0}、A近似为常数,零升阻力随Ma的增大而增大,而诱导阻力随Ma的增大而减小,这与图4-1-3相同。

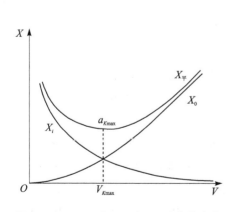

图 4-1-3　X_0 和 X_i 随平飞速度的变化

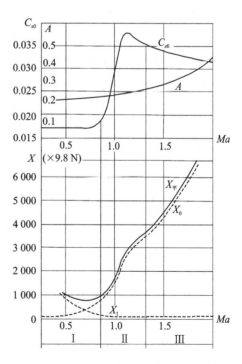

图 4-1-4　高速飞机平飞阻力随 Ma 的变化

飞机进入跨声速范围,如图4-1-4中跨声速$(M_D<Ma<1.2\sim1.3)$的区域Ⅱ内,由于波阻的出现,零升阻力系数C_{x0}迅速增大,导致平飞阻力急剧增大。

飞机进入超声速$(Ma>1.2\sim1.3)$,如图4-1-4中Ⅲ区,随着Ma的增大,C_{x0}已开始大

致与 $1/\sqrt{Ma^2-1}$ 成比例减小,平飞阻力大致与 Ma 的一次方成比例增大。

由以上分析可知,飞机在低速飞行时,平飞阻力中诱导阻力占较大比例;而高速飞行时,零升阻力占很大比例。

(2) 平飞阻力随飞行高度的变化

① 平飞阻力曲线随高度的变化。

不同飞行高度上的平飞阻力曲线如图 4-1-5 所示。从图中可以看出,随着高度的增加,平飞阻力曲线总的变化趋势是向右移动,并且在超声速范围,曲线变得越来越平缓。

在小于临界速度 V_{cr}(飞行临界马赫数所对应的速度)的亚声速范围,随着高度升高,如仍用同一表速平飞,也就是保持同一迎角平飞,升阻比不变,所以平飞阻力也自然不随高度而变化。但如果随高度的升高,保持同一真速平飞,则因空气密度不断减小,为保持平飞升力,迎角应不断增加。在迎角小于有利迎角的范围内,随着迎角增大而逐渐接近有利迎角,结果平飞阻力随着高度的升高而不断降低。

在超声速范围,高度增加,若仍保持相同的 Ma,平飞阻力总是比低空的小。这是因为高度增加,不仅空气密度减小,而且在对流层内声速还要减小,同一 Ma 对应的真速要变小。为了保持与低空相同的 Ma 平飞,势必要相应地增大迎角,使飞机的迎角逐渐接近有利迎角。所以,平飞阻力随高度的增加而逐渐减小。

② 最小平飞阻力随高度的变化。

高度升高,即使保持有利表速不变,但因空气密度减小,真速将不断增大。如果用有利迎角平飞所对应的真速虽然增大,但仍没有超过临界速度,有利迎角的升阻比不变,则平飞最小阻力不随高度而变化。

高度升高而超过某一高度时,用有利迎角平飞所对应的真速大于该高度上的临界速度之后,由于波阻的产生,使有利迎角的升阻比降低,于是平飞最小阻力就随高度的升高而不断增加。跨声速和超声速飞机的理论升限一般较高,所以会出现这种情况。

(3) 平飞阻力随飞行重量的变化

从平飞阻力公式可以看到,平飞阻力的大小是与飞行重量成正比例的。因此,对于飞行重量变化比较大(有时高达 40%～50%)的轰炸机和运输机来说,必须考虑飞行重量变化对平飞阻力的影响。

轰炸机和运输机多在亚声速飞行,在这个速度范围以同一迎角平飞,升力系数、阻力系数和升阻比都不变。重量增加,同一迎角对应的平飞所需速度和平飞阻力都要相应地增大,所以平飞阻力曲线随着飞行重量的增加而向右上方移动,如图 4-1-6 所示。从平飞阻力公式可看出,迎角相同,阻力系数相同,平飞阻力与速度成二次抛物线关系(图 4-1-6 中虚线所示)。如果飞机由于外挂而增大重量,不仅由于重量增大引起平飞阻力增加,而且由于外挂使飞机气动外形变差,升阻比减小,从而使平飞阻力增加更多。

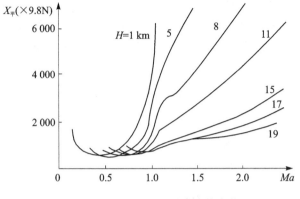

图 4 - 1 - 5 平飞阻力随高度的变化

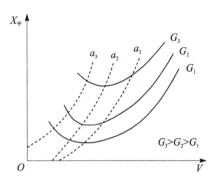

图 4 - 1 - 6 平飞阻力随飞行重量的变化

4.1.3 平飞性能

画在同一坐标系上的平飞阻力(所需推力)和可用推力曲线合称为平飞推力曲线,如图 4 - 1 - 7 所示。平飞推力曲线是分析飞机飞行性能的重要工具之一。根据平飞推力曲线可以确定飞机的各个特征速度,还可以看出飞机的剩余推力(ΔP)及其随飞行速度的变化。这些都是在分析飞机的飞行性能时所常用到的。

1. 平飞最大速度

平飞最大速度是指飞机加满油门保持平飞所能达到的最大稳定速度。由图 4 - 1 - 7 可以看出:平飞最大速度就是满油门的可用推力曲线与平飞阻力曲线的最右交点所对应的速度。由于

$$P_{\max} = \frac{C_x \rho V_{\max}^2 S}{2}$$

故可得平飞最大速度为

$$V_{\max} = \sqrt{\frac{2P_{\max}}{\rho C_x S}} \qquad (4 - 1 - 8)$$

可见,在飞机阻力特性不变的情况下,平飞最大速度主要取决于满油门时发动机可用推力的大小。

喷气式飞机推重比大,而且推力随速度的变化不大,甚至随速度增加而有所增加。活塞式飞机的可用推力随速度增加而下降得很快。所以,喷气式飞机的最大速度要比活塞式飞机大得多。涡轮喷气发动机和涡轮风扇发动机一般都有加力燃烧室,打开加力,可用推力可以加大 30%～50%,因此可以取得更大的平飞速度。

需要说明的是,由于发动机不能长时间在满油门(加力)状态下工作,所以用平飞最大速度平飞的持续时间有一定限制。

平飞最大速度随飞行高度的变化而变化。由平飞最大速度的公式(4 - 1 - 8)可以看出,对

某一具体飞机来说,在决定平飞最大速度的因素中,除机翼面积(S)不变之外,其余三个因素(P_{max}、ρ、C_x)都随高度的改变而改变。在一般情况下,可用推力和飞机阻力都随高度的增加而减小,但它们对平飞最大速度的影响是互相矛盾的。所以高度升高后,平飞最大速度是增大还是减小,需要比较可用推力与平飞阻力两者下降得快慢才能确定。将飞机在各个高度上的平飞阻力曲线与可用推力(满油门)曲线画在同一图上,就可看出平飞最大速度随高度的变化。图 4-1-8 所示是某型教练机的平飞推力和平飞阻力曲线。

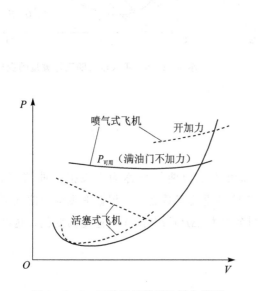

图 4-1-7　两种飞机的平飞最大速度

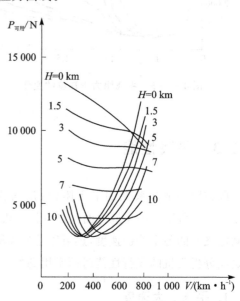

图 4-1-8　某型教练机的平飞推力和平飞阻力曲线

　　对于跨声速飞机,随高度增加,平飞最大速度先增大后减小,如图 4-1-9 中的曲线(a)所示。因为这类飞机的平飞最大速度较小,在某一高度以下,平飞最大速度尚未超过阻力临界速度,波阻较小。高度增加后,若保持同样真速平飞,虽然迎角要增大,但阻力系数增加得不多,飞机阻力大致与空气密度成正比例减小。在对流层内增加高度,由于气温降低,可用推力减小的比例比空气密度减小的比例小一些。可见,在此高度以下,随着高度的增加,阻力减小得多,可用推力减小得少,结果推力大于阻力,使平飞最大速度不断提高。飞机上升到某一高度以后,波阻迅速增大,阻力系数显著增加,致使平飞阻力减小得少,而可用推力减小得多,阻力大于推力,使平飞最大速度逐渐降低。

　　对于超声速飞机,随高度增加,其平飞最大 Ma 大约在对流层内逐渐增大,在平流层内逐渐减小,如图 4-1-9 中的曲线(b)所示。在对流层内增加高度,其平飞最大 Ma 之所以增大,不仅是由于温度降低使可用推力降低的比例比空气密度降低的比例小,而且是由于当时的迎角不大,高度增加,为了使升力等于重力,迎角增大较少,阻力系数增加也较少。由于这两方面的原因,平飞最大 Ma 随高度增加而迅速增大。当高度增至平流层内时,再增加高度,温度不再变化,可用推力和空气密度两者减小的比例趋于一致,即两者对平飞最大 Ma 的影响可以互相抵消。但这时空气密度减小,升力随之减小,为了保持平飞,势必要相应地增大迎角,由于原来迎角已经较大,在大迎角情况下增大迎角,阻力系数增加较多,故平飞最大 Ma 又随高度的升高而减小。

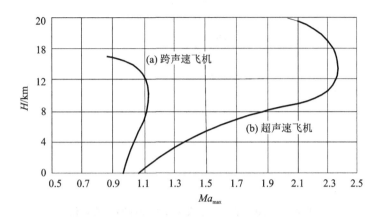

图 4 - 1 - 9　平飞最大速度随高度变化的比较

2. 平飞最小速度

平飞最小速度是指飞机平飞所能保持的最小速度,其大小由飞机的升力特性或推力特性确定。

在中、低空飞行时,由于可用推力比较大,平飞最小速度是受飞机升力特性所限制的平飞失速速度(V_s)。平飞失速速度取下列各速度中的最大者:

① 最大升力系数(C_{ymax})所对应的平飞速度:

$$V_s = \sqrt{\frac{2G}{C_{ymax}S\rho}}$$

② 飞机突然发生非指令性俯仰、滚转或偏转时的速度;

③ 飞机出现飞行员难以忍受的抖动或结构振动时的速度。

在高空,可用推力明显下降,有可能不足以平衡以平飞失速速度飞行的平飞阻力。在这种情况下,把平飞阻力曲线与可用推力曲线最左边交点所对应的速度定为平飞最小速度。显然,此时平飞最小速度大于平飞失速速度。

虽然各型飞机,尤其是大型轰炸机、运输机,为了保证飞行安全,不允许以平飞失速速度飞行,但是都把平飞失速速度作为一个基准,用来确定其他飞行状态。例如大型飞机的着陆下滑速度就规定不能小于 $1.3V_s$。

平飞最小表速在一定高度以下不随高度而变,在此高度以上则随高度的升高而增大。平飞最小真速则一直随高度升高而不断增大。在理论升限,平飞最小速度就是平飞有利速度。

如图 4 - 1 - 10 所示,在一定高度以下,发动机有足够的推力,平飞最小速度就是平飞失速速度,其大小取决于失速升力系数,而失速升力系数在低空小 Ma 下不会发生变化,所以平飞最小表速也就不变。在一定高度以上,飞行马赫数增大,失速升力系数减小,为了保持升力,平飞最小表速就要不断增大。

当然,在一定高度以上,发动机推力的不足也将影响到平飞最小表速。由于可用推力不足,飞机已不能再用失速速度所对应的迎角平飞,这时必须减小迎角,使之靠近有利迎角以减

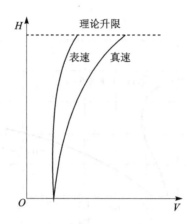

图 4 - 1 - 10　平飞最小表速和真速随高度的变化

小所需推力才能保持平飞。因此,在超过了这个高度以后,平飞最小速度就不再是平飞失速速度,而是随着高度的增加,飞机迎角不断减小,平飞表速也就不断增加。在到达理论升限时,飞机的迎角减为有利迎角,平飞最小表速也就是有利表速。

高度升高,保持同一表速,因空气密度减小,真速要增大;如表速随高度升高而增大,则真速增加更多。

3. 有利速度

有利速度就是以有利迎角平飞的飞行速度。在有利迎角时,升阻比最大,平飞阻力最小,所以有利速度是平飞阻力曲线最低点所对应的速度。

对于喷气式飞机来说,随油门减小,可用推力曲线下移,当下移至与平飞阻力曲线相切时,切点基本上正好在平飞阻力曲线最低点,即喷气式飞机用有利速度平飞,使用油门最小,航时长。为了防止飞行速度过小,有的大型飞机把有利速度规定为实用平飞最小速度。

4. 经济速度

所谓经济速度,就是活塞式飞机可用拉力曲线与平飞阻力曲线相切点所对应的平飞速度,如图 4 - 1 - 11 所示。从图看出,活塞式飞机由于可用拉力随平飞速度的增大而减小,故使用最小油门作平飞的速度不再是有利速度,而是比有利速度小的经济速度。活塞式飞机以经济速度平飞时,使用油门最小,在空中持续飞行时间最长。

5. 平飞速度范围——飞行包线

(1) 平飞速度范围

从平飞最大速度到失速速度,称为平飞速度范围。飞机以此范围内的任意速度均可保持平飞。平飞的速度范围越大,表明飞机的平飞性能越好。但是,在整个平飞速度范围内,并不是所有的速度都能保证飞机有良好的平飞操纵性。为此,又把整个速度范围分为两个范围。

对活塞式飞机来说,由于用经济速度平飞所需油门最小,所以平飞速度的两个范围基本上是以经济速度为界而划分的,如图 4 - 1 - 11 所示。从平飞最大速度到经济速度称为平飞第一范围(或称为正区);从经济速度到失速速度称为平飞第二范围(或称为反区)。

喷气式飞机以有利速度为界,把速度范围分为第一、第二范围,如图 4 - 1 - 12 所示。从平飞最大速度到有利速度称为平飞第一范围;从有利速度到失速速度称为平飞第二范围。

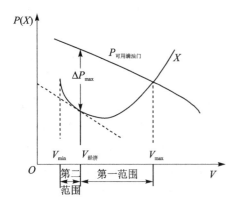

图 4 - 1 - 11　活塞式飞机平飞拉力曲线　　　图 4 - 1 - 12　涡轮喷气式飞机平飞速度的两个范围

(2) 飞行包线

飞行包线是以飞行速度、飞行高度、过载为坐标,以平飞最大速度、平飞最小速度、升限、最大过载为边界所画的几何图形。在平飞($n_y = 1$)条件下的飞行包线称为平飞包线。图 4 - 1 - 13 所示为某歼轰飞机的平飞包线。

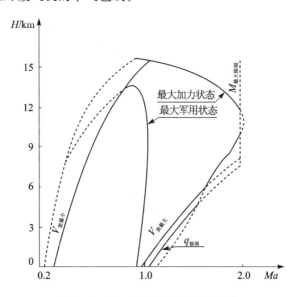

图 4 - 1 - 13　某型飞机的平飞包线

平飞包线的左方是最小平飞速度线,上边界是升限线,右方是最大平飞速度线,它包络了飞机平飞的高度速度范围。平飞包线右方的最大平飞速度线只有理论上的意义,因为为了保证飞行安全,实际飞机的平飞最大速度通常受到各种限制。

① 动压限制。动压限制表征飞机的强度和刚度对飞机最大速度的限制。因为作用在飞机上的气动力沿飞机表面的分布是不均匀的,所以当动压超过一定限度,就会使飞机某些部位

局部变形甚至遭到破坏。因此在实际飞行时有必要对动压加以限制。在比较低的高度上做最大速度平飞时,因空气密度大,容易超过最大允许动压。所以,低高度上的平飞最大速度常受飞机最大动压的限制,也就是受到最大允许表速的限制。

② 温度限制。随着飞机飞行速度的提高,气动加热问题便越来越突出。飞机结构温度的增加会降低结构强度,从而也限制了飞机的最大速度。在驻点温度一定时,随着飞行高度升高,由于空气密度减小,结构受热的程度要降低。因此,在以接近温度限制的速度下降时,为防止结构过热,必须减小飞行马赫数。

③ Ma 限制。某些飞机以超声速飞行时,可能出现方向静稳定性下降,甚至会出现方向静不稳定的现象。另外,当 Ma 增大到某一值时,还可能出现副翼操纵失效或反操纵现象,这些都会威胁到飞行安全。所以,在高空不少飞机的平飞最大速度受最大飞行马赫数的限制。

飞机的速度范围是指在各种限制(推力限制、动压限制、Ma 限制以及气动加热限制等)条件下平飞最大速度和平飞最小速度之间的速度范围。最大速度和最小速度随高度而变化,所以平飞速度范围也随高度而变化。接近升限,速度范围急剧缩小;在理论升限,变为一点,只能以该点所对应的速度保持平飞。飞机的飞行高度范围是指从海平面到理论升限之间的飞行范围。

从平飞包线上可以十分清晰地看出平飞最小速度、最大速度和平飞速度范围的大小,及其随高度的变化情况和限制条件。使用飞行包线,可以方便地对比分析不同机型的飞行性能。飞行包线范围越大,表明飞行性能越好。

6. 功率法简介

功率法适用于用功率表示其发动机特性的活塞式螺旋桨飞机或涡轮螺旋桨飞机的基本性能分析和计算。

螺旋桨飞机的动力装置主要由发动机和螺旋桨组成。带动螺旋桨旋转的发动机特性是用功率(以瓦为单位)曲线表示的。因而,能提供飞机飞行的可用功率 N_{ky} 是发动机折算功率 N_y 和螺旋桨效率 η 的乘积,即

$$N_{ky} = \eta N_y \qquad\qquad (4-1-9)$$

螺旋桨效率 η 可按所选用的螺旋桨型号,查有关资料加以确定。从而就可以算得可用功率随高度与速度的变化曲线,如图 4-1-14 所示。

飞机做等速直线平飞所需要的功率称为平飞所需功率,用 N_{px} 表示。所需功率可用下式求得:

$$N_{px} = P_{px} V \qquad\qquad (4-1-10)$$

从式(4-1-10)可以看出,平飞所需功率的大小取决于平飞所需拉力和平飞所需速度的大小。其中任何一个因素变大,均会使平飞所需功率增大。将平飞所需功率随飞行速度变化的数据绘成曲线,称为平飞所需功率曲线,如图 4-1-14 所示。

画在同一坐标系上的平飞所需功率曲线和可用功率曲线合称为平飞功率曲线,如图 4-1-14 所示。利用平飞功率曲线确定平飞性能的步骤和方法可参照简单推力法进行。

在平飞功率曲线上,满油门的可用功率曲线与所需功率曲线在右边的交点所对应的速度

就是平飞最大速度。平飞所需功率曲线最左边的一点所对应的速度就是平飞最小速度。平飞所需功率曲线的最低点,平飞所需功率为最小,该点所对应的速度即为经济速度。从平飞功率曲线图的坐标原点向所需功率曲线做切线,切点所对应的速度即为平飞有利速度。因此,从坐标原点向所需功率曲线上任一点做连线,连线与横坐标的夹角为 θ,则

$$\tan\theta = \frac{N_{px}}{V} = \frac{P_{px}V}{V} = P_{px}$$

可见,用切点所对应的速度平飞,所需拉力最小,故此速度即为平飞有利速度。螺旋桨可用功率与平飞所需功率之差称为剩余功率。

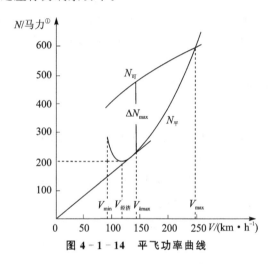

图 4 - 1 - 14　平飞功率曲线

4.1.4　影响平飞性能的因素

飞行中,随着飞行条件(构形参数和大气参数)的变化,平飞性能将会发生相应的变化。了解平飞性能变化的规律,对于充分发挥飞机的性能具有重要意义。

1. 飞行重量变化的影响

飞机以平飞最大速度飞行,如果重量增加,为了保持平飞,就要增大迎角,使平飞阻力增大。由于可用推力未变化,致使平飞阻力大于可用推力,飞机不能保持原来的平飞最大速度做平 飞,只有减小速度。所以飞行重量增加,平飞最大速度减小。

从平飞推力曲线上来看,重量增加后,平飞所需推力曲线向右上方移动,而可用推力曲线不变,所以平飞最大速度减小。反之,重量减轻,平飞最大速度增大。

2. 大气温度变化的影响

对于跨声速飞机来说,当气温低于同一高度上的标准气温时,其平飞最大速度可能增大,也可能减小。因为气温降低,一方面使可用推力有所增大,导致平飞最大速度增大。但另一方

———————————
① 1 马力 $\approx$ 0.735 kW。

面声速减小,如用原来的真速飞行,Ma 变大。而在跨声速范围内,Ma 增大,飞机的阻力系数加大,因而飞机平飞阻力也是增大的,这又促使平飞最大速度减小。所以,平飞最大速度如何变化,由可用推力和平飞阻力两者增加的百分比大小而定。如果飞机的平飞最大速度正好处于阻力系数剧增的 Ma 范围内,那么由于温度降低,就可能引起飞机阻力显著增加,以致于大于可用推力增加的程度,从而使平飞最大速度减小。反之,如果平飞最大速度不处于阻力系数剧增的范围内,温度降低引起飞机阻力增加较少,而可用推力却增加较多,则平飞最大速度有可能增加。当气温升高时,情况同上述相反。

对于超声速飞机来说,气温降低会引起平飞最大速度增大。这是由于气温降低使 Ma 增大,而在超声速范围内,Ma 增大会使阻力系数减小,根据 $X = C_x Sk p M^2/2$ 可以看出,若保持气压高度不变,则阻力增加得很少。但是可用推力增加较多,结果使平飞最大速度增大。

4.1.5　平飞的操纵原理

平飞作为一种定常运动,在运动过程中保持速度不变是其最基本的特征之一,但这却是相对的、有条件的。实际飞行中,为顺利完成任务、保证飞行安全,常需要改变平飞的速度。

飞行中,由于所执行任务及飞行条件(如扰动气流情况)等的不同,常常需要以不同的速度平飞。那么,如何操纵飞机改变平飞速度呢?

在分析飞机的平飞性能时,把平飞速度范围划分为第一、第二速度范围(也称为正区和反区),下面首先分析在第一速度范围内改变平飞速度的操纵原理,再说明在第二速度范围内改变平飞速度的操纵特点,最后确定平飞的实用速度范围。

在第一速度范围内增大平飞速度的操纵方法是:加大油门,并随速度增大相应地顶杆。这是因为飞机以一定速度平飞时,推力与阻力保持平衡,为了增速,就必须加大油门,使推力大于阻力,取得剩余推力。但由飞机的升力公式可知,因飞机的迎角未发生变化,加油门后,随着飞行速度的增加,升力就会增大,这将使飞行轨迹向上弯曲。为此,在加油门增速的同时还应适当地顶杆减小迎角,使升力等于重力,以保持飞行高度不变。在第一速度范围内,平飞速度增大,阻力也随之增大,一定油门位置的剩余推力相应减小。当速度增至一定值时,剩余推力减小为零,推力与阻力重新获得平衡,飞机便以较大的速度保持平飞。

反之,要减小平飞速度,则应收小油门,并相应地带杆。

需要说明的是,实际飞行中,应主要通过对速度表、升降速度表的观察来确定上述操纵动作的量和时机。此外,对于螺旋桨飞机来说,在使用油门改变速度时,必须及时修正螺旋桨副作用给平飞状态所带来的不利影响。

在第二速度范围内,增大平飞速度的操纵与第一范围内有比较大的差别。如图 4-1-12 所示,在第二速度范围内,随着飞行速度的增大,平飞阻力逐渐减小,因此在加油门增速的过程中,剩余推力会越来越大,达到预定速度时,剩余推力比起初加油门时还大,速度稳定不下来。所以,在速度增至预定值时,要把油门收到与较大平飞速度相适应的位置,此时的油门位置比增速前的还要小。可见,若要在第二速度范围增大平飞速度,应先加油门、顶杆,而后再收油门;反之,需要减速时,则应先收油门、带杆,而后再加油门。

由于在第二速度范围平飞,改变平飞的操纵方法复杂,且接近平飞最小速度时,迎角接近失速迎角,飞机的稳定性和操纵性要变差,加之在第二速度范围内飞行,尽管速度小,推力却较大,也很不经济,所以一般不在第二速度范围内平飞。但在某些特定情况下也要在第二速度范围内较长时间稳定飞行,如舰载战斗机着舰阶段飞行、高速飞机跟踪低速目标等。

4.2　直线上升

直线上升是一种增加飞行高度的运动,这里所说的直线上升是指飞机沿着倾斜向上的轨迹所做的不带倾斜和侧滑的等速直线运动,简称上升。上升性能是飞机基本飞行性能的重要组成部分,包括上升率、上升角及其随飞行速度和高度的变化特性。下面从运动方程入手分别进行分析。

4.2.1　上升运动方程

根据上升的定义可知,在上升中 $\gamma = \beta = 0$,并且 $\mathrm{d}V/\mathrm{d}t = 0$,其作用力情况如图 4-2-1 所示。根据上升的定义,如图 4-2-1 所示,可将上升的运动方程式写为

$$\begin{cases} P\cos(\alpha + \varphi) - X - G\sin\theta = 0 \\ P\sin(\alpha + \varphi) + Y - G\cos\theta = 0 \end{cases} \quad (4-2-1)$$

式中,θ——上升角。

为了方便,可近似地认为 $\cos(\alpha + \varphi) = 1$,$\sin(\alpha + \varphi) = 0$,式(4-2-1)可简化为

$$\begin{cases} P = X + G\sin\theta \\ Y = G\cos\theta \end{cases} \quad (4-2-2)$$

与平飞作用力平衡关系比较,在上升中,升力只需平衡重力的第一分力,这表明上升所需的升力比平飞小。由于飞机的推重比一般都比较小,能获得的上升角也就不大,故 $\cos\theta \approx 1$,可近似认为上升所需升力与平飞的基本相同。而上升的推力除平衡阻力外,还要平衡重力的第二分力,所以在高度和速度相同的条件下,上升所需的推力比平飞的大。

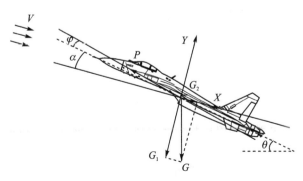

图 4-2-1　上升时的作用力

4.2.2 上升所需速度与所需推力

在上升中,为了获得足够的升力以平衡重力垂直于飞行轨迹方向的分力,所必需的飞行速度称为上升所需速度。由作用力关系及升力公式可得上升所需的速度为

$$V_{上} = \sqrt{\frac{2G\cos\theta}{C_y\rho S}}$$

将此式与平飞所需速度公式比较可知

$$V_{上} = V_{平}\sqrt{\cos\theta}$$

由于上升角通常不大,在这种情况下可以认为 $\cos\theta = 1$,即 $V_{上} \approx V_{平}$。这说明,同一机型在同一飞行高度上,以同一迎角上升和平飞,其所需速度基本是相同的。

由于同一迎角上升和平飞的所需速度基本相同,因此,对同一飞机来说,同样速度下,上升阻力和平飞阻力也是相同的。这样,上升中阻力随速度的变化规律与平飞中阻力随速度的变化规律基本相同,即上升和平飞具有同样的阻力曲线。因此,通常可以通过平飞推力曲线来分析上升问题。

然而,上升中所需推力的大小却与平飞不同。从作用力关系可以看出,上升所需推力由两部分组成:一是用于克服飞机阻力($X_{上}$)的部分,二是平衡飞机重力沿飞行轨迹方向的分量($G\sin\theta$)的部分。上升所需推力中的第二部分用来克服重力对速度的影响。在同样速度下,与平飞相比这是要多付出的一部分推力。

因此,要使飞机上升,必须依赖发动机多余的推力(即发动机推力扣除用于克服阻力的部分后所多余的力,又称剩余推力)来克服重力的减速作用。上升角越大,所需的剩余推力越多。在油门一定的情况下,通过平飞推力曲线可以清楚地看出剩余推力随速度的变化情况,所以用平飞推力曲线分析上升性能问题还是很方便的。

4.2.3 上升性能

飞机的上升性能主要用上升角、上升率、上升时间和上升限度等来衡量。

1. 上升角和陡升速度

上升角是飞机上升轨迹与水平线之间的夹角。上升角的大小可以描述飞机在上升中飞过相同的距离时,上升高度的多少。飞机的最大上升角大,表明飞机在飞过同样水平距离时上升的高度高,在低空飞行时超越地面障碍物的能力强。因此,最大上升角是飞机上升性能中的一个重要指标。

在稳定上升中,上升角的大小可由作用力关系直接求出,因为

$$P = X + G\sin\theta$$

所以

$$\sin \theta = \frac{P - X}{G}$$

式中：

$P - X$——剩余推力，以 ΔP 表示。

所以，上升角的大小可以表示为

$$\theta = \sin^{-1} \frac{\Delta P}{G} \qquad\qquad (4-2-3)$$

从式（4-2-3）可以看出，上升角的大小取决于剩余推力和飞机重量。如果重量变化不大，则上升角仅取决于剩余推力。剩余推力是随油门位置和上升速度变化的，保持同一速度上升，油门大，剩余推力也大，上升角相应增大。如果油门不变，用不同速度上升，由于剩余推力不同（见图 4-2-2），上升角也不同。一般飞机，尤其是跨声速飞机的可用推力随速度的变化量不大，因此剩余推力的大小实际上仅由平飞所需推力的变化来决定。

由图 4-2-2 可知，在加满油门的情况下，喷气式飞机以有利速度（活塞式飞机以经济速度）上升，剩余推力最大，上升角也最大。把能够获得最大上升角的速度称为陡升速度（$V_{\theta \max}$）。可见，对喷气式飞机来说，陡升速度就是有利速度，而对活塞式飞机来说，陡升速度就是经济速度。

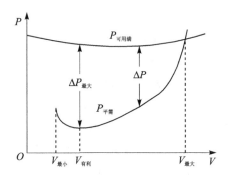

图 4-2-2　跨声速飞机的平飞推力曲线

对于轰炸机、运输机来说，飞行中飞机重量变化较大，所以上升性能受飞机重量的影响比较明显。重量大，则重力第二分力（$G \sin \theta$）也大，如果剩余推力不变，则上升角减小。

分析大型飞机的起飞航道性能时，常用上升梯度这一术语。所谓上升梯度是指飞机上升的高度与上升中飞机前进的水平距离的比值，即

$$上升梯度 = V_上 \sin \theta / (V_上 \cos \theta) = \tan \theta$$

可见，飞机以陡升速度上升，上升角最大，所以上升梯度也就最大。

2. 上升率和快升速度

飞机单位时间内上升的高度称为上升率（V_y），也称为上升垂直速度。上升率大，说明飞机爬升快，上升到预定高度所需的时间短，在空战中能够迅速取得高度优势。所以，最大上升率也是飞机的重要飞行性能之一。

由图 4-2-3 可以看出

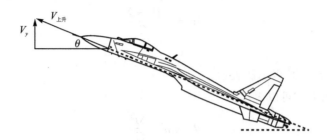

图 4 - 2 - 3　上升速度三角形

$$V_y = V_{上} \sin \theta$$

上式表明,影响上升率大小的因素有上升速度和上升角。当上升角一定时,上升速度越大,上升率越大;上升速度一定时,上升角越大,上升率也越大。因为 $\sin \theta = \Delta P / G$,所以

$$V_y = \frac{\Delta P \cdot V_{上}}{G} \qquad\qquad (4 - 2 - 4)$$

由此可见,在飞行重量一定的条件下,上升率只取决于上升速度和剩余推力。在加满油门的情况下,用不同速度上升,剩余推力不同,因而上升率也不同。要取得最大上升率,应选取 $\Delta P \cdot V_{上}$ 为最大的速度上升。能取得最大上升率的速度称为最快上升速度,简称快升速度 $V_{V_y \max}$。

上升速度与剩余推力的乘积 $\Delta P \cdot V_{上}$ 称为剩余功率。实质上,从能量的观点来看,飞机上升的过程就是将剩余功率转变成高度势能的过程。当飞机重量一定时,剩余功率大,飞机在单位时间内增加的势能就多,上升率也就大。所以,只要有飞机的平飞功率曲线,找到剩余功率最大的速度,即为快升速度。当然,剩余功率一定时,飞机重量大,上升率将减小。此外,发动机工作状态一定时,高度升高,由于剩余功率减小,最大上升角、最大上升率都会减小。

喷气式飞机用有利速度上升,虽然剩余推力最大,但上升速度不大,所以不能得到最大上升率。用接近平飞最大速度的速度上升,虽然上升速度很大,但剩余推力很小,也得不到最大上升率。从喷气式飞机平飞推力曲线可以看出,在大于有利速度的一个比较大的速度范围内,上升速度显著增大,而剩余推力无显著变化。所以,用比有利速度大一些的速度上升,上升角减小得很少,而由于速度的增大,使 $\Delta P \cdot V_{上}$ 增大,因而上升率增大。当然,如果上升速度比有利速度大得较多,由于剩余推力的急剧减小,使 $\Delta P \cdot V_{上}$ 减小,上升率也就减小。因此,用比有利速度大一些的某一速度上升,可以得到最大上升率。显然,快升速度比陡升速度大。可以证明,喷气飞机的快升速度大约等于平飞最大速度的 60%,即

$$V_{V_y \max} = \sqrt{\frac{2P}{3C_{x0} S \rho}} = \sqrt{\frac{1}{3}} V_{\max} = 0.577 V_{\max}$$

对活塞式飞机来说,用经济速度上升,剩余拉力最大,但经济速度太小,不能获得最大的上升率。试飞证明,这类飞机的快升速度接近平飞有利速度。

3. 上升速度范围

与平飞类似,根据上升角随上升速度的变化规律,喷气式飞机以有利速度(活塞式飞机以

经济速度)为界,将上升速度划分为两个范围:大于有利速度时为上升第一范围;小于有利速度时为上升第二范围。与不在第二范围内平飞的道理一样,通常也不在第二速度范围内上升。

4. 上升限度

上升限度简称升限,它是飞机上升所能达到的最大飞行高度,可分为理论升限、实用升限、战斗升限和动力升限等。飞机之所以有上升限度,是因为高度升高,剩余推力和快升速度都将发生变化,导致最大上升角、最大上升率等上升性能随之变差,从而限制了飞机的上升能力。

高度升高,最大上升角减小。这是因为高度增加,在某一飞行高度以下,用有利速度飞行的阻力不变,而可用推力却减小,致使最大剩余推力减小。如果在某一高度以上,有利速度达到临界速度,出现波阻,再增加高度,有利速度超过临界速度,波阻增大,剩余推力减小更多,最大上升角减小也更明显。

高度升高,上升角和上升率都随着减小,上升到一定高度,最大上升率将减小到零,这时飞机不可能再继续做等速上升。飞机在给定重量(歼击机、强击机余油可按不少于机内可用燃油的 30% 计算)和最大油门条件下,上升率为零的高度,称为理论升限。在理论升限高度上,飞机加满油门只能用有利速度(活塞式飞机用经济速度)保持平飞。

当飞行高度接近理论升限时,上升率虽未减小到零,但已经很小了,这时上升非常缓慢,继续上升既费时又费油,在实用上没有多大意义。所以,通常把最大上升率减小到 0.5 m/s 时的高度称为实用升限。各型飞机的技术说明书中所载明的升限一般均为实用升限。

另外还有战斗升限和巡航升限的规定。亚声速战斗升限是指在给定飞行重量和最大油门工作状态,最大上升率为 2.5 m/s 的亚声速飞行高度。超声速战斗升限是指在上述条件下,最大上升率为 5 m/s 的超声速飞行高度。亚声速巡航升限是指在瞬时飞行重量和额定油门工作状态,最大上升率为 1.5 m/s 的亚声速飞行高度。超声速巡航升限是指在上述条件下,最大上升率为 5 m/s 的超声速飞行高度。

4.2.4　上升的操纵原理

通过分析上升性能可知,在上升性能允许的范围内,飞机可以用不同的速度上升,以获得不同的上升角和上升率。飞行中,当需要改变上升状态时,通常是通过操纵油门和推拉驾驶杆来实现的。

1. 用油门改变上升状态的原理

上升中,保持飞机的迎角不变(即驾驶杆不动),只动油门,如加油门,剩余推力增大,上升角增大;反之,收油门,上升角减小。但由于迎角和升力系数未变,且上升角一般变化不大,平衡重力第一分力所需的升力基本不变。所以稳定后的上升速度也与加、减油门前基本相同。

下面以加油门为例说明上升速度的变化过程。加油门后,推力大于阻力与重力第二分力之和,即 $P>X+G\sin\theta_上$,首先使上升速度增大;随后升力也相应增大,使上升轨迹上弯,上升角增大。随着上升角增大,重力第二分力增大,上升速度也相应减小,使飞行轨迹又下弯,经过短暂振荡,当 $P=X+G\sin\theta_上$ 时,上升角和上升速度就重新取得平衡。由于加油门引起的上升角增大不多,仍可近似认为所需升力与重力相等。所以,只要迎角(升力系数)不变,由升力公式就可推知上升速度也基本保持不变。

2. 用驾驶杆改变上升状态的原理

上升中,如果保持油门位置不动,只动杆,则上升速度和上升角都会发生变化。比如,在第一速度范围内上升,飞行员带杆,上升速度减小,上升角增大;反之,推杆将使上升速度增大,上升角减小。

下面以带杆为例说明上升速度的变化过程。带杆后飞机的迎角首先增大,使升力系数、阻力系数均增大,升力和阻力也相应增大。其中,升力增大使飞行轨迹上弯,上升角增大;上升角增大又使得重力第二分力增大。同时,阻力及重力第二分力增大又使得上升速度减小。随着飞行速度减小,阻力也随之减小,使飞行轨迹又下弯……经过短暂振荡,当 $P=X+G\sin\theta_上$ 时,上升角和上升速度就重新取得平衡。与带杆前相比,取得平衡时的上升角有所增大;起减速作用的 $G\sin\theta_上$ 增大,而阻力(及升力)变化不大,因而飞行速度有所减小。

上述操纵是在第一速度范围的情况,如果是在第二速度范围,飞行员带杆,随着上升速度减小,上升阻力反而会增大,再加上由于上升角增大引起的重力第二分力的增加,飞机无法维持稳定上升飞行;反之,推杆将使上升速度增大,上升阻力反而会减小,再加上由于上升角减小引起的重力第二分力的减小,飞机也无法维持预定的上升状态。

3. 用油门和驾驶杆配合改变上升状态的原理

以增大上升角为例,一般是带杆增大迎角,使上升增大,同时再根据速度的变化加油门。待飞机接近预定的上升角时,再向前松杆或迎杆,使上仰角速度尽快消失,保持预定的上升角(或仰角)上升。由于在整个过程中驾驶杆做了一个往复动作又回到了原位,所以实际上只是油门加大了。这样,即增大了上升角又保持了速度基本不变,且大大缩短了过渡时间,提高了操纵的精确度。

由以上分析可知,尽管操纵驾驶杆或操纵油门都可独立地改变飞机上升状态,但单独使用驾驶杆或油门改变上升状态时,由于缺乏必要的配合,飞机在达到新的平衡状态之前经历的振荡时间相对较长,且只用驾驶杆改变上升角时,还会引起上升速度的变化;而用油门和驾驶杆配合改变上升状态可达到迅速准确的操纵目的。因此,一般情况下常常采用油门和驾驶杆配合的方法改变上升状态。

此外,与飞机一般不在第二范围内平飞的道理类似,通常也不在第二速度范围内上升。在第二速度范围内上升,飞行要注意油门与杆的配合。

4.3　直线下滑

　　飞机沿着向下倾斜的轨迹做下降高度的飞行称为做直线下滑,简称下滑。下滑是飞机降低飞行高度的基本方法。这里所讲的下滑是指飞机沿着向下倾斜的轨迹所做的既不带倾斜又不带侧滑的等速直线运动。下滑性能也是飞机基本飞行性能的重要组成部分,包括下滑角和下降率及其随飞行速度和高度的变化特性。下面从运动方程入手分别进行分析。

4.3.1　下滑的运动方程

　　如图 4-3-1 所示,从下滑运动的定义可以很容易写出下滑的运动方程式:

$$\begin{cases} P + G\sin\theta = X \\ G\cos\theta = Y \end{cases} \qquad (4-3-1)$$

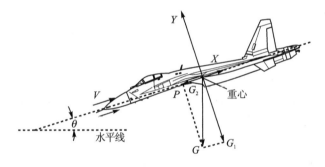

图 4-3-1　下滑时的作用力

　　当 $P=0$ 时,又称为闭油门下滑。闭油门下滑的运动方程为

$$\begin{cases} Y = G\cos\theta \\ X = G\sin\theta \end{cases} \qquad (4-3-2)$$

　　同平飞和上升一样,方程组(4-3-2)中的两式必须同时得到满足,才能保持飞机的下滑状态。升力的作用只是平衡重力的第一分力,故所需升力比平飞略小。

　　在下滑中,为了获得一定的升力平衡重力第一分力,所必需的飞行速度称为下滑所需速度。下滑所需速度可用下式计算:

$$V_{\text{下}} = \sqrt{\dfrac{2G\cos\theta}{C_y\rho S}} \qquad (4-3-3)$$

式中:

　　$V_{\text{平}}$——在同一高度上以同一迎角平飞的所需速度。

　　同上升的情况类似,在实际飞行中,下滑角一般很小,$\cos\theta \approx 1$,则

$$V_{\text{下}} \approx V_{\text{平}}$$

上式表明,同一机型在同一飞行高度上,以同一迎角下滑和平飞,所需要的飞行速度基本相同。因此,其飞行阻力也基本相同。这就是说,对于同一机型来说,可以借助平飞推力曲线来分析下滑性能问题。

4.3.2　下滑性能

下滑性能主要用下滑角、下降率和下滑距离来衡量。

1. 下滑角

下滑轨迹与水平面之间的夹角称为下滑角。下滑角小,表明飞机下降同样的高度,前进的水平距离远。在飞行中,常常根据不同的需要,选择闭油门下滑或是带油门下滑。下滑角则因下滑方式的不同,具有不同的变化规律。

（1）闭油门下滑的下滑角

在闭油门下滑时,飞行员主要用带杆或顶杆的方法改变飞机的迎角,以改变下滑角。从闭油门下滑的运动方程可知

$$\tan \theta = \frac{X}{Y} = \frac{1}{K} \tag{4-3-4}$$

式(4-3-4)表明,在闭油门的情况下,下滑角只同升阻比有关。升阻比越大,下滑角越小。而升阻比主要随迎角变化,因此,用有利速度即有利迎角下滑,升阻比最大,下滑角最小。用大于或小于有利速度的速度下滑,迎角会小于或大于有利迎角,都会使升阻比减小,从而导致下滑角增大。

所以,闭油门下滑中,一个下滑速度对应一个迎角,也对应着一个固定的下滑角。飞行中,飞行员可以通过推、拉驾驶杆改变迎角,从而改变下滑角。

（2）带油门下滑的下滑角

在带油门下滑的情况下,从带油门下滑的运动方程可以导出

$$\tan \theta = \frac{1}{K} - \frac{P}{G} \tag{4-3-5}$$

式中:

P/G——推力与飞机重力的比值,称为推重比。

式(4-3-5)表明,在带油门下滑的情况下,下滑角的大小不仅与升阻比有关,还与推重比有关。升阻比大,下滑角小;推重比大,下滑角也小;油门一定,飞机重量大,P/G 小,则下滑角大。着陆下滑,飞机重量重,就要相应地增大油门和速度,这样才能保持下滑角不变。

比较式(4-3-4)和式(4-3-5)可以看出,带油门的下滑角比闭油门的小。当下滑速度一定(升阻比一定)时,加大油门,推力增大,下滑角减小。带油门越多,推重比越大,下滑角也越小。当油门加到一定程度,飞机便可能从下滑转为平飞或上升。

对于活塞式飞机(见图 4 – 3 – 2),由于拉力随速度增大而减小,因此,带油门下滑时,其最小剩余阻力所对应的速度(即能获得最小下滑角的速度)要小于有利速度。带油门越多,该速度越小,直到以经济速度平飞,下滑角为零。所以,可以说活塞式飞机带油门时的有利下滑速度介于经济速度与有利速度之间。

对于喷气式飞机,由于推力随速度变化较小,当油门一定时,不论是否带油门,剩余阻力(平飞阻力与可用推力之差 ΔX,在下滑中由重力第二分力平衡)均是在有利速度时为最小,因此,获得最小下滑角的下滑速度(也称有利下滑速度)均为有利速度。

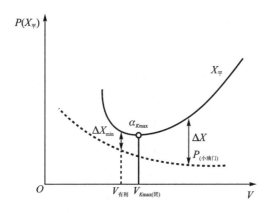

图 4 – 3 – 2　带油门和闭油门下滑的有利速度

2. 下降率

飞机在单位时间内下降的高度称为下降率(V_y),也称为下滑垂直速度。下降率小,表明飞机降低同样高度所需的时间长,即飞机留空时间久。下降率的大小可由 $V_y = V_\text{下} \sin \theta$ 算出。

从式中可以看出,下降率的大小取决于下滑速度和下滑角的大小。当以有利速度下滑时,下滑角为最小,但下滑速度较大,并不能获得最小下降率。要想获得最小下降率,应当以比有利速度稍小的某一速度(即用消耗功率最小的速度)下滑。此速度称为经济速度,以经济速度平飞对应的迎角称为经济迎角。

以经济速度下滑可以获得最小下降率的道理,可以用公式加以说明。从下滑作用力关系图中可知,闭油门时 $\sin \theta = X/G$,于是

$$V_y = V \sin \theta = \frac{VX}{G} = \frac{N_\text{平需}}{G}$$

上式表明,下降率与所需功率($N_\text{平需}$)成正比,而与飞机重力(G)成反比。这是因为在闭油门下滑的过程中,平衡阻力所消耗的功率全由飞机下降高度的势能来换取。所以当飞机重量一定,而所需功率为最小(即以经济速度下滑)时,下降率就最小。

3. 下滑距离和远滑速度

飞机在下滑中所经过的水平距离称为下滑距离($L_\text{下}$)。由图 4 – 3 – 3 可知

$$\tan\theta = \frac{H}{L_下}$$

在带油门时，$\tan\theta = 1/K - P/G$，所以带油门的下滑距离公式为

$$L_下 = \frac{H}{\dfrac{1}{K} - \dfrac{P}{G}} \tag{4-3-6}$$

式(4-3-6)表明，在无风带油门下滑时，下滑距离不仅与下降高度和升阻比有关，而且还与推重比有关。在一定高度以一定速度(升阻比一定)下滑时，带油门越多，下滑角越小，下滑距离越远。

闭油门下滑时，$\tan\theta = 1/K$，所以闭油门的下滑距离公式为

$$L_下 = HK \tag{4-3-7}$$

可见，无风闭油门下滑时，下滑距离与升阻比和下降的高度成正比。

能够取得最远下滑距离的速度称为远滑速度。闭油门下滑的远滑速度就等于有利速度。

飞行中可以根据滑翔比的大小来估计下滑距离的远近。所谓滑翔比，是下滑距离与下滑高度之比，即每下降 1 m 高度，在下滑中所前进的距离。飞行中，可以根据滑翔比与当时飞机所在高度来估算下滑距离的远近，这对于正确做好着陆目测，尤其对做好停车迫降有着重要意义，即

$$L_下 = 下降高度 \times 滑翔比$$

在无风和闭油门下滑的情况下，滑翔比就等于升阻比。

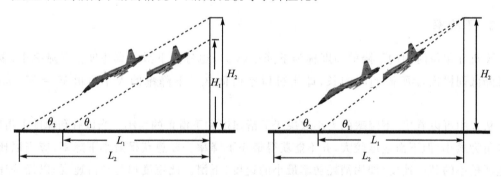

图 4-3-3　下降高度、下滑角与下滑距离的关系

4. 下滑速度范围

根据下滑角随下滑速度的变化规律，通常以有利速度为界，将下滑速度分为两个范围：下滑速度大于有利速度的范围，称为下滑第一范围；下滑速度小于有利速度的范围，称为下滑第二范围。通常都不在第二范围内做下滑飞行。

5. 下滑性能随高度的变化

在高空下滑时，如保持与低空一样的迎角，一方面由于高空的空气密度小，与低空相比下滑速度较大；另一方面，由于迎角未变，升阻比也不变，所以在高空下滑的下滑角仍与低空的相等。既然在高空下滑的下滑角不变，而下滑速度却增大，所以在高空下滑的下降率势必比低空

的大。另外,由于在高空和低空下滑的下滑角相同,如下降的高度也相同,则在高空的下滑距离也必然与低空的一样。

4.3.3　放襟翼和起落架、发动机停车对下滑性能的影响

1. 放襟翼

放襟翼后,升力系数和阻力系数都增大(见图4-3-4),在常用的迎角范围内,阻力系数增加的比例大于升力系数增加的比例。所以,升阻比减小,下滑角增大,下滑距离缩短。同时,由于同一迎角下的升力系数增大,而下滑中的所需升力基本不变,下滑速度必然减小。在实际飞行中,为了不使下滑速度减小过多,放襟翼下滑所用迎角一般比不放襟翼下滑的小。

2. 放起落架

放起落架后,飞机同一迎角的升力系数基本不变,而阻力系数增加(见图4-3-5)。所以,升阻比减小,下滑角增大,下滑距离缩短。因升力系数未变,下滑速度也基本不变。从图4-3-5中还可以看出,放起落架后的极曲线相对于原极曲线向右平移。根据由坐标原点向曲线所做的切线可知,放起落架后的有利迎角及所对应的升力系数增大,故下滑有利速度相应减小。

3. 发动机停车

当发动机停车后,不仅不产生推力,反而要增加飞机的阻力,使升阻比减小,下滑角增大,下滑距离缩短,而对同一迎角的下滑速度影响不大。停车后飞机极曲线的变化情形与放起落架对飞机极曲线的影响一样(见图4-3-5),所以有利迎角及其所对应的升力系数也增大,使下滑有利速度减小。

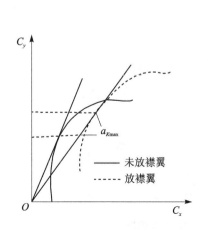

图 4-3-4　放和不放襟翼的飞机极曲线

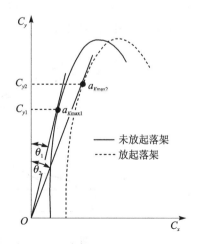

图 4-3-5　放和不放起落架的飞机极曲线

4.3.4　风对飞机上升、下滑性能的影响

风是常见的自然现象,飞机在空气中飞行经常要受到风的影响。前面在分析上升和下滑性能时,都没有考虑风的影响。如果考虑到风的影响,上升和下滑性能将有所不同。下面分析稳定风对飞机上升、下滑性能的影响。

稳定风是指风速(U)不随时间和地点而变化的风。稳定风对飞机上升、下滑性能的影响可用矢量合成法来分析。如图4-3-6所示,可以看出,逆风使上升角、下滑角增大,顺风使上升角、下滑角减小。不论是顺风还是逆风,都不影响上升率和下降率。

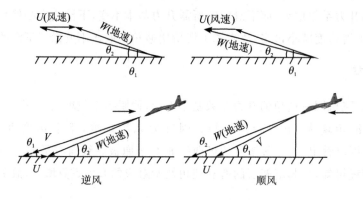

图4-3-6　逆风、顺风对上升、下滑的影响

稳定升降气流的影响也可以用矢量合成法来分析。如图4-3-7所示,飞机进入稳定上升的气团,将随气团一起上升,上升角和上升率均增大,下滑角和下降率均减小。相反,飞机进入稳定下降气团,将随气团一起下降,上升角和上升率均减小,下滑角和下降率均增大。

在稳定风中飞行,飞机已经随风(或升降气流)一起移动,飞机与空气的相对运动并不因风而有任何变化,这时,飞机相对于地面的速度(地速)改变了,但相对于空气的速度(空速)却并未改变,所以空速表的指示、飞机的迎角和作用于飞机的空气动力也与无风时完全一样。如果飞机是在上升或下滑中,其仰角或俯角也并不改变。

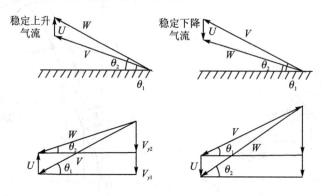

图4-3-7　稳定升降气流对上升、下滑的影响

飞机在顺风或逆风中下滑,其下滑距离可按下式计算,即

$$L_{下} = HK \pm U \cdot t \qquad\qquad (4-3-8)$$

式中:

U——风速(m/s);

t——下滑时间(s);

逆风用"－"号,顺风用"＋"号。

4.3.5　下滑的操纵原理

1. 用油门改变下滑状态的原理

根据下滑作用力关系分析可知,加、减油门后的最后结果是:下滑角减小或增大,而下滑速度基本不变。

例如,在原来稳定下滑 $X = P + G\sin\theta_{下}$ 的基础上,加点油门,使推力增大,从而使阻力与推力之差减小,即 $X - P = G\sin\theta_{下}$ 减小,因而稳定后的下滑角减小。因下滑角的变化对所需升力影响很小,由升力公式就可推知,下滑速度也基本保持不变。

2. 用驾驶杆改变下滑状态的原理

下滑中,如果保持油门位置不动(或闭油门),推、拉驾驶杆后,下滑速度和下滑角都会发生变化。

例如,在第一速度范围内下滑,飞行员带杆,迎角首先增大,使升力系数、阻力系数均增大,升力和阻力也相应增大。其中,升力增大使飞行轨迹上弯,下滑角减小。同时,下滑角减小又使得在下滑中起推力作用的重力第二分力减小,而稳定后的阻力(及升力)变化不大,由 $X = P + G\sin\theta_{下}$ 可知,稳定后的下滑速度减小。反之,顶杆将使下滑角增大,下滑速度增大。

与上升情况类似,飞行员单独用油门或驾驶杆改变下滑状态时,从操纵开始到重新稳定,中间也有一个运动参数衰减振荡的过渡过程。

3. 用油门和驾驶杆配合改变下滑状态的原理

类似于上升,在一般情况下改变下滑状态时,为了使飞机在操纵后快速、准确地达到所需要的稳定状态,就应采用驾驶杆和油门协调配合操纵的方法。

例如,下滑中需减小下滑角而不改变下滑速度时,则应在带杆的同时稍加油门,待下滑角接近预定值时,将杆回到原来位置。因为带杆后,下滑角减小,重力第二分力 $G\sin\theta_{下}$ 减小,由下滑作用力关系可知,下滑速度要减小,为了保持下滑速度不变,就应加点油门。当下滑角接近预定值时,如不及时回杆,则会因迎角较大,升力系数较大,对应的稳定下滑速度将减小。反之,要增大下滑角而又不改变下滑速度,则应在顶杆的同时,稍收点油门,然后再将驾驶杆回至原来的位置。

根据下滑作用力关系不难得到,加油门的同时适当顶杆,可使下滑速度增大而下滑角保持

不变;而收油门的同时适当带杆,则可使下滑速度减小,而下滑角保持不变。

与平飞、上升类似,飞机通常都不在第二速度范围内做下滑飞行。

4.3.6 平飞、上升和下滑的转换

1. 由平飞转入上升和由上升转入平飞的操纵原理

(1) 由平飞转入上升

为了使飞机由平飞转入上升,飞行员应带杆增大迎角,以增大升力。只有升力大于重力,产生向上的向心力之后,飞机运动轨迹才会向上弯曲,才可能逐渐增大上升角而转入上升,如图4-3-8(b)所示。

在飞机转入上升的过程中,随着上升角(上升率)的逐渐增大,重力第二分力(G_2)所起的减速作用也愈来愈强。为了使飞机按预定的速度上升,应该在带杆的同时,相应地加大油门,以增大推力,保持预定的速度。预定的上升速度和上升角越大,则油门需要加得越多。

在直线上升中,升力应与重力第一分力相等,所以当接近预定的上升角(上升率)时,应提早向前回杆,减小迎角,使升力减小,以便飞机在达到预定的上升角时,升力正好与重力第一分力相平衡,如图4-3-8所示。

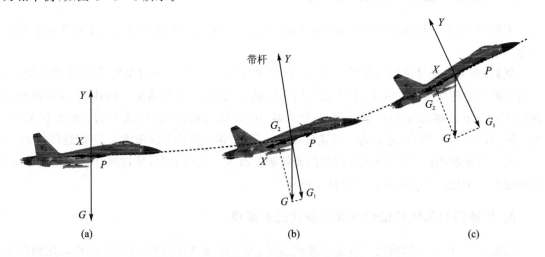

图4-3-8　由平飞转入上升时的各作用力情况

(2) 由上升转入平飞

飞机由上升改为平飞时,飞行员应顶杆减小迎角以减小升力。只有升力小于重力第一分力,产生向下的向心力之后,飞机的运动轨迹才会向下弯曲,才可能转入平飞。

在飞机转入平飞的过程中,上升角(上升率)不断减小,重力第二分力也随之减小,飞行速度有增大的趋势。为了保持预定的平飞速度,应在顶杆的同时,相应地减小油门,以便达到平飞状态时,推力能与阻力相等。当接近平飞状态时,应向后回杆增大升力,以便在达到平飞状态时,升力与重力正好平衡。

对于活塞式飞机来说,不管是从平飞转入上升,还是从上升转入平飞,都要及时用杆、舵修正螺旋桨副作用所带来的影响。

同平飞一样,在上升中,飞行员可以根据飞机仪表的指示,并结合天地线在座舱风挡上的关系位置来判断飞机的上升状态。图 4 - 3 - 9 所示为某型初教机以 160 km/h 的速度上升时的天地线关系位置。

图 4 - 3 - 9　某型初教机以 160 km/h 速度上升时的天地线关系位置

2. 由平飞转入下滑和由下滑转入平飞的操纵原理

（1）由平飞转入下滑

为了使飞机由平飞转入下滑,飞行员应先向前顶杆,减小飞机升力,当升力小于重力,产生向下的向心力之后,飞机的运动轨迹才会向下弯曲,转入下滑,如图 4 - 3 - 10(b)所示。

飞机开始转入下滑之后,随着下滑角的逐渐增大,重力第二分力所引起的加速作用逐渐增强,为了使飞机能保持预定的下滑角,在顶杆进入下滑的同时,就应减小油门,以便使推力与重力第二分力之和等于阻力。油门减小多少,应根据预定的下滑角和下滑速度的大小而定,如果预定的下滑角大,则应多收些油门,甚至收到最后位置。

在直线下滑中,升力应与重力第一分力相平衡,所以当接近预定的下滑角（下降率）时,应回杆,增大迎角,加大升力,以便飞机达到预定的下滑角时,升力正好等于重力第一分力,保持该下滑角下滑,如图 4 - 3 - 10(c)所示。

（2）由下滑转入平飞

飞机由下滑改为平飞时,飞行员应向后带杆增大飞机升力。只有在升力大于重力第一分力,产生向上的向心力之后,飞机运动轨迹才会向上弯曲,逐渐转入平飞。

当下滑角开始减小时,重力第二分力随之减小,这会引起飞行速度减小,故应在带杆的同时,将油门加到预定的平飞转速。及至飞机接近平飞状态,则应向前回杆,减小迎角和升力,以便飞机在达到平飞状态时,升力正好等于重力,保持平飞。

对于活塞式飞机来说,在从平飞转入下滑和从下滑转入平飞的过程中,要及时地用杆、舵修正螺旋桨副作用所带来的影响。

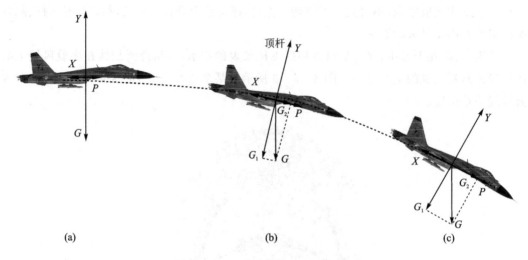

(a)　　　　　　　　　　(b)　　　　　　　　　　(c)

图 4 - 3 - 10　由平飞转入下滑的作用力

同平飞、上升的道理一样,在下滑中,飞行员可以根据飞机仪表的指示,并结合天地线在座舱风挡上的关系位置来判断飞机的下滑状态。图 4 - 3 - 11 所示为某型初教机以 170 km/h 的速度下滑时的天地线关系位置。

图 4 - 3 - 11　某型初教机以 170 km/h 速度下滑时的天地线位置

4.4　直线下降侧滑

飞机做带侧滑的等速直线下滑称为直线下降侧滑。与平飞、上升和下滑不同,这是飞机在非对称受力的情况下所做的等速直线运动。直线下降侧滑能在不增大下滑速度的条件下,增大下滑角,缩短下滑距离,故可用来修正着陆目测高。在有侧风的情况下着陆时,也常用此法来修正侧风对着陆的影响。

4.4.1　直线下降侧滑的力和力矩关系

做直线下降侧滑一般都收小了油门,推力可以忽略不计。这时作用在飞机上的力除了升力(Y)、阻力(X)和飞机重力(G)外,还有因侧滑而产生的侧力(Z)。为了保持等速直线运动,平行和垂直于飞行轨迹的力都必须得到平衡。为了保持等速,必须以重力沿飞行轨迹方向的分力来平衡飞机的阻力,即

$$X = G_2 = G\sin\theta$$

式中:

θ——下滑角。

在垂直于运动轨迹方向上的升力和由侧滑而产生的侧力也要靠重力的分力加以平衡。显然要平衡侧力,飞机是要带一定坡度的。这样飞机的重力可分成三个分力,如图 4-4-1 所示。重力第一分力 $G_1 = G\cos\theta\cos\gamma$,重力第二分力 $G_2 = G\sin\theta$,重力第三分力 $G_3 = G\cos\theta\sin\gamma$。式中,$\gamma$ 为飞机所带的坡度。为了保持带侧滑的等速直线下降,作用力应具有下述关系:

$$\begin{cases} G\cos\theta\cos\gamma = Y \\ G\sin\theta = X \\ G\cos\theta\sin\gamma = Z \end{cases} \tag{4-4-1}$$

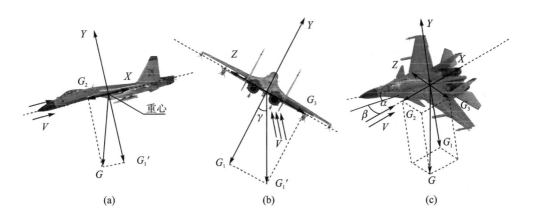

图 4-4-1　直线下降侧滑的作用力

由于带侧滑,飞机上就会产生方向稳定力矩($M_y^\beta\beta$)和横侧稳定力矩($M_x^\beta\beta$)。要使飞机的姿态不变,飞行员必须蹬舵、压杆形成方向操纵力矩($M_y^{\delta_y}\delta_y$)和横侧操纵力矩($M_x^{\delta_x}\delta_x$),以便平衡方向稳定力矩和横侧稳定力矩。当然,蹬舵、压杆也会引起交叉力矩 $M_y^{\delta_x}\delta_x$ 和 $M_x^{\delta_y}\delta_y$。要保持一定的侧滑角和坡度,这些力矩必须取得平衡,即

$$\begin{cases} M_y^\beta\beta + M_y^{\delta_y}\delta_y + M_y^{\delta_x}\delta_x = 0 \\ M_x^\beta\beta + M_x^{\delta_x}\delta_x + M_x^{\delta_y}\delta_y = 0 \end{cases} \tag{4-4-2}$$

在式(4-4-2)中,$M_y^{\delta_x}\delta_x$、$M_x^{\delta_y}\delta_y$ 比其他两个力矩 $M_x^{\delta_x}\delta_x$、$M_y^{\delta_y}\delta_y$ 小得多,作为近似分析可以忽

略。下滑角一般不大,可以认为 $G\cos\theta \approx G$,重力第二分力 $G\sin\theta$ 取决于下滑角 θ,重力的其他两个分力则基本取决于坡度。

4.4.2 直线下降侧滑中侧滑角、坡度和下滑角三者的关系

直线下降侧滑中飞机的侧滑角、坡度和下滑角互相联系、互相影响。侧滑角越大,对应的坡度也越大;反之,侧滑角越小,所对应的坡度也越小。因为要保持直线飞行,必须使侧力与重力第三分力相平衡,在动压 q 一定的条件下,侧滑角大,侧力 Z 大,需要大的 $G \cdot \cos\theta \cdot \sin\gamma$ 才能取得平衡。故坡度与侧滑角要相适应,才能保持飞机做直线飞行。

在直线飞行中,方向舵一个偏角对应一个侧滑角,蹬满舵所对应的侧滑角便是直线下降侧滑最大的侧滑角。由于压杆能形成多大的坡度一般没有什么限制,而蹬舵能形成多大的侧滑角却有一定限制,因而最大侧滑角所对应的坡度便成为直线下降侧滑的最大使用坡度。超过这个坡度,蹬舵侧滑所造成的侧力不足以平衡重力第三分力,飞机将会向侧滑一边转弯,所以保持直线下降侧滑时,飞机的坡度不能太大。

直线下降侧滑中侧滑角大,对应的下滑角也大。因为在直线下降侧滑中下滑角的大小不是单纯取决于升力同阻力之比,而是取决于升力和侧力的合力(Y')同阻力之比,即

$$K' = \frac{Y'}{X}$$

直线下降侧滑中的侧力同升力比较起来是很小的,所以升力与侧力的合力(Y')同无侧滑时升力(Y)的大小相差不多。但因阻力增大较多,故比值 K' 比起以同样迎角做下滑时的升阻比(K)要小一些。侧滑角越大,阻力增加越多,比值 K' 越小,下滑角势必越大。

既然直线下降侧滑的坡度与侧滑角之间有一定关系,而侧滑角与下滑角之间也有一定的关系。那么坡度与下滑角的关系也就确定了。如坡度增大,侧滑角要相应地增加,下滑角也随之增大。

4.4.3 直线下降侧滑的操纵原理

直线下降侧滑通常是在减小油门的下滑中进行的。自下滑转入侧滑,飞机的运动方向逐渐偏离飞机对称面,如果要求保持进入侧滑前的运动方向,应先操纵飞机向侧滑的反方向转一个角度,这个角度大约与预定的侧滑角相等。然后再向预定侧滑一边压杆造成坡度,形成垂直于运动方向的重力第三分力 G_3,使运动方向逐渐偏离对称面而形成侧滑。与此同时出现的方向稳定力矩($M_y^\beta\beta$)力图使机头向飞机倾斜的一边偏转,减小侧滑角。故在压杆的同时还应蹬出反舵,使方向操纵力矩($M_y^{\delta_y}\delta_y$)与方向稳定力矩($M_y^\beta\beta$)相平衡,保持机头方向不变。当侧滑形成的侧力与重力的第三分力平衡时,飞机的运动方向也就保持不变。

当飞机出现侧滑后,同下滑比较起来,由于在同一迎角下的升力较小,要保持同样的下滑角,就需要增大迎角。再加上水平尾翼的一部分受到垂直尾翼的遮蔽,处于被扰乱的气流中,

引起水平尾翼的升力减小,升降舵效用降低。因此,为了保持所需迎角,就需要适当地增加带杆量。

在直线下降侧滑过程中,由于有横侧稳定力矩($M_x^\beta\beta$)与方向稳定力矩($M_y^\beta\beta$),故飞行员要一直压住杆,保持坡度不变;蹬住舵,保持侧滑角不变;带杆以保持迎角不变,使飞机上各力和各力矩均得到平衡。如发现检查目标向倾斜方向或反方向移动,说明飞机向左或向右转弯,偏离了直线飞行状态。其原因不外乎是杆舵配合不当。如果压杆过多或蹬反舵不够,引起重力第三分力大于侧力,则飞机就向倾斜的一边转弯。反之,如果压杆不够或蹬反舵过多,使侧力大于重力第三分力,则飞机就向倾斜的反方向转弯。

在直线下降侧滑中,可以通过带杆或松杆来调整下滑速度。如速度大于规定速度,可带杆增大迎角,使飞机的阻力增大,迫使飞机减速;迎角增大又引起升阻比 K 增大(在下滑第一速度范围内),使下滑角减小,从而减小了重力第二分力,于是飞行速度就逐渐减小下来,最终平衡在规定的速度上。相反,如速度小于规定速度,则可松杆以增大速度。

在改出直线下降侧滑时,应在收回反舵的同时相应地回杆,以便在侧滑角减小的过程中,重力第三分力与侧力同时减小,始终保持平衡,使飞机的运动方向在改出的过程中不至于改变。

如果在改出过程中,杆舵不协调,飞机改出后的方向将偏离预定方向。此外,改出动作粗猛,回杆回舵分量不准,还会引起飞机左右摇摆。

将整个操纵动作归纳如下:

进入阶段:先操纵飞机向侧滑的反方向转过一个角度,接着向侧滑一边的斜后方压杆,同时蹬出反舵。

保持阶段:压住杆,蹬住舵,以保持住预定的侧滑方向,并通过带杆或松杆来调整侧滑速度。

改出阶段:协调一致地回杆回舵。

4.5　自动驾驶飞行

自动驾驶飞行也称自动飞行,是指在没有飞行员直接参与的情况下,用飞行自动控制系统代替飞行员操纵飞机的飞行状态。自动驾驶飞行可以控制和稳定飞机的角运动、重心运动,并自动控制飞机对扰动的响应,以达到减轻飞行员负担、改善飞行品质、提高飞机性能的目的。自动驾驶飞行的基本原理就是自动控制理论中最重要、最本质的反馈控制原理。现代飞机的飞行自动控制系统是在自动驾驶仪的基础上发展演变而来的。

鉴于自动驾驶飞行的复杂性和内容叙述的完整性,本节介绍自动驾驶飞行的基本概念、一般原理、飞行自动控制系统组成及原理。

4.5.1　反馈控制原理

在人工驾驶飞机的情况下,假设要求飞机做水平直线飞行。当飞机受到扰动而偏离原来的状态(例如飞机上仰),飞行员用眼睛观察到地平仪的变化,随即大脑做出决定,通过神经系统将信息传递到手臂,手臂前推驾驶杆使平尾前缘上偏,产生相应的下俯力矩,飞机趋于水平。飞行员从地平仪上看到这一变化,逐渐将驾驶杆收回原位。当飞机恢复到原来位置时,驾驶杆和平尾也回到原来位置。这个过程如图 4-5-1 所示,这是一个典型的反馈控制过程。

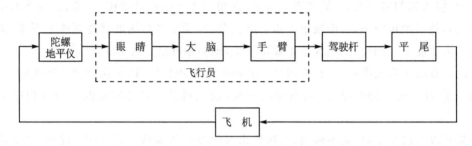

图 4-5-1　飞行员控制飞机的方框图

通常把输出量送回到输入端并与输入信号进行比较的过程称为反馈。若反馈信号与输入信号相减而使偏差值越来越小,则称为负反馈;反之则称为正反馈。在图 4-5-2 中,由于眼睛不断观察地平仪的变化并反馈到大脑中进行判断,产生了地平仪信息与大脑之间的反向联系。大脑根据地平仪的变化操纵飞机使偏差减小,形成负反馈控制。显然,负反馈控制是一个利用偏差进行控制并最后消除偏差的过程,因此也称为按偏差控制过程。

自动飞行是利用自动控制系统代替飞行员,所以自动控制系统中必须包括图 4-5-1 中虚线框内三个部分的对应装置,并与飞机组成一个闭环系统,如图 4-5-2 所示。当飞机偏离原来状态时,敏感元件感受到偏差的方向和大小,并输出相应的信号,经放大、计算处理,操纵执行机构(舵机)使控制面(平尾)相应偏转。由于整个系统是按负反馈原则连接的,其结果是使飞机趋向原来状态。当飞机回到原来状态时,敏感元件输出信号为零,舵机以及与其相连的舵面也回到原位,飞机重新按原来状态飞行。

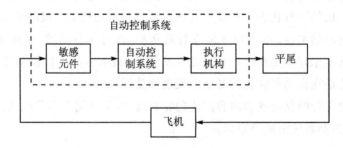

图 4-5-2　自动控制系统控制飞机的方框图

由此可见,自动控制系统中的敏感元件、放大计算装置和执行机构可以代替飞行员的眼睛、大脑神经系统和肢体,自动控制飞机的飞行,这三部分是飞行自动控制系统的核心。自动飞行的基本原理就是反馈控制原理。

4.5.2　舵回路、稳定回路和控制回路

如前所述,实现自动飞行必须通过自动控制系统形成回路。不同的飞行任务要求组成不同的回路。为了便于分析,可以将复杂的自动飞行回路抽象为以下三种回路。

1. 舵回路

飞行自动控制系统根据输入信号,通过执行机构(舵机)控制舵面。为改善执行机构的性能,通常引入负反馈(将舵机的输出反馈至输入端),形成随动系统(或称伺服系统),简称舵回路。舵回路由舵机、放大器及反馈元件组成,如图 4-5-3 虚线框内所示,图中测速机测出舵面偏转的角速度,反馈给放大器以增大舵回路的阻尼,改善舵回路的性能,位置传感器将舵面角位置信号反馈到舵回路的输入端,从而使控制信号与舵偏角一一对应。

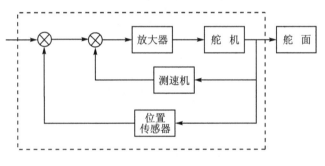

图 4-5-3　舵回路

2. 稳定回路

稳定回路是在舵回路的基础上加上敏感元件、放大计算装置组成自动驾驶仪,并与飞机组成的新回路,如图 4-5-4 所示。该回路的主要功能是稳定飞机的姿态,或者说稳定飞机的角运动。敏感元件用来测量飞机的姿态角。由于该回路包含了飞机,而飞机的动态特性随飞行条件变化很大,所以分析起来较为复杂,请参见飞行控制教材的有关内容。

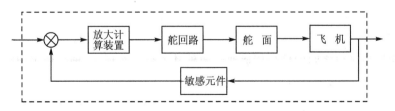

图 4-5-4　稳定回路

3. 控制回路

稳定回路加上测量飞机重心的元件以及表征飞机空间位置关系的环节(运动学环节),组成的更大的新回路(见图4-5-5)称为控制回路或制导回路。控制回路中由于有重心测量元件和运动学环节的存在,可以控制飞机的重心运动,实现比稳定回路更为广泛的自动驾驶功能,例如控制飞机的轨迹和速度、自动导航、实现飞行/火力综合控制、实现飞行/推进综合控制等。其中表征飞机空间位置的环节(运动学环节)可以通过多种机载或地面系统及设备建立。目前大多数飞机的重心运动是通过控制飞机的角运动来实现的,此控制回路中包含了被称为内回路的稳定回路和舵回路。

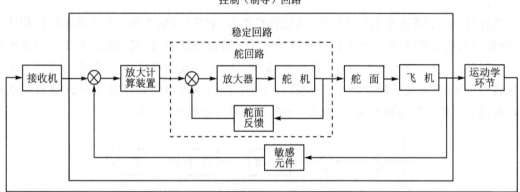

图 4 - 5 - 5　控制回路

4.5.3　飞行自动控制系统的组成

与其他自动控制系统一样,飞行自动控制系统也由被控对象(飞机)和自动控制器组成。自动控制器包括四个基本组成部分:

① 测量元件(敏感元件)。测量元件用于测量飞机运动参数,自动控制器中的测量元件主要是陀螺仪。速率陀螺测量角速度,垂直陀螺和航向陀螺测量俯仰角、坡度和航向角。

② 信号处理元件。信号处理元件把各种敏感元件的输出信号处理成符合控制规律的信号,作为信号处理元件的一般都是飞行自动控制系统计算机。

③ 放大元件。放大元件放大上述处理后的信号。

④ 执行机构。执行机构根据放大元件的输出信号带动舵面偏转,实现飞行操纵。

自动控制器与飞机之间的信号传递通过两种基本路线实现,一种是稳定回路,其主要功能是稳定飞机的姿态(角运动);另一种是控制回路,当稳定飞机轨迹或实现综合控制时采用这种回路,一般控制回路中由稳定回路充当内回路。本书第2章介绍的阻尼器和增稳系统(控制增稳系统)采用的是稳定回路,但是阻尼器和增稳系统的工作方式与飞行自动控制系统不同,其功能由电传操纵系统独立完成,而且从飞机起飞就开始工作,这时飞行员仍然直接操纵飞机,不符合自动飞行的定义。自动控制系统则是在飞机完成空中配平后,才能接入,此后飞行员只能通过操纵自动控制系统操纵板上的旋钮操纵飞机,所以本章内容不涉及阻尼器和增稳系统。

飞行自动控制系统的静、动态特性的数学表达式称为自动控制器的控制律,它反映了自动控制器的输出信号与输入信号之间的动态关系,不同飞机的自动控制器可以采用不同形式的控制律,自动控制器的控制律是依据飞行任务和飞行自动控制系统的性能要求设计的,控制律可以作为表征飞行自动控制系统性能的一个重要指标。

4.5.4　自动飞行的一般原理

现代飞机的自动飞行包括飞机角运动的稳定与控制、飞机运动轨迹的控制、飞行速度稳定、飞行/火力综合控制、飞行/推进综合控制等多种形式。这里仅介绍与某型舰载飞机有关的角运动的稳定与控制、飞机纵向轨迹的控制、飞行航迹的控制等几种典型自动飞行的一般原理,以及飞行/火力综合控制的基本概念。

1. 配平和回零

有人驾驶飞机的飞行自动控制系统不是一直处于接通状态,必须解决接入和断开问题,现代飞机的飞行自动控制系统用配平和回零的方法解决上述问题。

(1) 配　平

在接通自动控制系统之前,飞行员应先进行人工配平,即操纵平尾使纵向操纵力矩平衡,接着操纵调效机构使驾驶杆力为零,即所谓"卸荷",然后接通自动控制系统的回零机构,使自动控制系统的输出信号为零。这时才能接通自动控制系统,接通后保持飞行员建立的人工配平基准状态。所以,配平是进行自动飞行的前提。

(2) 回　零

回零系统可以保证在一定范围接通自动控制系统时,保持原有的飞行状态,不产生任何突然动作,保证飞行安全。因为飞机要保持一定状态飞行,敏感元件总有信号输出,此外自动控制系统的某些元件也会有零位输出,因此信号电路中就有不平衡信号,这些不平衡信号将通过舵机改变舵面,进而改变飞机的飞行状态。回零系统可以去掉这些不平衡信号,以保证自动驾驶飞行和人工驾驶飞行的平稳过渡。

2. 角运动状态的稳定和控制原理

角运动状态的稳定和控制也称为飞机的三轴姿态控制,稳定飞机的机体俯仰角 θ、坡度 γ 和方向角 ψ,角运动状态的稳定与控制是通过稳定回路实现的。稳定飞机的角运动是飞行自动控制系统的基本功能。下面简要介绍角运动状态的稳定原理。

(1) 俯仰角稳定

设飞机做水平直线飞行,接通飞行自动控制系统时的俯仰角为 $\theta_{始}$,飞机受扰动俯仰角变

化至 θ，测量元件垂直陀螺仪测得俯仰角变化量 $\Delta\theta=\theta-\theta_给$，并转换成电信号送给自动控制系统计算机（信号处理元件）。信号处理元件按照控制律将这个偏差信号转变成执行机构能接受的信号（一般为 Δn_y），经过放大元件进行信号放大，执行机构按此信号偏转平尾，进而改变飞机的俯仰状态。由于整个回路按负反馈原则连接，飞机趋于原来状态，消除俯仰角偏差 $\Delta\theta$，使飞机恢复原来的俯仰角 $\theta_给$。

（2）坡度稳定（协调转弯）

在一定的坡度范围（某型舰载飞机的坡度范围为 $\pm7°\leqslant\gamma\leqslant\pm80°$）内，飞行自动控制系统可以在水平面内自动保持飞机的坡度 γ。由于飞机倾斜，升力的水平分力充当向心力，必然使飞机转弯，如果在转弯过程中，飞机纵轴与速度向量不重合，将会产生侧滑。为保持高度不变、侧滑角 $\beta=0$，所以坡度稳定过程也是一个协调转弯过程。

飞机协调转弯时，各参数应满足下列条件：① 坡度等于常数；② 航向角速度等于常数；③ 升降速度等于零；④ 侧滑角等于零。对于一定的坡度和速度来说，只有一个转弯速度可以实现协调转弯。

为实现协调转弯，垂直陀螺测量坡度偏差 $\Delta\gamma$，输出给飞行自动控制系统，并通过稳定回路保持坡度不变；角速度传感器测量航向角速度信号，并根据控制律确定的航向角速度与坡度的对应关系求出角速度偏差信号，通过稳定回路保持航向角速度不变；为保持高度不变，由过载传感器测得法向过载信号 n_y，根据控制律确定的坡度 γ 与法向过载 n_y 的对应关系，求出法向过载偏差信号 Δn_y，并通过稳定回路保持高度不变。

（3）方向角稳定

在坡度不大的情况下（某型舰载飞机当坡度 $|\gamma|\leqslant7°$ 时），飞行自动控制系统可以实现方向角稳定。方向角稳定的基本原理是用航向陀螺测得方向角偏差信号 $\Delta\psi$，该信号按照控制律转换成符合执行机构需要的信号，通过执行机构保持方向角稳定。

3. 纵向轨迹的控制原理

纵向轨迹控制是指自动控制系统对飞机实施铅垂面内的飞行轨迹的控制，纵向轨迹控制包括飞行高度的稳定与控制、自动上升和下滑、波束导引下滑、自动拉平着陆和地形跟随飞行等。纵向轨迹控制必须通过控制回路（即制导回路）实现，也就是说，闭环回路中要有测量飞机重心运动的元件和表征飞机动力学特性的环节。这里只介绍高度稳定与控制和波束导引下滑两种自动飞行原理。

（1）高度稳定与控制

高度稳定与控制不能单纯由俯仰角的稳定与控制来完成，因为受纵向干扰时，存在着机体俯仰角和轨迹俯仰角的误差，不能用机体俯仰角保持高度；角稳定系统在垂直气流作用下还会产生高度漂移。

高度稳定系统必须有测量相对高度偏差的测量装置，即高度差传感器，如气压式高度表、无线电高度表和大气数据传感器，或者地面引导系统等，高度差传感器就是测量飞机重心运动的元件。高度稳定系统的构成如图 4-5-6 所示，高度差信号 ΔH 通过自动控制系统计算机，按照控制律转变成执行机构能接受的信号,执行机构偏转舵面,改变飞机的俯仰角,进而改变飞机的迎角,引起飞机的升力和轨迹变化,消除高度偏差,使飞机保持预定高度。

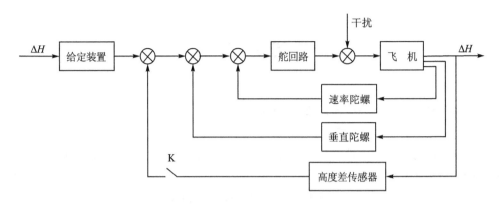

图 4 - 5 - 6　高度稳定系统的构成

(2) 波束导引下滑

波束导引下滑时,飞机上需要有无线电接收设备,地面有无线电信标台提供着陆基准。当飞机沿波束中心飞行时,无线电接收装置输出为零;当飞机偏离波束中心时,无线电接收装置产生不同极性和大小的偏差信号,偏差信号通过自动控制系统使执行机构工作,相应偏转平尾产生控制力矩,使飞机回到波束中心。飞机进入预定轨迹后,无线电接收机输出为零,飞机保持在预定轨迹上。

4. 航迹的稳定和控制原理

航迹的稳定与控制是指飞行自动控制系统对飞机实施水平面内的飞行轨迹控制,航迹自动控制和高度自动控制有许多相似之处。航迹偏差信号可以通过两种方式产生:一种是根据飞机上的惯导系统或 GPS 系统与大气数据系统提供的数据产生航迹偏差信号;另一种是根据地面引导系统或航向信标台以及机上无线电接收设备产生偏差信号。航迹偏差信号输送给自动控制系统计算机,计算机按照控制律转换成执行机构能接受的信号,执行机构再操纵舵面,改变飞机状态,进而消除航迹偏差。

航迹偏差一般通过飞机转弯的方式修正,主要通过方向和横侧两个通道的操纵实现,方法同协调转弯一致。

本章小结

直线飞行包括平飞、上升、下滑和直线下降侧滑,利用运动方程和平飞所需推力曲线对平飞、上升和下滑进行分析研究。飞机的平飞性能包括最大速度、有利速度、失速速度及其随飞行高度、飞行重量等因素的变化特性,决定了飞行的速度范围和高度范围。上升和下滑性能是飞机基本飞行性能的重要组成部分,包括上升率、上升角、下滑角和下降率及其随飞行速度和高度的变化特性。直线飞行的操纵原理是分析平飞、上升、下滑和直线下降侧滑以及平飞、上升和下滑互相之间转换的操纵方法和力学原理。

复习思考题

1. 名词解释:平飞、平飞所需速度、平飞阻力、平飞所需推力、有利速度、经济速度、上升、上升角、上升率、升限、下滑、下滑角、下降率和下滑距离。

2. 平飞作用力的平衡条件是什么? 通过平飞作用力的分析,可以看出作用力与飞机运动状态之间存在哪些基本关系?

3. 影响平飞速度大小的因素有哪些? 平飞速度和迎角是什么关系?

4. 画出平飞阻力曲线,说明平飞阻力随平飞速度和迎角的变化规律。结合平飞阻力公式说明原因。

5. 分析平飞阻力随高度的变化特点。

6. 平飞性能主要包括哪些内容? 说明各性能参数的含义和定义,从平飞推力曲线如何查找这些参数?

7. 平飞最大速度受哪些因素的影响和限制?

8. 平飞最小速度随高度是如何变化的?

9. 简要说明飞行包线是如何得到的?

10. 影响平飞性能的因素主要有哪些? 是如何影响的?

11. 说明平飞的两个范围是如何划分的? 分别说明在不同范围平飞时,改变平飞速度的操纵原理。

12. 某飞机质量为 5 000 kg,机翼面积为 20 m²,低空用 2°迎角平飞的升力系数为 0.1,空气密度 $\rho = 1.225$ kg/m³,求此时的平飞速度。

13. 某飞机机翼面积为 32 m²,在低空以 720 km/h 的速度平飞时,空气密度 $\rho = 1.225$ kg/m³,升力系数为 0.5,升阻比为 10,求此时发动机的推力。

14. 先升后降和先降后升的加、减速飞行各有什么特点?

15. 为什么可以通过平飞推力曲线来分析上升问题?

16. 飞行中怎样获得最大上升角和最大上升率? 简要分析道理。

17. 某飞机质量为 5 000 kg,若保持 10°迎角平飞,由该飞机极曲线可查出升力系数为 0.7,阻力系数为 0.05,问发动机应产生多大推力? 若在 3 000 m 高度上将油门收到最小位置,不计风的影响,其下滑距离是多少?

18. 已知飞机质量为 5 000 kg,机翼面积为 20 m²,升力系数曲线斜率为 0.07/(°),零升迎角为 1°,机翼安装角为 1°,飞机以 360 km/h 表速上升时,推力为 15 000 N,阻力系数为 0.04,求飞机上升时的仰角(空气密度 $\rho = 1.225$ kg/m³)。

19. 在理论升限,平飞阻力曲线与满油门可用推力曲线的关系是怎样的? 飞机只能做什么运动? 为什么?

20. 带油门和闭油门下滑的作用力平衡关系有何不同？

21. 从一定高度做闭油门下滑,如何获得最小下降率？保持什么速度能获得最小下滑角和最大下滑距离？为什么？

22. 简要分析下滑性能随高度如何变化？

23. 放起落架、襟翼和发动机停车对下滑性能有何影响？

24. 已知飞机质量为 49 000 kg,机翼面积为 121.7 m²,在某高度(空气密度 $\rho = 0.57$ kg/m³)上以速度 500 km/h 下滑,对应阻力系数为 0.051,螺旋桨拉力为 12 000 N,求飞机的下滑角。

25. 已知飞机质量为 22 000 kg,以 420 km/h 的速度下滑,升阻比为 8,拉力为 6 000 N,求下降率。

26. 简要分析水平和垂直稳定风对上升和下滑性能的影响。

27. 说明在上升中用油门改变上升状态的原理。

28. 说明在上升中用驾驶杆改变上升状态的原理。

29. 分析用油门改变下滑状态的原理。

30. 分析用驾驶杆改变下滑状态的原理。

31. 简述由平飞转入上升的操纵原理。

32. 简述由平飞转入下滑的操纵原理。

33. 什么是直线下降侧滑？它与下滑比较有什么特点？

34. 写出直线下降侧滑的作用力和力矩平衡关系,说明如何计算飞机的最大侧滑角及所需的相应坡度。

35. 分析直线下降侧滑各阶段的操纵原理。

36. 直线下降侧滑中,向侧滑方向压杆多了、蹬舵少了,飞机会怎样运动？为什么？如果压杆少了、蹬舵多了,飞机又会怎样运动？为什么？

第5章　机动飞行

　　飞机的机动性,是指飞机在一定时间内改变飞行速度、高度以及飞行方向的能力。飞行速度、高度和飞行方向改变得越快,飞机的机动性就越好。飞机的机动性一般可划分为速度机动性、高度机动性和方向机动性。按飞机的航迹的特点来划分,机动飞行还可分为:水平平面内的机动飞行、铅垂平面内的机动飞行和空间机动飞行。机动飞行是提高驾驶技术的重要手段之一,又是空战格斗的技术基础。飞行训练中的机动飞行动作有盘旋、俯冲、跃升、斤斗、横滚、急上升转弯、半滚、倒转、半斤斗翻转等基本特技动作,还有上升或下降横滚、水平或垂直8字、双半斤斗翻转、双半滚倒转和双上升转弯等高级特技动作。当然,任何复杂的机动动作也都是由一些基本的典型动作演变组合而成。本章着重分析一些典型的机动飞行动作,这些动作包含着机动飞行的普遍原理,理解和掌握这些动作的道理,有助于提高分析飞行实际问题的能力。飞机机动飞行就要产生过载,下面先来介绍载荷因数。

5.1　载荷因数

　　载荷因数是飞机机动飞行的重要标志参数,也是飞行员机动飞行的直观感受。

5.1.1　载荷因数的物理意义

　　除了飞机本身重力以外,作用于飞机上各外力的总和(R)称为飞机所承受的载荷。飞机承受的载荷与飞机重力(G)的比值称为飞机的载荷因数(n),又称过载,即

$$n = \frac{R}{G} \qquad (5-1-1)$$

　　为了便于分析载荷因数对飞机机动飞行的作用,有必要确定沿气流轴系各轴方向的载荷因数。

1. 法向载荷因数

　　法向载荷因数(n_y)是指飞机升力(Y)与飞机重量(G)的比值,即

$$n_y = \frac{Y}{G} \qquad (5-1-2)$$

其正负根据升力Y的正负而定。升力为正时,载荷因数n_y为正。在曲线飞行中,飞机运动方

向的改变,通常主要是升力作用的结果,因此在分析飞机曲线运动时,如不特别说明,所说的载荷因数都是指法向载荷因数。

将式(5-1-2)等号右边的分子、分母同除以飞机质量 m,则

$$n_y = \frac{a}{g} \qquad (5-1-3)$$

可见,n_y 的数值等于升力产生的加速度 a 与重力加速度 g 的比值。飞行员常用 g 表达过载的大小,例如 $3g$ 飞行,即 $n_y=3$ 的飞行。

2. 纵向载荷因数

纵向载荷因数(n_x)是指推力(P)与阻力(X)之差同飞机重量(G)的比值,即

$$n_x = \frac{P-X}{G} \qquad (5-1-4)$$

推力大于阻力时,$P-X>0$,纵向载荷因数 n_x 为正;推力小于阻力时,$P-X<0$,纵向载荷因数 n_x 为负。在平直飞行中,纵向载荷因数的绝对值越大,加速性能越好。

3. 侧向载荷因数

侧向载荷因数(n_z)是指飞机侧力(Z)与飞机重量(G)的比值,即

$$n_z = \frac{Z}{G} \qquad (5-1-5)$$

在左侧滑中,侧力为正,侧向载荷因数 n_z 为正;在右侧滑中,侧力为负,侧向载荷因数 n_z 为负。

5.1.2　机动飞行中飞行员对过载的感觉

机动飞行中,飞机过载的大小和方向不仅可以参考载荷表的指示,而且可以通过飞行员与座椅之间的压力变化感觉出来。例如,平飞($n_y=1$)中,座椅给飞行员的压力与人体重力平衡,飞行员感觉到的压力就是他的体重。当法向过载增大时($n_y>1$),飞行员身体与座椅间的压力增大,飞行员就感觉体重好像增加了,呈现了所谓"超重"现象。从俯冲改出时,过载增大,飞行员之所以有压向座椅的强烈感觉,就是这个道理。反之,从平飞推杆进入俯冲,过载减小,此时,人体与座椅之间的压力小于体重,飞行员感觉体重变轻,容易从座椅上腾起,这就是所谓"失重"现象。n_y 在 0 与 1 之间,称为部分失重;$n_y=0$ 时,称为完全失重。如果 $n_y<0$,飞机已不能通过座椅对人体施加压力,此时,飞行员身体"悬"在安全带上,有可能头顶座舱盖,双脚自动离开脚蹬。$n_y<-1$,将形成反方向的"超重"现象。

飞机加减速飞行时,飞行员要承受纵向过载。例如,飞机加速时,身体会紧压座椅背。飞机在侧力作用做曲线运动时,飞行员要承受侧向载荷,人体会往外(转弯的反方向)"甩"。由于人体对纵向与侧向载荷的承受能力较强,而且在一般飞行中不可能造成很大的 n_x 和 n_z,所以对人体的影响不大。

5.1.3　过载的限制

飞行中,允许使用的最大过载不仅受飞机结构强度的限制,而且受飞行员生理条件、抖动载荷因数和平尾效能的限制。

1. 飞机结构强度的限制

为了保证飞行安全,要求飞机具有足够的强度和刚度,但又不能为增加强度和刚度而过多地增加机体重量,所以,各种飞机都根据其执行的任务不同,规定了飞行中允许使用的最大过载。一般来说,歼、强击机受结构强度限制的最大过载要大一些,为 7～9;轰炸、运输机受结构强度限制最大过载要小一些,为 2.5～3.5。超过了结构强度上的最大过载限制,会引起承力构件的永久变形,因此不应使过载超过规定数值,以免飞机受力过大而损坏。

2. 飞行员生理的限制

飞行员生理限制是飞行员生理因素所决定的对过载的最大承受能力。在进行 $n_y > 1$ 的机动飞行时,飞行员体内的血液因惯性向下肢积聚,出现头晕、"黑视",甚至失去知觉。一般情况下,飞行员坐姿正确,在 5～10 s 的时间内可以承受的最大过载可以达到 8,在 20～30 s 内为4～5,穿抗荷服可以提高到 6 左右。飞机以负过载飞行,飞行员体内血液向头部积聚、头痛、眼球发痛、视觉模糊、"红视"。飞行员能够承受的负载荷只有 -2～-1。

歼击机飞行员在空战中往往需要做剧烈的飞行动作,人体要承受很大的过载。提高抗载荷能力的方法,除了穿抗荷服限制人体血液向下肢积聚以外,还可以改变身体的姿势,改变载荷对人体的作用方向,高载荷座舱就是按这一设想创制的。在短时间大过载情况下,屏住呼吸,紧缩肌肉(特别是腹部肌肉),也能够限制血液的剧烈流动,减少大过载对人体的影响。

3. 抖动载荷因数的限制

抖动载荷因数($n_{y抖}$)的表达式为

$$n_{y抖} = \frac{C_{y抖} \, \rho V^2 S}{2G} \tag{5-1-6}$$

飞机在中、低空以较小表速飞行,即使把飞机拉到抖动升力系数,产生的过载也比较小,不至于超过飞机结构强度或飞行员生理限制。所以在小速度范围,飞机的允许使用过载受抖动升力系数 $C_{y抖}$ 的限制,即受抖动载荷因数 $n_{y抖}$ 的限制。

4. 平尾(或升降舵)最大上偏角的限制

高空大 Ma 飞行时,由于飞机焦点后移,俯仰静稳定性增强,加上平尾效能降低,拉杆到底,飞机既未抖动,过载也未达到飞机强度或飞行员生理限制。这时最大允许使用过载受平尾(或升降舵)最大上偏角的限制。

综上所述,一般来说,歼、强击机的最大允许使用载荷因数是由飞行员的生理条件限制决定的；轰炸、运输机的最大允许使用载荷因数是由飞机结构强度限制决定的；而小表速飞行和高空大 Ma 飞行时，可以使用的载荷因数往往是受抖动迎角或平尾（或升降舵）最大上偏角的限制。

5.2 水平机动飞行

水平机动性能指飞机在水平面内改变速度和方向的能力，也就是飞机的加、减速性能和盘旋性能，分为速度机动性和方向机动性。飞机的方向机动性，反映飞机在空中改变方向的能力。最常用的水平面内的机动飞行就是转弯，飞机在水平面连续转弯不小于 360°的机动飞行称为盘旋。坡度小于 45°的盘旋称为小坡度盘旋，坡度大于 45°的盘旋称为大坡度盘旋。盘旋可分为定常盘旋和非定常盘旋。前者其运动参数如飞行速度、迎角、滚转角以及盘旋半径等都不随时间而变化，是一种匀速圆周运动；后者其运动参数中有一个或数个随时间而变化。盘旋时飞机可以带侧滑或不带侧滑。无侧滑的定常盘旋称为正常盘旋。正常盘旋常用来衡量飞机的方向机动性。盘旋一周所需的时间愈短，盘旋半径愈小，方向机动性就愈好。正常盘旋在各种盘旋中具有一定的代表性，下面将着重讨论正常盘旋。

5.2.1 盘旋的运动方程

为了获得必要的使飞机转弯的向心力，飞机做正常盘旋时必须向一侧压坡度。正常盘旋时飞机所受的力如图 5-2-1 所示。

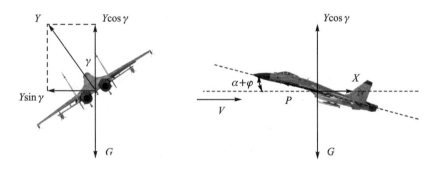

图 5-2-1 正常盘旋时作用在飞机上的力

按航迹轴系，飞机做正常盘旋的运动方程为

$$\begin{cases} P\cos(\alpha + \varphi) = X \\ Y\cos\gamma + P\sin(\alpha + \varphi)\cos\gamma = G \\ -mV\mathrm{d}\varphi/\mathrm{d}t = Y\sin\gamma + P\sin(\alpha + \varphi)\sin\gamma \end{cases} \quad (5-2-1)$$

由于 $(\alpha + \varphi)$ 较小，可以认为 $\cos(\alpha + \varphi) = 1$，$\sin(\alpha + \varphi) = 0$，惯性力 $-mV \cdot \mathrm{d}\varphi/\mathrm{d}t = mV^2/R$，$R$ 为正常盘旋半径。代入式（5-2-1），简化为

$$\begin{cases} P = X \\ Y\cos\gamma = G \\ mV^2/R = Y\sin\gamma \end{cases} \tag{5-2-2}$$

其中,第一式表示为了保持速度的大小不变,发动机可用推力应与飞机阻力相平衡;第二式表示为了保持飞行高度不变,升力在铅垂方向的分量 $Y\cos\gamma$ 应与飞机的重力 G 相平衡;第三式表示为了保持盘旋半径 R 不变,按动静法,向心力 $Y\sin\gamma$ 应与惯性离心力平衡。

5.2.2　盘旋性能

盘旋性能主要指的是盘旋半径和盘旋周期。盘旋半径越小,盘旋一周的时间越短,表示盘旋性能越好。

1. 盘旋半径 R 和盘旋时间 T

R 和 T 是表征正常盘旋的性能指标。由式(5-2-2)得

$$R = \frac{V^2}{g \cdot \tan\gamma} \tag{5-2-3}$$

$$n_y = \frac{Y}{G} = \frac{1}{\cos\gamma} \tag{5-2-4}$$

由式(5-2-4)可知,盘旋的载荷因数 n_y 只取决于坡度,与机型无关。因为

$$\sin\gamma = \sqrt{1-\cos^2\gamma} - \sqrt{1-\frac{1}{n_y^2}} = \frac{\sqrt{n_y^2-1}}{n_y}$$

将上式代入式(5-2-3),得到正常盘旋的半径与过载的关系式为

$$R = \frac{V^2}{g\sqrt{n_y^2-1}} \tag{5-2-5}$$

式(5-2-3)和式(5-2-5)表明:当盘旋过载或坡度一定时,速度越小,盘旋半径越小;当速度一定时,坡度越大,盘旋半径越小。对于任何飞机,只要保持盘旋速度和过载或坡度相同,盘旋半径也是相同的。

盘旋一周的时间等于盘旋一周的周长与飞行速度之比,所以

$$T = \frac{2\pi R}{V} = \frac{2\pi}{g}\frac{V}{\tan\gamma} = \frac{0.64V}{\tan\gamma} \tag{5-2-6}$$

或

$$T = \frac{2\pi V}{g\sqrt{n_y^2-1}} \tag{5-2-7}$$

式(5-2-6)和式(5-2-7)表明:当盘旋过载或坡度一定时,速度越小,盘旋时间越短;当盘旋速度一定时,坡度越大,盘旋时间也越短。对于任何飞机,只要保持盘旋速度和过载或坡度相同,盘旋时间也相同。

2. 极限盘旋性能

飞行员不仅要掌握根据速度、过载(或坡度)计算盘旋半径和时间的方法,而且要理解如何选择速度和过载(或坡度),取得最小盘旋半径和最短盘旋时间,以及盘旋受哪些条件的限制。

从决定盘旋半径和盘旋时间的因素中可以看出,要想得到小的盘旋半径和盘旋时间,应当减小飞行速度和增大坡度。但是速度的减小和坡度的增大都是有一定限制的,飞行员用受到限制的坡度所做的盘旋称为极限盘旋。

(1)盘旋推力曲线

用同一迎角做平飞和盘旋,盘旋由于所需升力大,所以所需速度大,阻力也大。在不考虑空气压缩性影响的条件下,同一迎角下的升力系数和阻力系数以及升阻比相同,故盘旋所需速度有以下关系:

由式(5-2-2)的第二式得 $Y_盘 = n_y \cdot G$,即

$$\frac{C_y S \rho V_盘^2}{2} = \frac{n_y C_y S \rho V_平^2}{2}$$

故

$$V_盘 = \sqrt{n_y} V_平 \qquad (5-2-8)$$

可见,用同一迎角,盘旋所需速度为平飞所需速度的 $\sqrt{n_y}$ 倍。而盘旋所需升力为平飞所需升力的 n_y 倍,盘旋阻力(即盘旋所需推力)也等于平飞阻力(即平飞所需推力)的 n_y 倍,即

$$X_盘 = n_y X_平 \qquad (5-2-9)$$

根据式(5-2-8)和式(5-2-9),可以绘出指定高度的盘旋所需推力曲线,如图5-2-2所示。在同一坡度的条件下,要减小盘旋速度,必须增大升力系数,而升力系数受飞机抖动升力系数($C_{y抖}$)或平尾最大偏角($C_{ymax\varphi}$)的限制。把各个坡度(图中0°、60°、71°)下对应于$C_{y抖}$(也可以是$C_{ymax\varphi}$)的点标在盘旋所需推力曲线上,并连接起来成为图5-2-2中的 AB 曲线。同时在图5-2-2上绘出最大油门(或加力)的可用推力曲线(图中 $BCDE$),即构成盘旋推力曲线。

(2)盘旋所受各种限制

当盘旋速度一定时,要增大坡度,会受到 $C_{y抖}$(或 $C_{ymax\varphi}$)、可用推力或过载(飞机结构强度或飞行员生理条件)的限制。如图5-2-2所示,AB 为受抖动升力系数(或平尾最大偏角)的限制线;BC 和 DE 为受可用推力的限制线;CD 为受过载的限制线。

对于歼击、强击机来说,在正常装载下,最大过载或最大坡度通常受飞行员生理条件的限制,特别是在推重比大而又在中、低空飞行的时候。但在外挂副油箱、导弹的情况下,最大允许过载一般受机体强度的限制。在高空,发动机推力明显减小,最大过载或最大坡度一概受可用推力的限制。对于轰炸、运输机来说,最大允许过载受结构强度使用极限的限制,其使用极限一般为2.5～3.5。

(3)极限盘旋性能曲线

从以上分析可以看出,飞机可以在如图5-2-2中 $ABCDE$ 边界线与平飞阻力曲线之间

的范围内进行稳定转弯或盘旋,其中每一点都对应一个稳定盘旋状态。但是在某一既定速度下,最小盘旋半径、最短盘旋时间所对应的飞行状态,必定在 $ABCDE$ 边界线上。因为只有在边界线上,才可以取得既定速度下的最大过载,盘旋半径才可能最小,盘旋时间才可能最短。极限盘旋的半径、时间、坡度随盘旋速度变化的曲线称为极限盘旋性能曲线,如图 5-2-3 所示(图中未绘出飞行员生理限制的边界线)。下面着重分析极限盘旋半径随飞行速度的关系曲线。

该曲线是根据图 5-2-2 所示的盘旋推力曲线的具体数值,通过盘旋半径计算公式求出不同速度时做极限盘旋的半径后所描出的,其计算结果如表 5-2-1 所列。

从曲线或计算数据都可看出,随着速度的增大,极限盘旋半径是先减小后增大。这是因为极限盘旋先是受抖动迎角,而后又受可用推力限制的缘故。

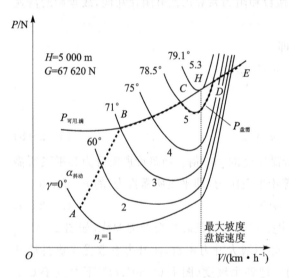

图 5-2-2　喷气式歼击机的盘旋推力曲线

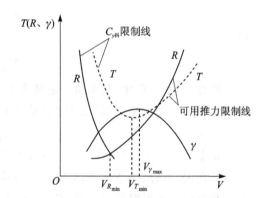

图 5-2-3　极限盘旋性能曲线

表 5-2-1　不同速度时做极限盘旋的坡度和半径

$V/(\mathrm{km \cdot h^{-1}})$	400	500	600	700	800	900	1 000	1 100	1 200
$\gamma/(°)$	40.0	63.0	71.0	74.0	76.0	78.0	79.0	79.0	72.5
R/m	1 400	1 010	980	1 110	1 270	1 360	1 550	1 880	3 570

抖动升力系数限制线是在小速度范围,飞行员把飞机拉到抖动迎角进行极限盘旋时,盘旋半径与盘旋速度的关系曲线。随着速度增大,同样以 $C_{y抖}$ 盘旋,升力增大,所以可以用更大的坡度。此时,盘旋半径怎样变化呢?

已知

$$R = \frac{V^2}{g \cdot \tan\gamma} = \frac{V^2 \cos\gamma}{g \cdot \sin\gamma} \tag{5-2-10}$$

为保持盘旋高度不变,升力的垂直分力应等于飞机的重力,即

$$\frac{C_{y抖} \rho V^2 S \cos\gamma}{2} = G$$

移项得

$$V^2 \cos \gamma = \frac{2G}{C_{y抖} \rho S}$$

将 $V^2 \cos \gamma$ 的值代入盘旋半径公式中,得

$$R = \frac{2G}{C_{y抖} \rho S g} \cdot \frac{1}{\sin \gamma} \qquad (5-2-11)$$

从式(5-2-10)可以看出,在抖动升力系数限制边界线上,$C_{y抖}$ 一定,同一高度上,盘旋半径与 $\sin \gamma$ 成反比,即在抖动升力系数所限制的速度范围内,增大坡度,盘旋半径减小。在小坡度范围,坡度增加,由于 $\sin \gamma$ 增长较快,所以盘旋半径减小较快;在大坡度范围,坡度增加,$\sin \gamma$ 增长较慢,所以盘旋半径减小不多。

可用推力限制边界线是在大速度范围,飞行员拉杆增大迎角,使可用推力等于盘旋阻力,做极限盘旋时盘旋半径与速度的关系曲线。从图 5-2-3 可以看出,随着速度的增大,盘旋半径将增大,只是先缓慢增大,后迅速增大。这是因为在如图 5-2-2 所示的 B 速度范围,增大速度,坡度也增大,速度和坡度两者对盘旋半径的影响是相反的,所以盘旋半径增加较慢。在 E 速度范围,由于速度增大,坡度减小,都使盘旋半径增大,所以盘旋半径很快增加。

从飞机的极限盘旋性能图上,可以找出最大坡度(γ_{max})、最短盘旋时间(T_{min})和最小盘旋半径(R_{min})所对应的速度 $V_{\gamma_{max}}$、$V_{T_{min}}$ 和 $V_{R_{min}}$。其中 $V_{\gamma_{max}}$ 最大,$V_{T_{min}}$ 次之,$V_{R_{min}}$ 最小。

抖动升力系数限制线与可用推力限制线的交点所对应的半径数值,就是飞机所在高度上的最小盘旋半径值。交点所对应的速度,就是飞机所在高度上的最小盘旋半径速度($V_{R_{min}}$)。

如图 5-2-4 所示,如果只有极限盘旋半径与速度的关系曲线,可从坐标原点向由推力限制的边界线做切线 OA,切点 B 所对应的速度即为最短盘旋时间所对应的速度,也就是最大转弯角速度(ω_{max})所对应的速度($V_{\omega_{max}}$)。这是因为

$$\tan C = \frac{R}{V} = \frac{1}{\omega} \qquad (5-2-12)$$

向 $R-V$ 曲线做切线,说明 C 最小,即 $\tan C$ 最小,从式(5-2-12)可以看出,其相应的盘旋时间最短,或者说转弯角速度 ω 最大。

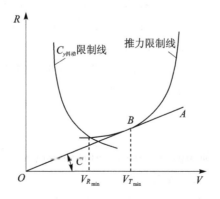

图 5-2-4　盘旋半径随盘旋速度的变化曲线

3．影响盘旋性能的因素

盘旋性能的好坏，主要取决于可用推力和抖动升力系数对盘旋的限制，凡是能引起可用推力和抖动升力系数变化的因素，也就是影响盘旋性能的因素。

（1）高度对盘旋性能的影响

随着高度的增加，可用推力迅速降低，盘旋坡度因受可用推力的限制而不断减小。同时，高度越高，空气密度越小，用相同迎角做盘旋的所需速度增大，而且由于高空温度低、声速小，Ma 变大，抖动升力系数降低，使受到抖动迎角限制的盘旋坡度也减小。总之，高度增高将使可用推力和抖动升力系数都减小，用各个速度做极限盘旋的坡度都要减小，半径和时间均增大。因此，最小半径和最短时间也都增大，飞机的盘旋性能大为降低。

（2）大气温度对盘旋性能的影响

温度低于标准大气温度时，盘旋的最小半径和最短时间都减小，飞机的盘旋性能变好；反之，温度高于标准大气温度时，飞机的盘旋性能变差。因为当温度降低时，涡轮喷气发动机的可用推力的增大将超过飞机阻力的增大，故盘旋速度稍有增加。由于气温降低时，空气密度和盘旋速度都增大，使飞机的载荷因数增大较多，盘旋坡度也增加较多，于是盘旋的最小半径随之减小。由于盘旋半径减小，而盘旋速度又稍有增大，故盘旋最短时间也随之缩短。反之，气温升高时，盘旋的最小半径和最短时间都增大。

气温变化对盘旋性能的影响，在高空和实用升限附近要比在低空时大得多。因为气温对盘旋最小半径和最短时间影响的大小与飞机原来坡度（在标准气温时做极限盘旋的坡度）的大小有密切关系。在高空和实用升限附近盘旋时，因原来的坡度小，故气温降低引起的坡度增大较多，向心力提高得多，半径和时间减小也就多，使盘旋性能得到明显的提高。但在中、低空盘旋的情况则相反，由于原来的坡度大，气温降低引起的坡度增大较少，所以盘旋性能提高也少。

（3）重量变化对盘旋性能的影响

飞机重量减轻时，同一升力的载荷因数增大，飞机的坡度也增大，盘旋半径和时间都减小，这时盘旋的最小半径和最短时间也都随之减小。喷气式飞机装载的燃料量很大，燃料消耗所减轻的重量也多，这将使盘旋性能显著提高。重量对盘旋性能的影响也是通过坡度的改变而起作用的。所以与气温变化对盘旋性能的影响一样，如果重量变化引起的载荷因数变化相同，则在高空或实用升限附近，原来坡度较小时，由重量改变引起的坡度变化要比在低空大坡度时的大得多，所以其对盘旋性能的影响也要大得多。

4．不稳定盘旋

空战中，稳定盘旋是广泛使用的机动动作。但是因为进入前的速度往往比对应于最小半径或最短时间的速度大得多。如果立即以大速度进入稳定盘旋，由于这时剩余推力小，不可能取得最小的盘旋半径或最短的盘旋时间。如果等减速到相应速度再进入稳定盘旋，那么减速要消耗相当长的时间。最好的方法是做水平减速盘旋，从大速度开始，以小速度结束，如图 5-2-5 所示。

减速盘旋可以最后减速到最小半径为止的盘旋,也可以最后减速到最短时间为止的盘旋。例如飞机开始以速度 V_A 平飞,要做减速到最小半径的盘旋,应当首先加满油门,其推力如图 5-2-5 中 $D'D$ 线,同时压坡度拉杆,以大速度进入极限坡度($A \rightarrow B$)。这时阻力大于可用推力,速度不断减小,为了保持坡度(过载)和高度不变,应不断拉杆增大迎角。等速度减小到接近抖动速度($B \rightarrow C'$),最大过载就受到抖动升力系数的限制,于是保持以接近抖动升力系数继续减速,随着速度的减小,要相应地减小坡度,保持高度不变($C' \rightarrow D'$)。当速度减小到某一数值而不再减小时,这就是最小半径盘旋速度,以后就以这个坡度和速度做稳定盘旋。飞机从大速度开始做减速盘旋直到以最小半径做稳定盘旋,全过程可分为等坡度(过载)、保持 $C_{y抖}$ 和最小半径三个阶段。有关参数的变化如图 5-2-6 所示。

如果最后要减速到最短时间盘旋,则先保持等坡度(过载)盘旋,减速到接近最短时间盘旋速度(图 5-2-5 中 C 点),再开始减小迎角和坡度,待速度减到最短时间盘旋速度(此时阻力恰好等于推力),并保持这一速度做稳定盘旋。

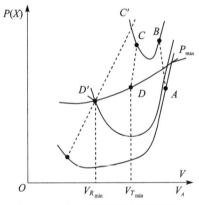

图 5-2-5　减速转弯过程速度、
坡度和所需推力的变化

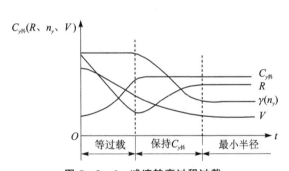

图 5-2-6　减速转弯过程过载、
升力系数、速度和半径随时间的变化

5. 快转速度和角点速度

稳定盘旋对应的角速度称为稳定转弯角速度,不稳定盘旋对应的角速度称为瞬时转弯角速度。从图 5-2-7 中,可以看出稳定盘旋区和不稳定盘旋区。在稳定盘旋区内每一个坐标点代表一个盘旋状态(不同速度、不同半径),这些盘旋状态都是在可用推力、抖动迎角和最大过载的限制范围内,边界线则是极限盘旋线。在不稳定盘旋区内每一个坐标点代表一个不稳定盘旋状态,这时可用推力小于盘旋阻力,盘旋中飞行速度不断减小。图中 F 点对应于该高度的最大瞬时转弯角速度,其对应的速度称为角点速度(或角点 Ma)。G 点对应于该高度的最大稳定转弯角速度,其对应的速度为盘旋时间最短的速度,成为快转速度。

现代歼击机携带的某些格斗导弹,其发射条件是载机机头与目标之间夹角小于导弹最大允许离轴发射角即可。因此,在空战过程中,只要载机有很大的瞬时盘旋角速度,在较短的时间内把载机与目标之间的角度减小到一定程度,同时导弹导引头已跟踪目标又在有效射程之内,导弹即可发射。至于这时飞机由于阻力大于推力,盘旋速度有所下降,对发射导弹没有影响。因此,在空中格斗中最大瞬时盘旋角速度也是最重要的机动性能参数之一。

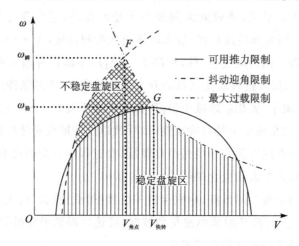

图 5-2-7　转弯速度与飞行速度的关系曲线

5.2.3　盘旋的动态分析

盘旋的动态包括盘旋的速度、高度、半径、载荷因数、旋转角速度等问题。其中,盘旋的速度、高度、半径已做了介绍,下面着重分析盘旋的载荷因数和角速度特点。

1. 盘旋的载荷因数

由图 5-2-8可知,飞机盘旋重力 G 一定,稳定盘旋的坡度越大,升力倾斜越多,为了使升力第一分力平衡飞机的重力,需要的升力越大。因而,盘旋的载荷因数随坡度的增大而增大。盘旋坡度与过载的关系为

$$n_y = \frac{1}{\cos \gamma}$$

可知:盘旋的载荷因数只取决于坡度,与机型无关。给出不同的坡度,利用上式可算出对应的载荷因数,如表 5-2-2所列。

表 5-2-2　盘旋中载荷因数与坡度的关系

坡度/(°)	0	15	30	45	60	70	75	80
载荷因数	1.00	1.04	1.16	1.41	2.00	2.92	3.84	5.75

根据表中数据可做出盘旋载荷因数随坡度的变化关系曲线,如图 5-2-9所示。

由图 5-2-9可以看出,如上所述,盘旋的载荷因数确实随坡度的增大而增大。但是,在不同坡度范围内,载荷因数增大的幅度并不相同。其中,在较小的坡度下,需要增大的载荷因数很小;而在较大坡度下,需要增加的载荷因数却很大。坡度越大,这种变化规律越明显。

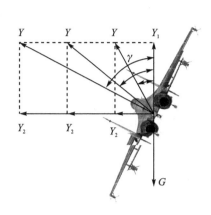

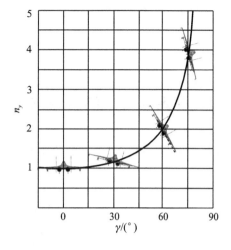

图 5-2-8 以不同坡度盘旋所需的升力　图 5-2-9 盘旋的载荷因数随坡度的变化关系曲线

2. 盘旋中的角速度

在盘旋中，飞行速度方向每秒钟转过的角度称为轨迹角速度。飞机盘旋一周，同时绕通过重心的铅垂线旋转了 $360°$，相应的角速度称为转动角速度。显然，盘旋中这两个角速度是相等的。

如图 5-2-10 所示，盘旋中，飞机转动角速度向量 ($\vec{\omega}$) 可按机体轴分解成滚转角速度 (ω_{x1})、偏转角速度 (ω_{y1}) 和俯仰角速度 (ω_{z1})。之所以存在 ω_{x1}，是因为盘旋中有仰角 (ϑ) 的缘故。其数值可表示为

$$\omega_{x1} = \omega \sin \vartheta$$

ω_{x1} 的作用是使飞机向着减小坡度的方向滚转。因为盘旋中飞机的仰角很小，故 ω_{x1} 的作用可忽略不计。因此，按机体轴系分解出偏转角速度及俯仰角速度，可近似地认为与按气流

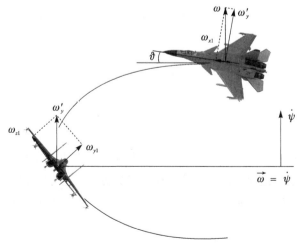

图 5-2-10 盘旋中角速度分量

轴系分解的相等,略去注角 1,表示为

$$\begin{cases} \omega_y = \omega \cos \gamma \\ \omega_z = \omega \sin \gamma \end{cases} \qquad (5-2-13)$$

5.2.4　稳定盘旋中的力矩关系

盘旋稳定阶段绕机体各轴的角速度不变,故从飞机运动方程式可知,有

$$\begin{cases} (I_z - I_y)\omega_y\omega_z = \sum M_x \\ (I_x - I_z)\omega_z\omega_x = \sum M_y \\ (I_y - I_x)\omega_y\omega_x = \sum M_z \end{cases}$$

式中,所有表示机体轴系的注脚 1 皆省略了。等式的左边表示绕各轴的惯性力矩,右边是各轴上气动力矩之和。盘旋中气动力矩主要是操纵力矩、稳定力矩、阻尼力矩及交叉力矩,因此上式可写成

$$\begin{cases} -(I_z - I_y)\omega_y\omega_z + M_x^{\delta_x}\delta_x + M_x^{\delta_y}\delta_y + M_x^{\beta}\beta + M_x^{\omega_x}\omega_x + M_x^{\omega_y}\omega_y = 0 \\ -(I_x - I_z)\omega_z\omega_x + M_y^{\delta_y}\delta_y + M_y^{\delta_x}\delta_x + M_y^{\beta}\beta + M_y^{\omega_y}\omega_y + M_y^{\omega_x}\omega_x = 0 \\ -(I_y - I_x)\omega_y\omega_x + M_z^{\delta_z}\delta_z + M_z^{\alpha}\alpha + M_z^{\omega_z}\omega_z = 0 \end{cases}$$

在无侧滑的稳定盘旋中,$\beta = 0$;由于 $\omega_x \approx 0$,可省略第二、三式中惯性力矩项;由于偏转操纵面引起的交叉力矩及 ω_x 引起的交叉力矩皆较小,略去。可得以下简化方程:

$$\begin{cases} M_x^{\delta_x}\delta_x + M_x^{\omega_x}\omega_x + M_x^{\omega_y}\omega_y - (I_z - I_y)\omega_y\omega_z = 0 \\ M_y^{\delta_y}\delta_y + M_y^{\omega_y}\omega_y = 0 \\ M_z^{\delta_z}\delta_z + M_z^{\alpha}\alpha + M_z^{\omega_z}\omega_z = 0 \end{cases} \qquad (5-2-14)$$

由式(5-2-14)可得

$$\delta_x = -\frac{M_x^{\omega_x}\omega_x + M_x^{\omega_y}\omega_y - (I_Z - I_y)\omega_y\omega_z}{M_x^{\delta_x}} \qquad (5-2-15)$$

$$\delta_y = -\frac{M_y^{\omega_y}\omega_y}{M_y^{\delta_y}} \qquad (5-2-16)$$

$$\delta_z = -\frac{M_Z^{\alpha}\alpha + M_z^{\omega_z}\omega_z}{M_z^{\delta_z}} \qquad (5-2-17)$$

从这些等式可以看出,为了保持稳定盘旋,飞行员应向后拉杆,克服俯仰稳定力矩和阻尼力矩,维持所需要的迎角和上仰角速度;同时应向盘旋方向蹬些舵,克服偏转阻尼力矩,维持一定的偏转角速度。至于滚转方面的各个力矩,即式(5-2-15)所表达的关系以及保持坡度问题留在后面再说。

5.2.5　盘旋的操纵原理

盘旋可分进入、稳定和改出三个阶段,下面以大坡度盘旋为例,分析各阶段的操纵原理。

1. 进入阶段的操纵原理

盘旋进入阶段要求飞机在坡度逐渐增加的过程中,保持等高等速、逐渐形成预定的旋转角速度,使飞机达到稳定的盘旋状态。进入阶段如果操纵不好,飞机不是高度变了,就是速度变了,这就会引起盘旋稳定阶段操纵上的困难。飞行实践表明,大坡度盘旋是训练中难度较大的动作,要做好大坡度盘旋,关键在于做好进入阶段的动作。

大坡度盘旋进入阶段的主要操纵动作是:将速度调整到规定数值,而后手脚一致地向进入方向压杆、蹬舵。坡度超过一定数值后,先慢后快地拉杆,并相应地加满油门,达到预定坡度前,回杆的同时适当回舵,并反杆保持坡度不变。

各操纵动作的原理是:

向盘旋方向压杆是为了利用横侧操纵力矩使飞机滚转,形成盘旋所需要的坡度,逐渐增大升力第二分力,使飞机进入稳定盘旋。蹬舵是为了利用方向操纵力矩,产生偏转角加速度,使机头跟着运动轨迹一块加速偏转。在飞机原来没有侧滑的条件下,在立轴上的轨迹角速度分量与偏转角速度同时相应增大,就可以保证飞机不出现侧滑。

随着坡度增大,升力第一分力减小,不能平衡飞机重力,需要拉杆增加迎角,增大升力,保持升力第一分力不变。但是在 50° 坡度以内增加坡度,需要增加的升力和载荷因数很少(见图 5-2-9),而且进入盘旋的时间很短(通常在 2 s 以内),所以,在较小的坡度下,飞行员不拉杆,飞机下降的高度也非常少,完全可以忽略不计,故在实际飞行中,为了简化操纵动作,都是在坡度超过一定数值后才向后拉杆。如某型初教机是在坡度超过 45° 后才向后拉杆。

从俯仰力矩看,拉杆产生的附加操纵力矩不仅要克服因迎角增大而产生的附加稳定力矩和因飞机上仰转动产生的阻尼力矩,还要使飞机加速上仰转动。特别是在大坡度情况下,为了使上仰角速度迅速增大(见图 5-2-11),拉杆行程和拉杆力都需要迅速增大。

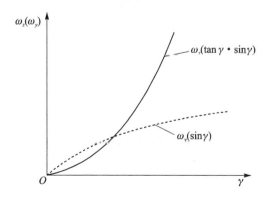

图 5-2-11　盘旋进入阶段 ω_y 和 ω_z 的变化

在拉杆增大迎角的同时,相应地加(满)油门,因为随着迎角的增大,阻力也增大,需要增大发动机推力,使 $P=X$,保持速度大小不变。

飞机达到预定坡度之前,提前回杆是为了使滚转角速度在横侧阻尼力矩的作用下逐渐消失,在坡度到达规定坡度时停止滚转。在盘旋中,一方面由于存在 ω_y,所产生的交叉力矩($M_x^{\omega_y}\omega_y$)力图增大坡度;另一方面,由于飞机同时具有 ω_y 和 ω_z,其合角速度 ω 使飞机产生一绕机体纵轴的惯性力矩力图减小坡度。那么,盘旋中飞机的坡度究竟是增大还是减小,要视上述两力矩的大小而定。

在回杆的同时,相应地回一点舵。是因为进入盘旋时,为了产生偏转角加速度,需要多蹬些舵使方向操纵力矩大于方向阻尼力矩。达到规定坡度时,不再需要加速偏转,只需要保持已经形成的偏转角速度不变,所以需要回一点舵。但是不能将舵回到中立位置,否则偏转角速度会在方向阻尼力矩作用下逐渐减小而小于轨迹角速度在立轴上的分量,使飞机产生内侧滑(飞机向做曲线运动的方向侧滑称为内侧滑)。

2. 盘旋稳定阶段的操纵原理

如果进入盘旋稳定阶段,飞机的坡度、迎角增加适当,油门使用也合乎要求,飞机就有条件保持稳定旋转。但是操纵动作不可能在任何时候都做得绝对准确,因此飞行员要及时发现和修正各种偏差,以保持好预定的飞行状态。

(1) 盘旋中防止飞机侧滑

盘旋中坡度正常时,防止侧滑的关键在于正确地蹬舵。稳定盘旋中绕立轴有一定的阻尼力矩,为了维持一定的偏转角速度,应该向盘旋方向保持一定的蹬舵量。在进入阶段,蹬舵量稍大,以便产生绕立轴的角加速度和消除侧滑。稳定旋转阶段则应回点舵,保持适当舵量以求方向操纵力矩和方向阻转力矩平衡。飞行中,通常根据侧滑仪小球来保持飞机在盘旋中不带侧滑。

如果出现侧滑,在坡度适当时,应当用舵修正。小球偏向内侧,说明出现了内侧滑,是方向操纵力矩不足造成的,应增加向盘旋方向的蹬舵量。反之,小球偏向外侧,应减小蹬舵量。

在大坡度盘旋中,由于坡度很大,蹬舵使飞机绕立轴偏转时,相对地面来说,会改变俯仰角。因此,有人说,在大坡度盘旋中杆舵的作用会互换,即蹬舵引起机头在天地线上下移动,拉杆造成机头沿天地线上旋转。这种说法,对地面的关系而言是对的,但是不要把它牵连到与相对气流的关系中去。对气流轴而言,蹬舵仍然是造成绕立轴的偏转,拉杆还是形成绕横轴的俯仰转动。

由于杆舵互换的说法,有人以为坡度超过 45° 以后,坡度越大,所需舵量应该越小。这是不对的。式(5-2-16)和图5-2-11的虚线告诉我们,坡度增大,偏转角速度 ω_y 是按正弦规律增大的,因此,大坡度盘旋的所需舵量比小坡度盘旋依然是大的。

当然,上述所需舵量与坡度的关系是在速度一定条件下相比的。同一坡度,速度不同,盘旋稳定阶段所需舵量是不同的。通常,同一坡度,速度越小,所需舵量相应越大。起落航线飞行的转弯中,坡度比大坡度盘旋中小,但所需舵量仍较大,就是因为速度较小的缘故。

（2）保持好高度和速度

如图 5-2-12 所示,保持盘旋高度不变,就是要保持 $Y_1 = Y\cos\gamma$ 与 G 平衡,即盘旋高度取决于坡度和升力两方面。因此,应在保持正确坡度的情况下,适当地带住杆,保持需要的迎角和升力;而且在操纵过程中,要做到杆舵协调,不使飞机产生侧滑。

在盘旋中保持好坡度是保持高度的重要条件。坡度大,则升力第一分力减小,引起飞机掉高度。反之,坡度小则增加高度。对于大坡度盘旋来说,坡度的变化更容易引起高度的明显变化。因为坡度越大,在升力不变的条件下,改变同样坡度,升力的垂直分力 Y_1 变化大,更容易引起高度的变化,即

$$Y_1 = Y\cos\gamma$$

所以

$$\mathrm{d}Y_1 = Y\sin\gamma \cdot \mathrm{d}\gamma$$

或

$$\Delta Y_1 = Y\sin\gamma \cdot \Delta\gamma$$

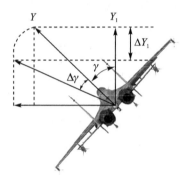 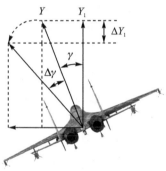

图 5-2-12　γ 对 ΔY 的影响

图 5-2-12 表示盘旋中坡度变化对升力垂直分力的影响。故在大坡度盘旋中特别要注意保持好预定的坡度,及时注意飞行状态的变化,准确修正微小的偏差,才能保持好盘旋高度。

除了保持好坡度外,适当带杆也是很重要的。带杆多,迎角大,因升力增大,升力的垂直分力增大,所以高度增加;反之,如带杆少,会使飞机降低高度。

在大坡度盘旋中如果高度发生变化,机头会相对天地线出现过高过低的现象,这时应首先采用改变坡度的办法来修正,而不宜采用拉杆或推杆的方法。例如,机头偏低时,应先杆舵一致地操纵飞机减小坡度,使升力垂直分力大于重力,让飞机盘旋中的下滑角逐渐减小,等机头将要回到正常位置时,再形成正常坡度,保持正常拉杆量进行正确的盘旋。如果用推拉杆的方法来修正机头在天地线上的高低,会同时破坏预定的载荷因数和角速度,造成顾此失彼,不易达到修正后保持稳定盘旋的目的。

在盘旋中,如果要保持速度不变,应该正确地使用油门和保持好盘旋的高度。如果高度和坡度正常而速度增大,应适当收油门;反之,速度小,应适当加油门。

在大坡度盘旋中,如果速度偏大,可稍压杆使坡度增大到大于正常的坡度,并增加拉杆量来修正,使阻力大于推力,飞机减速,达到正常速度后,再用正常坡度和拉杆量保持正确的稳定盘旋。同理,速度偏小则用相反的操纵进行修正。

为什么采用这种方法修正速度偏差？这是因为通常的大坡度盘旋是处于最大推力状态，即处于极限盘旋状态下，迎角通常大于有利迎角。假设盘旋中载荷因数为 4，飞机处于图 5-2-13 中 A 点，即在第二范围内。根据飞行轨迹稳定性的概念，在 A 点飞机不具备飞行轨迹稳定性。这时如不动油门，只动升降舵来保持飞行轨迹（即保持盘旋中的高度）是不能保证闭环稳定的，当速度发生变化时，就容易发散。这就是飞行中常说的"大坡度盘旋中速度大了不易小下来，速度小了不易增上去"的缘故。大坡度盘旋中油门已到最大，不可能再增大，也不允许收小，所以在保持盘旋高度不变的条件下，修正速度必须通过改变坡度和改变载荷因数来实现。例如，当速度偏大时（图中 B 点），出现剩余推力，速度会继续增大，按上述方法修正，即在图上就是从 B 点变到 C 点，随着阻力增大到大于推力，才能使速度减小到 D 点，然后再恢复到 A 点的正确盘旋状态。

（3）保持好预定坡度

由前述可知，盘旋中保持好预定坡度是保持好高度和速度的前提，盘旋中的坡度保持主要受式（5-2-15）中几个力矩的影响。在一般情况下，偏转所引起的滚转力矩（$M_x^{\omega_y}\omega_y$）是比较大的，它力图增大坡度；横侧惯性力矩 $(I_y-I_z)\omega_y\omega_z$ 是比较小的，它力图减小坡度；而阻尼力矩（$M_x^{\omega_x}\omega_x$）也比较小，它力图减小飞机向盘旋反方向的滚转角速度（ω_x）（这些角速度分量都是对机体轴的）。因此，多数飞机盘旋中应适量压些反杆，以维持少量的向盘旋反方向的滚转角速度和保持预定的坡度。但是，有些多发飞机机翼装载多，其绕立轴的转动惯量（I_y）比绕横轴的转动惯量（I_z）大得多，因而减小坡度的横侧惯性力矩会大于使坡度增大的力矩，所以飞行员要压些顺杆才能保持好盘旋的预定坡度。

应当指出式（5-2-15）是在无侧滑的情况下得出的，而在盘旋中，如果带侧滑，则坡度也会发生变化。总之，盘旋中杆、舵、油门三者正确配合，保持好高度和速度，并使飞机不带侧滑，即可保持好稳定盘旋状态。

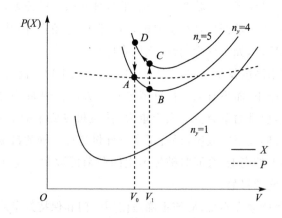

图 5-2-13　大坡度盘旋中修正速度

3. 改出阶段的操纵原理

改出盘旋的基本操纵动作是：提前一定方向角，手脚一致地向盘旋反方向压杆、蹬舵，随着坡度减小,向前顶杆,并收小油门,飞机接近水平状态时,将杆舵回到中立位置。

各操纵动作的原理是:

从盘旋改为平飞,坡度和角速度有一个减小的过程。在改出过程中,飞机还要继续偏过一个角度,为了按预定方向改出盘旋,需要提前一定方向角做改出动作。

向盘旋反方向压杆的目的是减小坡度,逐渐减小升力第二分力,消除盘旋的向心力。与此同时,向盘旋反方向蹬舵是为了减慢偏转角速度,使其与轨迹角速度在立轴上的分量同时相应减小,避免飞机出现外侧滑。

随着坡度的减小,升力第一分力增大,力图使飞机上升高度。向前顶杆的作用是减小迎角,减小升力,使升力第一分力同重力平衡,保持高度不变。随着迎角减小,阻力也减小,为了保持速度大小不变,需收小油门,使推力与阻力平衡。

5.2.6　平飞加、减速性能

平飞加、减速性能反映的是飞机改变速度大小的能力,又称速度机动性能。一般用从一平飞速度加速(或减速)到另一个平飞速度所需的时间来衡量飞机平飞加、减速性能的优劣。对于亚声速飞机,通常采用由 $0.7V_{max}$ 加速到 $0.97V_{max}$ 的时间作为加速性指标,由 $0.97V_{max}$ 减速到 $0.7V_{max}$ 的时间作为减速性指标。

1. 平飞加速性能

飞机加速性能的好坏可以通过其加速度的大小来衡量。飞机的加速度是指单位时间内飞行速度增加的多少。加速度越大,表明单位时间内增加的速度越多,或增加同样多速度所需的时间越短,即飞机的加速性能越好。反之,加速度越小,飞机的加速性能越差。

平飞中,只要具有剩余推力,飞机就会产生加速度。飞机加速度的大小与剩余推力成正比,与飞机质量成反比。这个关系可用公式表示为

$$a_x = \frac{\Delta P}{m} = \frac{\Delta P}{G} \cdot g \qquad (5-2-18)$$

$$a_x = n_x \cdot g$$

由初速 $V_初$(km/h)加速到末速 $V_末$(km/h)的加速时间 t(s)可由下式作近似计算:

$$t = \frac{V_末 - V_初}{3.6 \times g \times n_{x平均}} \qquad (5-2-19)$$

式中:

$n_{x平均}$——平均纵向过载的平均值。

由式(5-2-18)和式(5-2-19)可知,剩余推力(ΔP)越大,即纵向过载(n_x)越大,加速时间越短,飞机的加速性能就越好。

随着高度的增加,加速时间和加速距离增长,飞机加速性能变差。因为随着高度的增加,可用推力降低得较快,所需推力降低得较慢,剩余推力减小,加速性能变差。

2. 平飞减速性能

飞机平飞减速时要收小油门(或收小油门同时放减板),使可用推力小于阻力,以产生减速力($X-P_可$),在减速力的作用下,产生减速度。减速度的大小是衡量飞机减速性能好坏的一个重要尺度。减速力越大,飞机产生的减速度越大,减速性能就越好;减速度越小,减速性能就越差。

飞机减速度的大小与减速力成正比,而与飞行质量成反比,可用公式表示如下:

$$a_x = \frac{X - P_可}{m} = \frac{\Delta X}{m} = \frac{\Delta X}{G} \cdot g \tag{5-2-20}$$

随着高度的增加,减速时间和减速距离增长,飞机减速性能变差。因为随着高度的增加,阻力减小,剩余阻力 ΔX 减小,减速性能变差。另外,放减速板后,飞机的阻力明显增加,剩余阻力 ΔX 增大,同样的减速范围,减速时间和减速距离明显缩短。

5.3 垂直机动飞行

飞机垂直面内的机动飞行,是指飞机的运动轨迹始终在同一铅垂平面内的机动飞行,垂直机动飞行是一种对称飞行,即飞机的对称面始终与通过飞行速度矢量的铅垂平面重合。飞机的垂直机动性能是指飞机在铅垂面内改变飞行高度和速度的能力。改变高度的多少以及快慢或者轨迹俯仰角变化的快慢是衡量飞机垂直机动性能的主要标志。典型的垂直机动动作包括斤斗、跃升和俯冲等。

5.3.1 垂直机动飞行中的特性参数

1. 决定垂直机动性能的基本因素

飞行员可以操纵飞机以各种不同的方式来迅速改变飞行高度。虽然飞机在改变高度过程中的运动轨迹是多种多样的,但决定垂直机动性能的基本因素则相同。这些基本因素是:进入速度和改出速度、推力和阻力、飞机质量、进入高度等。

(1) 进入速度和改出速度

在垂直机动飞行中,飞行高度的变化主要靠飞机的动能和势能之间的互相转换。做向上的垂直机动飞行,高度升高,飞行速度减小,动能转化为势能。做向下的垂直机动飞行,飞行高度降低,飞行速度增大,势能转化为动能。

为了保证飞行安全,无论是向上或向下的垂直机动飞行,改出速度都有一定限制。向上的垂直机动飞行,飞行速度减小,但不得低于规定的最小机动速度;做向下的垂直机动飞行,飞行速度增大,但不得超过飞机的最大允许速度。

向上做垂直机动飞行时,在改出速度一定的条件下,进入速度大,在改变高度过程中,平均速度大,因而飞行高度变化得快,同时,可以用来增加高度的动能大,因而上升高度也多。所以进入速度大,可以同时达到上升高度既快又多的目的。

向下做垂直机动飞行则是另外一种情况。这时,势能将转换为动能,促使速度迅速增大。如果进入速度大,则飞机不需要降低很多高度,飞行速度就很快增加到了需要改出的速度。也就是说,进入速度大,虽然降低高度快,但不能同时达到降低高度多的目的。

(2) 推力和阻力

在推力大于阻力的情况下,剩余推力对飞机做功,增加了飞机的能量。因此,在同样的进入速度和同样的改出速度条件下,做向上的垂直机动飞行,不仅飞行速度减小得慢,而且高度增加得比较快、比较多。做向下的垂直机动飞行,由于推力大于阻力,飞行速度增加得快,高度降低得也快。但正因为飞行速度增加得快,所以,在改出速度相同的条件下,降低的高度则比较少。

同理,在推力小于阻力的情况下,减速力做负功,消耗了飞机的能量。因此,在同样的进入速度和同样的改出速度条件下,做向上的垂直机动飞行,上升高度比较慢,上升的高度也比较少;做向下的垂直机动飞行,虽然降低高度比较慢,但达到规定退出速度的时间长,下降高度则比较多。

由上述分析可知,在同一进入速度和同一改出速度的条件下,做向上的垂直机动飞行,为了既快又多地上升高度,在进入之前,应当加满油门(或打开加力),保持发动机最大转速,以增大平均推力,增加飞机的能量。做向下的垂直机动飞行,若是为了较快地降低高度,也应使用较大的发动机转速。如果为了在不超过最大允许速度的条件下,尽量地多降低高度,则应当收小油门,放减速板,以增大平均阻力,消耗飞机的能量。

(3) 飞机质量

如果推力与阻力是互相平衡的,即在垂直机动过程中平均推力等于平均阻力,则飞机质量对高度变化的快慢和多少没有任何影响。此时,完全是动能与势能的转换。

如果平均推力大于平均阻力,而且剩余推力一定,则飞机质量大,高度变化慢。在向上做垂直机动时,对于质量大的飞机来说,同一剩余推力所造成的额外加速度比较小,对重力第二分力(G_2)造成的负加速度所能抵消的部分较小,因此,质量大的飞机减速快。也就是说,质量大的飞机上升高度自然比质量小的飞机要慢一些,且增加高度少。对于向下的垂直机动飞行来说,由于平均推力大于平均阻力,剩余推力产生额外的加速度使总的加速度增加。飞机质量大时,额外的加速度小,总的加速度增加得少,故质量大的飞机降低高度反而比质量小的飞机慢。

如果平均推力小于平均阻力,而且减速力一定,则飞机质量大时,高度变化就快。在向上的垂直机动飞行中,除了重力第二分力所造成的负加速度外,由于平均推力小于平均阻力,还有减速力所造成的额外负加速度。飞机质量大时,同一减速力所造成的额外负加速度小,飞机减速慢。所以,质量大的飞机上升高度反而会比质量小的飞机快一些。同理可知,在平均推力小于平均阻力,而且减速力一定的情况下,做向下的垂直机动飞行中,飞机质量越大,减速力产生负加速度越小,即飞机的加速度越大,速度增加得越快,降低高度越快。

(4) 进入高度

做向上的垂直机动飞行,进入高度越高,则上升高度越慢,且上升的高度也越少。这是因为,随着高度的升高,最大平飞速度减小,而最小机动速度(真速)增大,速度范围缩小,可用来增加高度的这部分动能减少了。此外,高度升高后,剩余推力减小,由剩余推力做功所增加的高度也减少了。所以,在进入高度和改出速度一定、发动机工作状态相同的条件下,进入高度越高,上升的高度越少且越慢。一般说来,向下机动性能也随进入高度的升高而变差。

2. 垂直机动飞行的运动方程

根据飞机在铅垂面内飞行时不倾斜、无侧滑以及速度向量和作用于飞机上的外力均在飞机对称面内的假设,即可得到飞机在铅垂面的运动方程:

$$\begin{cases} \dfrac{G}{g}\dfrac{\mathrm{d}V}{\mathrm{d}t} = P\cos(\alpha+\varphi) - X - G\sin\theta \\[3mm] \dfrac{G}{g}V\dfrac{\mathrm{d}\theta}{\mathrm{d}t} = P\sin(\alpha+\varphi) + Y - G\cos\theta \end{cases} \quad (5-3-1)$$

由于$(\alpha+\varphi)$较小,可以认为$\cos(\alpha+\varphi)\approx1$,$\sin(\alpha+\varphi)\approx0$,则有

$$\begin{cases} \dfrac{G}{g}\dfrac{\mathrm{d}V}{\mathrm{d}t} = P - X - G\sin\theta \\[3mm] \dfrac{G}{g}V\dfrac{\mathrm{d}\theta}{\mathrm{d}t} = Y - G\cos\theta \end{cases} \quad (5-3-2)$$

5.3.2 斤　斗

斤斗是飞机在铅垂面内沿环形轨迹,同时绕横轴翻转360°的飞行。它是特技飞行训练的基本动作之一。

在已知飞机推力、气动特性的情况下,给出一定的控制规律$n_y(t)$,通过式(5-3-1)和式(5-3-2)及运动学方程式:

$$\begin{cases} \dfrac{\mathrm{d}H}{\mathrm{d}t} = V\sin\theta \\[3mm] \dfrac{\mathrm{d}L}{\mathrm{d}t} = V\cos\theta \end{cases} \quad (5-3-3)$$

就可以求出V、θ、H和L,从而得出斤斗运动轨迹及速度随θ的变化规律。

1. 斤斗的动态分析

斤斗的动态特点,即不同阶段飞行速度和曲率半径的变化,是由飞机所受力的特点决定的。斤斗中各个位置的作用力情况如图5-3-1所示。

在铅垂面内做曲线飞行,重力对飞行速度有很大的影响。在斤斗的前半段($0°<\theta<180°$),重力第二分力 $G\sin\theta$ 起减速作用;在斤斗后半段($180°<\theta<360°$),起加速作用。因此,斤斗顶点前速度最小(通常在斤斗顶点前 $20°\sim30°$ 位置,由于推力大于阻力加重力第二分力,飞机开始加速,此时速度最小。其具体位置因飞行高度、机型和操纵而略有不同),进入和改出阶段速度较大,在斤斗中正确地掌握速度的变化,使之符合规定要求,是做好斤斗的重要条件。

斤斗中的升力是构成向心力的主要成分。但重力第一分力($G\cos\theta$)也有影响,在 $0°<\theta<90°$ 和 $270°<\theta<360°$ 时,$G\cos\theta$ 起减小向心力作用,在 $90°$ 与 $270°$ 之间,则起增大向心力作用。所以在斤斗进入后的 1/4 圈和改出前的 1/4 圈,要求升力较大,即载荷较大。在斤斗飞行中,正确地拉杆,使斤斗各处的载荷因数变化适当,即正确地分配载荷因数,才能保证有足够的向心力来完成曲线运动,这是做好斤斗的基本条件。

由于斤斗顶点附近速度最小而向心力较大,所以轨迹曲率半径最小。在进入和改出过程中,由于速度较大,而载荷因数有一定限制,同时重力还起着减小向心力的作用,所以曲率半径较大。

斤斗飞行的动态大体可以归结为:在前半段,高度升高,速度减小,曲率半径逐渐减小;在后半段,高度降低,速度增大,曲率半径逐渐增大。

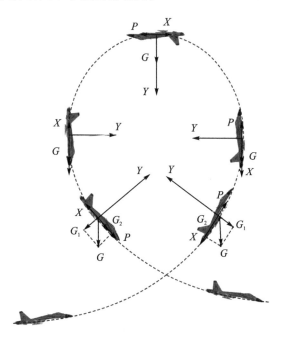

图 5 - 3 - 1　飞机斤斗中作用力

2. 斤斗的进入条件

飞机要完成斤斗飞行,必须有一定的条件。例如,发动机在最大或加力工作状态下,在规定的高度以下,以一定的速度进入,产生足够的载荷才能完成斤斗飞行。

(1) 进入斤斗要有足够的速度

由于斤斗前半段的飞行具有以速度换取高度的特性,因而,要保证顶点速度不小于规定,同时尽可能多上升一些高度,这就要求进入斤斗必须有足够的速度。

斤斗进入速度的近似计算如下:

设斤斗的平均半径为 R_{av},则可认为在斤斗中飞机上升的高度近似等于 R_{av} 的两倍,即 $\Delta H = 2R_{av}$。

由于斤斗中各点的半径都不相同,可取 $90°$ 位置上的曲率半径近似作为整个斤斗的平均半径。飞机在这个位置上升力起向心力作用,因而有

$$Y = \frac{GV^2}{gR_{av}}$$

即

$$R_{av} = \frac{V^2}{gn_y}$$

设斤斗从 $90°$ 至 $180°$ 位置中迎角相同,因而 $90°$ 位置的 $(V^2/n_y)_{\pi/2}$ 等于 $180°$ 位置的 $(V^2/n_y)_\pi$,设该点处 $(\theta = \pi) n_y$ 为 1,则有

$$\left(\frac{V^2}{n_y}\right)_{\pi/2} = V_\pi^2$$

于是得到

$$R_{av} = \frac{V_\pi^2}{g}$$

在不考虑推力与阻力做功的条件下(即认为斤斗中各点的推力正好和阻力平衡),根据机械能守恒定律,有

$$mg\Delta H = \frac{1}{2}mV_0^2 - \frac{1}{2}mV_\pi^2$$

即

$$V_0^2 = 2g\Delta H + V_\pi^2 = 2g \cdot 2R_{av} + V_\pi^2$$

将 $R_{av} = V_\pi^2/g$ 代入上式得

$$V_0^2 = 5V_\pi^2$$

所以

$$V_0 = \sqrt{5}V_\pi \approx 2.24V$$

若规定斤斗顶点速度为最小机动速度,约等于平飞最小速度 (V_s) 的 1.4 倍,则得

$$V_0 = 2.24 \times 1.4V_s = 3.14V_s \tag{5-3-4}$$

这里的速度是真速,换算为表速时还要考虑到高度的影响。

由于在实际斤斗飞行中推力不一定等于阻力(首先取决于发动机的工作状态,有些飞机在最大状态,斤斗中平均推力小于阻力,而在加力状态,则平均推力大于阻力,同时,还要考虑载荷数值,载荷因数越大,斤斗中平均阻力越大),顶点速度也不一定正好等于平飞最小速度的 1.4 倍,以及其他原因,实际进入斤斗速度可能比平飞最小速度的 3.14 倍还大一些,或者还

小些。

（2）进入斤斗要有足够的载荷因数

斤斗进入阶段，飞机迅速转入向上的曲线运动，必须要有足够的向心力。在进入速度一定的条件下，飞行员拉杆造成的载荷越大，向心力就越大，飞机就可以迅速转入曲线飞行；反之，载荷越小，轨迹曲率半径越大，减速时间增长，顶点速度势必偏小，甚至不能完成斤斗飞行。从理论上来说，只要能把飞机拉过垂直向上的位置，飞机就可越过最高点转入向下的曲线飞行，而为了达到这一要求，在推力等于阻力的条件下，进入斤斗的载荷因数必须大于 3，随后保持迎角一定，才能完成斤斗轨迹。

实际飞行中，有些飞机由于斤斗前半段的大部分范围内推力小于阻力，并要求顶点速度不小于最小机动速度，因此，进入斤斗的载荷还要大一些。

（3）进入斤斗的底边高度不能太高

在进入表速相同的条件下，进入高度越高，真速越大，而且 Ma 增大，抖动升力系数减小，导致抖动载荷下降。结果，斤斗轨迹曲率半径增大，斤斗顶点的速度减小。另外，进入高度高，发动机推力下降；Ma 增加，阻力系数也要增加，推力会比阻力小得更多，动能消耗在克服阻力做功上，因而影响顶点速度。所以，进入斤斗的底边高度应有所限制。

综上所述，飞机完成斤斗有一定的条件，不是在任何速度和高度都能做斤斗，而只能在一定的速度和高度范围内完成。当然，发动机工作状态不同，规定的进入高度和速度的限制也不同。以上分析只适用于推重比不很大的飞机，如果推重比很大，接近或大于 1，进入斤斗的限制条件会放宽很多。

3. 斤斗的操纵原理

（1）斤斗各阶段杆行程和杆力的变化

在斤斗飞行中，作用于飞机的力矩除操纵力矩、稳定力矩和阻尼力矩外，还有由于速度变化、迎角、角速度变化率所形成的力矩。略去线加速度（ΔV）和角加速度（ω_z）对俯仰力矩的影响，斤斗的力矩方程式为

$$I_z \frac{\mathrm{d}\omega_z}{\mathrm{d}t} = M_z^V \Delta V + M_z^{\dot{\alpha}} \Delta \dot{\alpha} + M_z^{\dot{\alpha}} \Delta \dot{\alpha} + M_z^{\omega_z} \Delta \omega_z + M_z^{\delta_z} \Delta \delta_z \qquad (5-3-5)$$

因此，升降舵所需偏角为

$$\Delta \delta_z = \frac{1}{M_z^{\delta_z}} \left[I_z \dot{\omega}_z - M_z^{\omega_z} \Delta \omega_z - M_z^{\dot{\alpha}} \Delta \dot{\alpha} - M_z^{\dot{\alpha}} \Delta \dot{\alpha} - M_z^V \Delta V \right] \qquad (5-3-6)$$

从式（5-3-6）看出，影响升降舵所需偏角（$\Delta \delta_z$）的因素主要有（以斤斗前半段为例）：

① 前半段的 ω_z 是增大的，$\dot{\omega}_z$ 为正，因此式（5-3-6）等号右侧前两项皆要求增大升降舵向上偏角；

② 前半段的 α 是增大的，$\dot{\alpha}$ 为正，因此式（5-3-6）等号右侧第三、四项皆要求增大升降舵向上偏角；

③ 前半段的 V 是不断减小的，由于 M_z^V 通常为负值，所以速度减小时（即 ΔV 为负），

式(5-3-6)等号右侧最后一项要求减小升降舵向上偏角;但是,当速度减小时,式(5-3-6)等号右侧第二项也会增大。一般说,速度变化对斤斗中升降舵偏角的影响较小,常可略去不计。

由此可见,斤斗前半段杆行程(对应升降舵偏角)是需要不断增大的,在斤斗顶点附近,杆行程达到最大,随后杆行程逐渐减小,恢复到进入时杆的位置。

但是,斤斗中杆力的变化却和杆行程变化规律不同。因为驾驶杆力(F_z)的大小取决于升降舵面上的枢轴力矩,即主要取决于舵面偏角(δ_z)和动压(q)。在斤斗中,动压和舵面偏角都在变化,它们对杆力的影响却相反。例如斤斗前半段,速度不断减小,动压下降,杆力减轻,而迎角增大要求舵面上偏角度增加,使杆力加大。由于动压影响较大,所以斤斗前半段杆行程虽然不断增加,而杆力却是不断减小的。

对装有无回力助力器的操纵系统来说,斤斗中杆力变化还有其具体特点,但是杆力变化的总趋势和上述是一致的。

(2)斤斗的操纵方法

斤斗前半段的基本操纵方法是:加满油门(有些飞机把油门加到发动机预定工作状态),增大速度到预定速度,开始拉杆增大载荷,待达到预定仰角时,载荷因数也达到预定最大数值,并逐渐形成预定的旋转角速度;随着高度增加和速度减小,杆力虽然减轻,但飞行员必须继续拉杆,增加拉杆行程,保持一定的旋转角速度到达顶点。这个过程中拉杆行程不断增大,而杆力不断减小。

斤斗后半段的基本操纵方法是:在顶点带住杆,保持旋转角速度,转入下降。随着速度增加,载荷因数和拉杆力逐渐增大,在过垂直向下位置前,防止拉杆过多,以免迎角过大而抖动失速。因为随着飞机速度的增大,俯仰操纵力矩及俯仰稳定力矩是与速度平方成正比增加的,而俯仰阻尼力矩(当 ω_z 一定时),则是与速度一次方成正比增加的。因此,在原来俯仰力矩平衡的基础上,俯仰操纵力矩就会大于俯仰稳定力矩与俯仰阻尼力矩之和,使飞机的上仰角速度自动增大,从而也使迎角自动增大。而迎角的自动增大,一方面会使载荷因数迅速增大,轨迹曲率半径迅速减小,脱离预定轨迹。另一方面会使迎角达到或超过抖动迎角,危及飞机安全。所以,在飞机接近垂直位置时,应防止迎角增大。当飞机过垂直向下位置后,随着速度增加,柔和用力拉杆退出俯冲。在接近改平前要减轻拉杆力,减小载荷,改为平飞。

(3)斤斗顶点速度过小的处理

斤斗顶点速度过小的原因,除了由于进入速度小或油门没有加满(或带减速板)等原因外,主要是拉杆不正确造成的。拉杆量不够,载荷太小,向心力不足,曲率半径增大,飞机上升高度多,动能转化为势能的部分增大,使顶点速度过小;另外,过量拉杆,致使飞机载荷过大或抖动,阻力剧增,速度很快减小,顶点速度也会过小。

顶点速度过小时,飞行员应严格保持飞机不带坡度和侧滑,并柔和地保持带杆量,在不超过失速迎角的条件下让飞机越过顶点,等待速度增大一些,再柔和减小油门,完成斤斗。

5.3.3　跃　升

飞机以大于稳定上升的最大上升角做直线飞行称为跃升。跃升主要是利用动能部分地转化为势能来迅速获取飞行高度的特技动作(见图 5 - 3 - 2)。同一机型,在跃升中减速越多,则跃升的高度越高。但是,进入速度不能大于该型飞机的最大允许速度,改出速度不能小于该型飞机的最小机动速度。

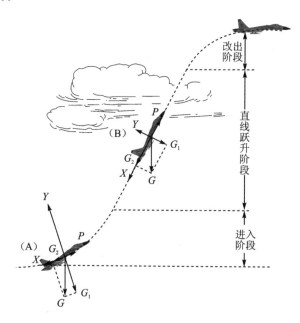

图 5 - 3 - 2　跃升及其作用力

1. 跃升的动态特点

由于飞机在跃升过程中的上升角大于稳定上升的最大上升角,因此在跃升中减速很快。这是一种利用动能迅速取得高度的飞行。

飞机在完成跃升中的运动轨迹可以分为三个阶段(见图 5 - 3 - 2)。在第一阶段,飞机对地面的航迹倾角从零度变到某一角度 θ;在第二阶段,飞机沿直线轨迹运动,同时逐渐损失速度;最后阶段,航迹倾斜角再从 θ 减小到零。

飞机在跃升中的运动方程可以写为下面的形式:

$$\begin{cases} m\,\dfrac{\mathrm{d}V}{\mathrm{d}t} = P - X - G\sin\theta \\[2mm] mV\,\dfrac{\mathrm{d}\theta}{\mathrm{d}t} = Y - G\cos\theta \end{cases} \tag{5 - 3 - 7}$$

式中:

θ——跃升中的轨迹倾斜角。

为了最大限度地增加高度和保持足够的速度,做跃升时通常用发动机大推力的状态。但是,飞机做跃升的基本能量来源是飞机所积累的动能,即在跃升过程中,动能不断地转化为势能而使高度增加。而在跃升过程中,发动机所提供的能量是用以克服飞机的阻力和局部地用于飞机的上升。通常用于飞机上升的动能远大于发动机用于飞机上升的那一部分能量(即剩余推力在跃升过程中所做的功)。因此,作为近似计算,可以略去发动机所提供的能量,即认为在整个机动飞行时间内发动机的推力与飞机的阻力相平衡。这样便可以用机械能守恒定律对跃升高度进行计算,即

$$mg\Delta H = \frac{1}{2}mV_{进入}^2 - \frac{1}{2}mV_{退出}^2$$

移项并化简后得

$$\Delta H = \frac{V_{进入}^2 - V_{退出}^2}{2g} \qquad\qquad (5-3-8)$$

式中:

ΔH——跃升所增加的高度(m);

$V_{进入}$——进入跃升时飞机的真速(m/s);

$V_{退出}$——退出跃升时飞机的真速(m/s)。

例如,某亚声速轰炸机从 300 m 高度上进入跃升,进入跃升时的表速为 700 km/h(真速约为 710 km/h),退出跃升时的表速为 400 km/h(真速约为 430 km/h),若跃升中推力等于阻力,则跃升增加的高度为

$$\Delta H = \frac{\left(\frac{710}{3.6}\right)^2 - \left(\frac{430}{3.6}\right)^2}{2 \times 9.8} = 1\ 250\ m$$

上述计算是在假设推力和阻力相等的条件下,根据动能和势能的转换来估算跃升中所能增加的高度。如果在实际跃升时,飞机的平均推力(P)大于平均阻力(X),就应当考虑剩余推力($P-X$)对飞机做的功,也就是说,实际增加的高度要多一些。

2. 跃升的操纵原理

跃升的操纵原理可按进入、直线上升和改出三个阶段进行分析。

(1) 进入阶段

进入阶段的中心问题是:取得规定的进入速度和迅速达到规定的上升角。

为此,在进入前应加油门并推杆做小角度俯冲以迅速积累速度。接近规定速度(某型初教机为 300 km/h)时,柔和有力地拉杆增大升力,迫使飞机轨迹在较大的向心力($Y-G\cos\theta$)的作用下,迅速向上弯曲而进入跃升。

当飞机接近预定的上升角时,稍顶杆以减小升力,防止运动轨迹继续向上弯曲,并保持升力等于重力第一分力,以保证飞机按预定的上升角做直线上升。

(2) 直线上升阶段

直线上升阶段的中心问题是:保持规定的上升角,使之不受速度迅速降低的影响。

飞机以大上升角跃升,速度降低很快,升力随之减小。为保持上升角不变,应随着速度的

减小,适当地向后带杆增大迎角,以保持升力等于重力第一分力。

在实际飞行中,因上升角的大小不能直接观察出来,为了便于飞行员保持飞机姿态,通常要求保持天地线在风挡上的投影位置不变,即仰角不变。这样随着速度的减小,飞机迎角增大,上升角略有减小。

（3）改出阶段

当速度减小到规定的改出速度时,向前柔和推杆,使升力减小。飞行轨迹在重力第一分力与升力之差 $(G\cos\theta - Y)$ 的作用下向下弯曲,飞机由跃升逐渐转入平飞。在这段时间内,剩余推力继续做功,而且速度也在减小,飞机还可以上升一段高度。

由于人体所能承受的最小载荷有一定限制,因此,飞行员推杆不能过多、过猛。故从上升角很大的跃升中改出时,改出的时间大大增长。为了解决这个问题,可采用转弯改出的办法:向预定方向手脚一致地操纵杆舵形成一定坡度（某型初教机为 30°～45°）进行转弯。用转弯方法改出,不需要飞行员向前推杆,所以飞行员不会承受很小的载荷。同时在转弯中压坡度一般不受限制,可以比较迅速地改出跃升。

不论用哪一种改出方法,都要求改出速度不小于机动速度（某型初教机为 140 km/h）,并待速度增至平飞时,再减小油门保持平飞。

5.3.4　俯　冲

飞机沿较陡的倾斜轨迹做直线加速下降飞行称为俯冲（见图 5-3-3）,包括进入、直线俯冲和改出三个阶段。俯冲的飞行轨迹与地面的夹角称为俯冲角,通常为 30°～90°。

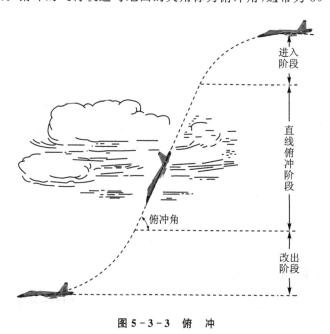

图 5-3-3　俯　冲

在战斗飞行中,俯冲常作为攻击地面目标的一种手段。在已取得高度优势的情况下,也常用以在短时间内迅速将高度优势转化为速度优势。

俯冲是在铅垂面内的机动飞行,其基本运动方程与跃升类似,即

$$\begin{cases} m\dfrac{\mathrm{d}V}{\mathrm{d}t}=P+G\sin\theta-X \\[2mm] mV\dfrac{\mathrm{d}\theta}{\mathrm{d}t}=Y-\cos\theta \end{cases} \qquad (5-3-9)$$

式中:

θ——俯冲角,利用式(5-3-9)计算时取正值。

俯冲中的作用力情况是:在进入阶段,升力小于重力第一分力,飞机在向心力($G\cos\theta-Y$)的作用下,轨迹向下弯曲,俯冲角逐渐增大;在直线俯冲阶段,升力和重力第一分力相等,保持规定的俯冲角,飞机在($P+G\sin\theta-X$)的作用下迅速增加速度;在改出阶段,升力大于重力第一分力,飞机在向心力($Y-G\cos\theta$)的作用下,飞行轨迹向上弯曲,俯冲角不断减小至零而退出俯冲。

下面可按进入、直线俯冲和改出三个阶段分析俯冲的操纵原理。

1. 进入俯冲的操纵原理

飞行员可以操纵飞机从平飞直接进入俯冲,也可以操纵飞机由转弯进入俯冲。

从平飞直接进入俯冲的方法是收油门、推杆。收油门是为了将推力减小,以防在直线俯冲阶段飞机增速过快。推杆的目的在于减小迎角,以减小升力,使升力小于飞机重力或重力第一分力,以此二力差($G-Y$ 或 $G\cos\theta-Y$)作为向心力,迫使飞行轨迹向下弯曲,增大俯冲角。当俯冲角接近规定俯冲角时,稍带杆,保持升力与重力第一分力平衡,使飞机转入直线俯冲。这种方法,操纵比较简单,多在目标处于前下方的情况下使用。用这种方法进入俯冲时,推杆不能过猛,以免载荷因数减小过多、过快,超过飞行员能够承受的限度。

转弯进入俯冲的操纵方法是向转弯方向压杆蹬舵,同时收油门、推杆。压杆、蹬舵是为了使飞机倾斜,使飞机在升力的水平分力作用下做无侧滑转弯。由于飞机倾斜,再加上推杆减小迎角,所以升力的垂直分力比重力或重力第一分力小得比较多,构成的向心力较大,俯冲角增加比较快。坡度愈大,升力垂直分力愈小,向心力愈大,进入俯冲也愈快。在飞机对正预定俯冲目标之前,手脚一致地改出转弯。同时适当带杆,使飞机在改平坡度时,恰好对正俯冲目标转入直线俯冲。用这种方法进入俯冲,在同样的升力下,达到同样的俯冲角,高度下降少,速度增加不多,在进入过程中,都可以看见目标。

另外,还可以用半滚进入俯冲,就是飞机先绕纵轴滚转180°,然后从翻转姿态进入俯冲。这种方法的特点是不仅方向改变了180°,而且可以迅速地进入大角度俯冲。

2. 直线俯冲阶段的操纵原理

在俯冲过程中,重力第二分力大于阻力,速度逐渐增加,升力随之加大,需要相应地顶杆减小迎角,使升力与重力第一分力平衡,才能保持直线俯冲。

3. 改出俯冲阶段的操纵原理

改出俯冲时,柔和有力地拉杆增大迎角,使升力大于重力第一分力,以此二力之差($Y-G\cos\theta$)作为向心力,使飞机向上做曲线运动。机头接近天地线时,逐渐向前顶杆减小迎角,减小向心力,并加大油门,使飞机改为平飞。

改出俯冲时,重力第二分力大于阻力,速度继续增大。随着俯角的减小,重力第二分力也减小,而阻力却随着迎角和速度的增加而增大,故加速度越来越小。但在改出俯冲过程中,速度仍会增加一些。为了能在规定的速度改出俯冲,在未达到该速度之前,就要提前做改出动作。俯冲角愈大,改出过程速度增加愈多,开始改出的时机更要相应提早。

必须指出,改出俯冲的速度不要超过飞机的最大允许速度,以防损坏飞机,危及安全。

5.4　空间机动飞行

空间机动飞行是同时改变飞行速度、高度和方向的飞行,飞机的运动轨迹是一条空间曲线。进行空间曲面内机动飞行与在水平面内和垂直平面内的机动飞行不同,具有一系列特点,这些特点影响完成某些特技飞行的质量。一是进行空间轨迹机动飞行时,法向载荷因数和坡度通常应该一致地配合变化;二是空间轨迹特技飞行对判断各个阶段上飞行状态的能力提出了更高的要求;三是进行空间轨迹飞行时,可能发生的操纵偏差常要在特技飞行将结束时才表现出来。空间机动飞行种类很多,典型的常规机动动作有横滚、斜斤斗、半滚倒转、急上升转弯等。

5.4.1　横　滚

飞机绕纵轴滚转 360° 的飞行称为横滚。横滚的类型较多,按滚转的快慢不同可分为快滚、慢滚;按飞行方向的差异,则可分为上升横滚、水平横滚和下降横滚等。

横滚是特技飞行的基本动作之一。许多复杂特技和高级特技中都包含着横滚的动作,在这种情况下,一般不做完一个完全的横滚,而做其中的一部分作为从一种机动到另一种机动的过渡。

1. 横滚动态分析

做横滚,要求飞机在滚转 360° 过程中,轨迹尽量接近一条直线,并在滚转改出时,飞机的高度和进入时相同。实际上,由于升力和重力的作用,飞机横滚的运动轨迹必然发生弯曲,成为一条既有升降起伏,又向一边偏移的空间曲线。其中,升力的第一分力和重力决定了横滚中轨迹的上下起伏变化;升力的第二分力决定了横滚中轨迹的偏移变化。

(1)横滚中轨迹的上下起伏变化

横滚中,飞机滚转360°,升力的第一分力向上和向下作用的时间大体相同,对轨迹上下弯曲及升降的影响可相互抵消。但因重力得不到平衡,横滚轨迹将逐渐向下弯曲并下降高度。为使横滚前后的高度基本相同,在进入横滚前,应先将飞机带起一定的仰角(上升角),使飞机在横滚的前半圈上升一些高度,以弥补横滚中高度的下降。因此,从侧面看,飞机重心是沿着一条上下起伏的曲线运动的,如图5-4-1所示。

在飞行训练中做横滚,为了便于飞行员判断飞行状态,要求横滚中机头始终在天地线上面。为此,在进入横滚前,将飞机带起的仰角(上升角)要稍大一些,使整个横滚都带有不大的上升角。改出横滚时,上升角刚好减小到零。这样,改出后与进入前比,飞机要上升一些高度。由于横滚一圈的时间很短,飞机上升的高度不多,高度表上的反映并不明显。

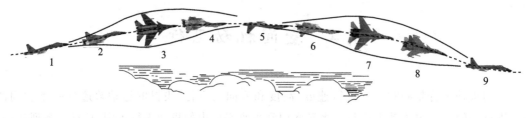

图5-4-1 横滚

(2)横滚中轨迹的偏移变化

横滚中,飞机运动轨迹的偏移是升力第二分力作用的结果。以左横滚为例,如图5-4-2所示,在0°~180°坡度之间,升力第二分力指向左方,飞机运动轨迹逐渐向左偏移。飞机滚转180°以后,升力第二分力指向右方,使飞机向左偏移的速度逐渐减小,但飞机仍继续向左偏移,直到改出时为止。所以,飞机滚转一圈后,会向左偏移一段距离。同理,做右横滚时,飞机运动轨迹会向右偏移一段距离。

通过以上分析可知,横滚的运动轨迹是一条上下起伏又向左或向右偏移的蛇形空间曲线,如图5-4-3所示。

2. 快滚的操纵原理

快滚是靠副翼造成的滚转力矩所做的横滚。某型初教机快滚一圈的时间一般为4~6 s。高速飞机由于速度大,机体细长,横滚更快。在滚转中,飞行员可以改变迎角来改变升力大小,改变压杆量来操纵滚转角速度的大小。

快滚的操纵步骤是:

① 先带杆使飞机形成一定的仰角,随后应稍松杆,一方面把飞机稳定在预定仰角上,另一方面减小升力,减小载荷,然后再压杆进入滚转。减小滚转中的载荷,就可使横滚轨迹尽量接近直线。

② 当飞机滚转后,随即蹬些舵,防止滚转中形成内侧滑。因为压杆后,副翼下偏的机翼的阻力比副翼上偏的机翼的阻力大,构成偏转力矩,使飞机向压杆方向侧滑,产生阻碍滚转的横侧力矩。滚转至45°~50°后,还应顶些杆减小迎角,防止飞机在滚转90°前向侧方移动过多,又

能在滚转 90°～270°范围内防止过多下掉高度。

图 5 - 4 - 2　横滚轨迹的俯视

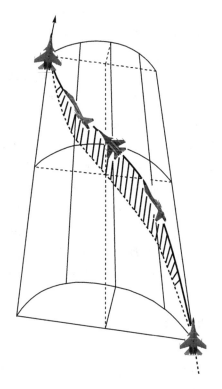

图 5 - 4 - 3　横滚轨迹立体图

③ 当飞机滚转到 200°以后,应向滚转方向多蹬些舵,以便造成滚转反方向的侧滑,帮助飞机滚转,还可以构成侧力以免掉高度过多,又能使机头在天地线上,便于判断飞机姿态。

④ 飞机滚转至 315°左右,应稍带杆增大迎角,一方面增大升力,防止飞机下掉,同时预防改出后机头低于天地线。

⑤ 提前 15°～20°,向滚转反方向压杆、蹬舵,使飞机改出横滚,飞机停转后,将杆舵回到中立。

3. 横滚中机头在天地线上"画圈"的分析

做横滚时,飞机机头常在天地线上画圈。为什么横滚轨迹近似半圆形曲线(见图 5 - 4 - 3),而机头却在天地线上画一个整圈呢?这是由于横滚中飞机纵轴方向不断变动所造成的。我们知道,飞机在曲线飞行中,稳定性的作用要时时改变机头方向,使它与飞行速度方向趋于一致。例如,在右横滚前 1/4 圈,机头带有仰角(进入前形成的)并向右偏转;从 1/4 圈到 1/2 圈时,仰角不断减小,而右偏角度(ψ_c)逐渐达到最大;飞机滚过 1/2～3/4 圈时,仰角逐渐减小到俯角,方向偏角逐渐减小;完成最后 1/4 圈时,机头下俯,方向偏角减为零。这样在横滚中飞机的纵轴是在一个以重心为顶点的圆锥面上接近滚转一周,所以,飞行员看到机头在天地线上画了一个圈。

那么,机头在天地线上画了一个圈,是不是证明横滚轨迹应是一条螺旋线呢?不能这么说。因为机头画圈和飞机轨迹并不是一回事,机头画圈并不能直接反映飞机轨迹的形态。机头在天地线上的变动只反映飞机俯仰角、方向角和坡度的变化,很难反映飞机上下(高度)和左右(偏移距离)的改变。例如稳定上升(或下降)几百米,只要仰(俯)角不变,机头在天地线上的关系位置也不会变动;相反,即使在平飞中,稍改变一点俯(仰)角,机头在天地线上的关系位置也会变化。当飞机的俯仰角和方向角周期性地变化,机头在天地线上"上、右、下、左"地变动,自然会使飞行员感到机头画了一个"圈"。

　　然而,机头"画圈"现象是和横滚轨迹有密切联系的。机头"画圈"越大,说明横滚轨迹的起伏和偏移越多,即横滚轨迹偏离预定的直线越多;反之,"画圈"越小,反映横滚轨迹越接近直线。因此飞行训练中常以机头"画圈"的大小来判断横滚是否做得好,就是这个道理。

　　需要说明的是,如果飞机按上述轨迹运动,机头画的前半圈在天地线之上,后半圈在天地线以下。飞行训练中通常要求横滚中机头不应低于天地线,所以实际操纵上必然在滚转最后1/4圈要增大飞机载荷。这样,飞机实际运动轨迹就和上述分析有些差异:这主要表现在从轨迹后视图上不正好是半圈,而会向里钩转一点,因为增大的升力促使侧向速度提前达到零,随后产生反向的侧向速度,造成轨迹向内钩转,但基本形态还是相同的。

5.4.2　桶　滚

　　在俯仰机动飞行的配合下,飞机同时滚转 360° 而得到的沿水平轴线的螺旋轨迹叫大半径横滚,又称为桶滚。这一特技动作可以提高飞行员在速度迅速变化情况下的纵向操纵和横向操纵配合协调能力,在实战中,还可以破坏对方瞄准射击动作,变被动为主动,它是战术机动飞行中的重点动作之一。

1. 作用力分析

　　做桶滚时,一般有以下几点要求:
　　① 滚转中,滚转角速度和俯仰角速度比较均匀。
　　② 滚转中始终带着比较大的正过载。
　　③ 坡度 90° 和 270° 时,飞机仰角和俯角绝对值大于 30°。
　　在桶滚中,飞机受升力、阻力、推力和重力的作用。由于飞机坡度不断变化,升力可分解为 Y_1 和 Y_2,它们分别在垂直面内和水平方向上起向心力作用。由于飞行轨迹俯仰变化,重力可以沿轨迹的法向和切向分解为 G_1 和 G_2,如图 5-4-4 所示。

　　(1) 坡度 0° 至 90° 位置
　　现以向左进入滚转为例,从进入桶滚到坡度 90° 位置,由于进入时带起一定仰角,飞机开始做上升运动,随着坡度增大,升力向左倾斜。进入时,$Y_1 > G_1$,随着坡度增大,Y_1 逐渐减小,以至小于 G_1,Y_2 指向左方。飞机向左偏移,且随着坡度增大而逐渐增大。当坡度等于 90° 时,$Y_1 = 0$,$Y_2 = Y$,仰角近似达最大值。

　　(2) 坡度 90° 至 180° 位置
　　坡度大于 90° 后,升力方向指向斜下方,Y_1 逐渐增大,并与 G_1 一起,使轨迹逐渐向左下方

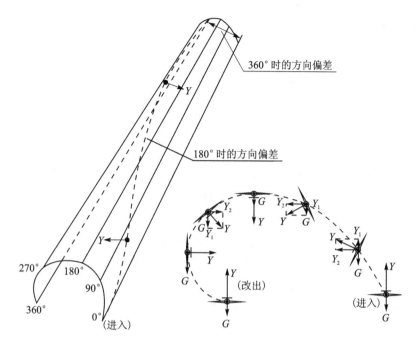

图 5 - 4 - 4　桶滚中的作用力

弯曲,飞机的仰角不断减小;与此同时,Y_2 逐渐减小,到达顶点 180°时,飞机处于倒飞状态,$Y_1 = Y,Y_2 = 0$。

从开始进入至顶点位置,由于 $P < G_2 + X$,飞行速度将不断减小。

(3) 坡度 180°至 270°位置

飞机从 180°滚转到 270°,升力指向右斜下方。Y_1 逐渐减小,并与 G_1 一起,使轨迹向下弯曲,飞机俯角不断增大;Y_2 指向右方,并逐渐增大,到达 270°位置时,$Y_1 = 0,Y_2 = Y$,俯角近似达到最大值,由于飞机到达顶点 180°时,向左偏移速度达到最大值,过顶点后,Y_2 起着减慢飞机向左偏移的作用,但飞机仍向左偏移,待滚到 270°位置时,向左偏移才停止。

(4) 坡度 270°至 360°位置

飞机滚过 270°后,升力方向指向右斜上方,随着坡度减小,Y_1 逐渐增大,以致后来 $Y_1 > G_1$,轨迹逐渐向上弯曲。Y_2 则逐渐减小,但其方向仍指向右方,飞机逐渐向右偏移。与此同时,俯角逐渐减小。当飞机滚转到 360°时,$Y = G,P = X$,回到进入前的状态,但并不是封闭的圆圈,而是螺旋形摆线轨迹。

过顶点 180°后,直到改出桶滚以前,由于 $P + G_2 > X$,飞行速度将不断增大。

由上述分析可知,初始垂直速度对飞行高度的变化有重要影响,如果过载和坡度的变化规律与上述情况相同,但飞行员没有带起一定的仰角,那么终点飞行高度与进入高度就有很大差别。掉高度的多少与滚转的快慢有关,相当于自由落体运动中所掉的高度($\Delta H = gt/2$)。

飞机做桶滚与典型的水平横滚不同,一般带有比较大的正过载,其特点是高度变化较大,并且有相当大的横向位移,飞行速度也有较大变化。在桶滚机动中,过载越大,则飞行高度和横向位移越大。

2. 操纵原理

① 进入桶滚时，为了使飞机跃升并滚转，必须有足够的进入速度。

用力拉杆，使飞机进入跃升；同时向滚转方向压杆、蹬舵，使飞机滚转。蹬舵量的多少以保持侧滑仪小球中立为准。由于桶滚进入速度大，因此拉杆力较大，以便获得足够的载荷因数。过载的大小根据桶滚高度变化量而定，需要高度变化量大，需用过载就大。

② 坡度从 0°滚转到 180°的过程中，飞机轨迹向上，速度不断减小。

为了使滚转角速度和俯仰角速度保持不变，要逐渐增加压杆量，减小拉杆力，但因速度减小，需要增大拉杆量。坡度从 90°到 180°，飞行速度继续减小，为保持滚转角速度和俯仰角速度不变，要随着速度的减小，继续增加压杆和拉杆量。

③ 坡度从 180°滚转到 270°的过程中，飞机轨迹向下弯曲，飞行速度逐渐增大。

为保持滚转角速度和俯仰角速度不变，应减小压杆量，增大拉杆力。

坡度超过 270°后，飞行速度继续增加，为使滚转角速度不变，要继续减小压杆力；为了使飞机滚转到 360°时恢复到进入时的高度和速度，应增大拉杆力和拉杆量，防止掉高度和改出速度过大。

3. 影响桶滚动态的主要因素

桶滚半径的计算公式为

$$R = \frac{(2+\pi)g}{2} \cdot \frac{n_y}{\omega_x^2} \tag{5-4-1}$$

式中：

ω_x——滚转角速度，rad/s；

n_y——平均过载。

由式(5-4-1)可知，影响大半径横滚(桶滚)动态的主要因素如下。

(1) 载荷因数

进入桶滚的载荷因数大，升力就大，桶滚半径就大。为了使载荷因数大，进入速度就要大。在进入速度较大的情况下，拉杆越多，升力越大，跃升角就越大，桶滚半径就越大。

(2) 滚转角速度

桶滚中滚转角速度越小，飞机滚转越慢，升力水平分力作用的时间就越长，轨迹向滚转方向的偏移量就越大，所以，桶滚的半径就越大。通常水平快滚 360°，时间为 4~6 s；慢滚 360°，时间为 8~12 s，而桶滚 360°的时间一般在 20 s 以上。

(3) 进入速度

进入速度越大，可能产生的过载就越大，因此，桶滚的半径也越大。

例如，某型飞机在高度 4 000 m，表速 700 km/h 进入桶滚，20 s 完成滚转 360°，其滚转半径如表 5-4-1 所列。

表 5 - 4 - 1　桶滚半径

过　载	桶滚半径/m	直　径/m
2.0	511	1 022
3.0	766	1 532
4.0	1 022	2 044

5.4.3　半斤斗翻转

半斤斗翻转和半滚倒转是由横滚和斤斗组合而成的两种较为复杂的特技飞行动作,半斤斗翻转是飞机在垂直平面上迅速增加高度并改变 180°方向的飞行,如图 5 - 4 - 5 所示。它是由斤斗的前半段和横滚的后半段组合而成的特技动作。

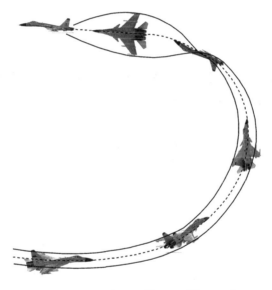

图 5 - 4 - 5　半斤斗翻转

1. 半斤斗翻转的运动特点

半斤斗翻转的运动特点主要表现在滚转阶段。

① 由于在滚转中,升力维持不了重力,飞机运动轨迹要向下弯曲;改出后,飞机会偏离平飞状态(机头低于天地线)。所以,在进入滚转时必须使飞机带有一定仰角。

② 由于是半滚,所以改出后飞机会偏离原来的方向。一般来说,向右翻转后,机头偏左;向左翻转后,机头偏右。

2. 半斤斗翻转的操纵原理

半斤斗翻转的操纵原理与斤斗前半段及横滚的后半段基本相同,但也有其不同的特点。要使飞机顺利地完成半滚,半斤斗顶点的速度不得小于机动速度。如果速度不足,则不能勉强进行滚转。

为使进入滚转的速度不小于机动速度,除了进入速度不得小于斤斗的进入速度(某型初教机进入速度大于斤斗的进入速度,为 $300\sim310$ km/h)外,其拉杆造成的载荷因数要比斤斗稍大一些,因而拉杆行程和拉杆力也稍大一些。

为防止改出后机头低于天地线和发生偏转,在翻转前和翻转中适当顶杆,减小迎角和升力。进入半滚时,在用力压杆的同时,适当蹬一些舵,以消除内侧滑,使飞机迅速翻转。当飞机翻转 90°时,增加蹬舵量,使飞机产生外侧滑,利用横侧稳定力矩帮助飞机滚转。改出翻转时,适当慢回一些舵,利用外侧滑所产生的侧力,使飞机恢复原来的方向。

5.4.4 半滚倒转

半滚倒转是飞机在铅垂面内迅速降低高度并改变 180°方向的飞行,如图 5 - 4 - 6 所示。它是由横滚前半段和斤斗后半段组合而成。

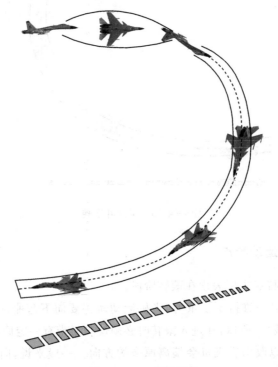

图 5 - 4 - 6 半滚倒转

1. 半滚倒转的运动特点

半滚倒转的运动特点与横滚前半段和斤斗后半段基本相同,其不同点是:

① 飞机半滚后将立即进入俯冲,因此进入半滚倒转的速度要比进入横滚的速度小一些,以防止改出俯冲时速度过大。

② 与半斤斗翻转一样,改出半滚时方向容易偏。

2. 半滚倒转的操纵原理

半滚倒转的操纵原理与横滚的前半段及斤斗的后半段基本相同。但也有一些不同的特点。

进入前应稍收油门减小速度(某型初教机进入速度比平飞速度稍大,为 180 km/h,进入前不收油门),拉杆使飞机带一定仰角。

为防止改出半滚倒转时机头低于天地线和产生偏转,还应在坡度达到 45°以后,适当向前顶杆,并随着坡度的增大,而逐渐增加顶杆量,减小向下及水平方向的向心力。

如果进入前未收小油门(如某型初教机),应在改出半滚时将油门收完(也可不收完)。

5.4.5　急上升转弯

飞机在迅速做180°转弯的同时又尽可能地增加高度的飞行称为急上升转弯。飞机做急上升转弯既能迅速改变飞行方向,又能迅速取得高度优势。它是空战中的一个重要飞行动作,故也有战斗转弯之称。

1. 急上升转弯动态分析

(1) 急上升转弯的运动方程

急上升转弯的转迹是空间曲线,如图 5-4-7 所示。其运动轨迹展开在一个铅垂平面上,

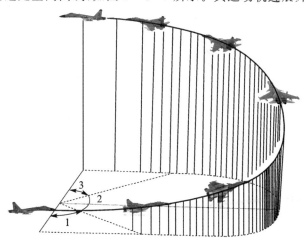

图 5-4-7　急上升转弯

是一条无直线段的跃升轨迹,如图 5 - 4 - 8 所示。

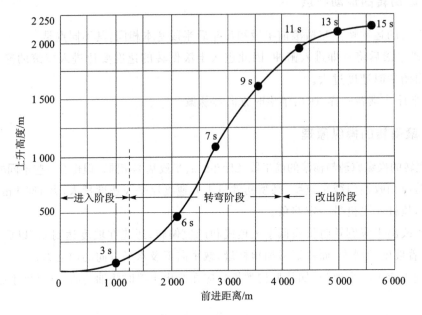

图 5 - 4 - 8　急上升转弯轨迹展开在铅垂平面上

　　急上升转弯可分为三个阶段:进入阶段、转弯阶段和改出阶段,如图 5 - 4 - 9 和图 5 - 4 - 10 所示。在进入阶段,飞机达到一定的上升角和坡度。这个上升角和坡度的大小,决定了飞机在下一阶段高度和方向变化的快慢。在转弯阶段,飞机迅速改变方向和增加高度。上升角和坡度同时增加,随后坡度大致不变,而上升角逐渐减小。在改出阶段,飞机坡度和上升角同时减小到零,飞机转为平飞。

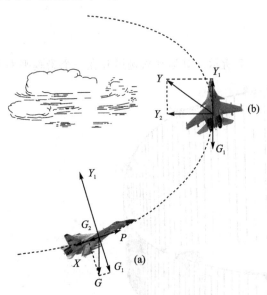

图 5 - 4 - 9　急上升转弯的作用力

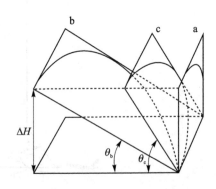

图 5 - 4 - 10　不同斜面上比较

在急上升转弯中飞机在水平面内和铅垂面内做曲线运动,同时存在水平向心加速度和铅垂面内向心加速度,并且在速度方向存在切线加速度,因此在航迹轴系上简化的飞机质心运动方程为

$$\begin{cases} m\dfrac{\mathrm{d}V}{\mathrm{d}t} = P - X - G\sin\theta \\[2mm] mV\dfrac{\mathrm{d}\theta}{\mathrm{d}t} = Y\cos\gamma - G\cos\theta \\[2mm] -mV\cos\theta \cdot \dfrac{\mathrm{d}\psi}{\mathrm{d}t} = Y\sin\gamma \end{cases} \qquad (5-4-2)$$

急上升转弯中作用力的情况是:在铅垂面内,前半段的 $Y\cos\gamma$ 大于 $G\cos\theta$,有向上的向心力,轨迹向上弯曲,上升角不断增大;后半段 $Y\cos\gamma$ 小于 $G\cos\theta$,有向下的向心力,上升角不断减小。在水平面内,始终存在水平向心力 $Y\cos\gamma$,但各阶段的升力和坡度都是变化的。一般来说,进入和改出阶段 $Y\sin\gamma$ 较小,轨迹的曲率半径较大;在转弯阶段,$Y\sin\gamma$ 较大,曲率半径较小。在急上升转弯中,推力 P 通常小于 $(X+G\sin\theta)$,所以速度不断减小。然而,和斤斗一样,速度最小并不是在改平之时,而是在改出前 $10°\sim20°$ 位置,图 $5-4-9$ 表示急上升转弯中的作用力关系。

(2) 急上升转弯运动特点分析

急上升转弯可以看成是两种运动的组合,一个是上升运动,一个是转弯运动。急上升转弯要求既能迅速转弯,又能尽量上升高度。能不能做到既转弯最快,又上升高度最多呢?显然这是不可能的。转弯快和上升高这是两个矛盾的要求,不可能同时达到,只能兼顾。

以在不同平面上做向上 $180°$ 转弯的机动为例来分析,如图 $5-4-10$ 所示。

从能量观点来看,飞机向上机动,高度的增加来源于两个方面,一是动能转化为势能而取得高度,二是利用剩余推力做功而取得高度。

如果剩余推力不做功(即推力和阻力平衡),机械能守恒。飞机上升高度只取决于进入速度和改出速度。进入速度越大,改出速度越小,则动能转化为势能的部分越多,飞机上升高度越多。如果进入速度和改出速度已经确定,上升的高度也就确定,而与飞行轨迹无关。如图 $5-4-10$ 所示,a 表示飞机在铅垂面内做半斤斗翻转,b 和 c 表示在斜平面内做斜斤斗前半段,在上述条件下这三种情况所上升的高度是相同的。由于和路径无关,上述结论同样适应于急上升转弯的空间曲线。

上升高度还取决于剩余推力做功的部分,这部分取决于剩余推力大小和轨迹的长度。如图 $5-4-10$ 中的斜面 b,轨迹长度最长,而且曲率半径大,使用的载荷因数小,阻力也最小,剩余推力最大,所以增加的高度最多。同理,铅垂面 a 上的机动,轨迹长度最短,剩余推力最小,所以增加高度最少,斜面 c 的情况则介于两者之间。可见,要使上升高度最多,就要使上升角尽量小一点,机动载荷小一些,转弯时间长一些。显然,在相同的进入速度、改出速度和最大推力的条件下,飞机做小角度、小载荷的上升转弯,就能取得较多的高度,但是,转弯时间必然增长。

要缩短转弯时间,使飞行方向迅速改变,必须增大载荷和飞机坡度,以减小曲率半径,增大

旋转角速度。但是,载荷的增大,必然增大阻力,减小了剩余推力,因而就会减少高度的增加。所以转得快的急上升转弯,必然不可能同时达到上升高度最多。

从中可见,飞机做急上升转弯,既要转得快又要升得高这两个要求是互相矛盾的。一般来说,迅速转弯是矛盾的主要方面。飞机急上升转弯中应保持较大的坡度转弯,并尽可能增大上升角。具体的坡度和上升角的数值及变化情况则因各型飞机而异。

2. 急上升转弯的操纵原理

(1) 进入阶段

进入前为了迅速增大速度,积累动能,给急上升转弯创造条件,一般应加满油门,也可同时下降高度来增速。飞机达到规定进入速度并处于平飞状态时,即可向预定进入方向压杆蹬舵,在形成预定坡度(有些飞机则在形成预定的上升角和坡度)后,再有力地向后拉杆,增大迎角和载荷,使飞机开始在水平面和铅垂面内做曲线飞行而进入急上升转弯。

只要进入阶段形成的上升角和坡度适当,后一阶段的转弯就有了良好的基础。否则飞机在转弯阶段的动态将发生偏差。例如进入阶段形成的坡度过早或过多,则飞机不能尽快地达到预期的上升角,转过180°后,上升的高度较少。反之,进入阶段形成的坡度太晚或太少,容易使得上升角过大,速度迅速降低,以致改出速度过小;或者由于使用较小的载荷,转弯时间过长,不能充分发挥飞机的机动性能。

(2) 转弯阶段

在这个阶段中上升角和坡度都很大,飞机迅速转弯,同时尽快地上升高度。

这个阶段的主要操纵是拉杆。拉杆一方面增大迎角,产生较大的升力,这样,较大的升力垂直分力使飞机转入较大的上升角上升,较大的升力水平分力使飞机迅速转弯。拉杆的另一方面作用是利用升降舵(平尾)产生操纵力矩,克服由于迎角增大而增加的稳定力矩和因转弯加快而增大的阻尼力矩;这三个力矩之间不平衡,可使角速度发生变化。随着高度增加,速度不断减小,为使升力不致下降过多,要求进一步增大拉杆行程以增大迎角。

在急上升转弯中飞机的坡度会自动增加。这是由于飞机具有绕横轴和绕立轴的旋转角速度的缘故。因此,在转弯阶段,当飞机坡度增加到一定程度时,飞行员应根据坡度自动增大的特点,向反方向压杆,控制坡度不要增大过快,使坡度和上升角的增加相协调。随着坡度的增加,为了避免飞机产生内侧滑,还应适当增大蹬舵量。

(3) 改出阶段

这一阶段要求把飞机上升角减小为零,同时在转到180°时结束转弯,改为平飞。飞行员应当提前一定的角度开始做改出动作。开始改出时,应顶杆(或松杆)减小迎角,使升力垂直分力减小,迫使上升角迅速减小;同时应向转弯反方向压杆蹬舵,减小坡度,消除水平向心力,停止飞机转弯。反杆反舵的份量要适当,使上升角和坡度协调一致地减小,同时达到零,转为平飞;随着上升角和坡度减小,应逐渐收回油门。

5.4.6　横"8"字和懒"8"字

1. 横"8"字

横"8"字是飞机在同一铅垂面内由两个筋斗,中间用两个半滚连接起来的飞行。如果两个半滚是下滑半滚,称下横"8"字(见图 5 - 4 - 11);如果两个半滚是上升半滚,称上横"8"字。这里只讲下横"8"字。

图 5 - 4 - 11　横"8"字

在横"8"字中,飞机滚转前、后都在做曲线运动,外力比较大,在滚转中容易偏方向。另外,在进入滚转时,俯冲角较大,飞机增速快,直接影响到横"8"字的轨迹,因此,要做好横"8"字,就必须做好连接两个筋斗的下滑半滚动作。

① 正确掌握进入滚转的时机。当反俯冲角接近 30°～40°时,操纵飞机进入滚转。若进入时机过晚,不仅会使横"8"字的水平距离缩小,而且还容易造成速度过大。若进入时机过早,横"8"字的水平距离增大,增速慢。

② 到达规定俯角时,要松杆减小迎角和升力,制止飞机绕横轴转动,防止飞机在滚转中偏方向。滚转到 180°时,应立即柔和地拉杆,增大升力,使飞机继续做曲线运动。防止飞机在大俯冲角下,停留时间过长,增速过多。

③ 进入滚转时,压杆蹬舵要有力,使飞机迅速滚转 180°,改出滚转时,回舵要稍慢一些,以修正飞机的方向。另外,两次半滚的方向应当相反,以使飞机两次半滚引起的方向偏转大致抵消。

2. 懒"8"字

懒"8"字是通过两个连续、对称、方向相反的转弯保持的协调飞行(见图 5 - 4 - 12)。

这个动作速度小,"松散的"轨迹在天地线上构成一个水平的数字"8",故有懒"8"字之称。天地线将数字"8"纵向二等分,其俯仰角、坡度和速度不断发生变化,飞机经过了两个 180°的上升和下降转弯。

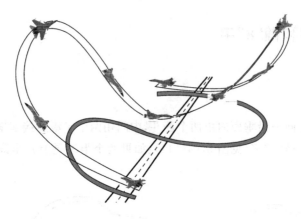

图 5 - 4 - 12　懒"8"字

（1）操纵原理

因为坡度、俯仰角和空速的变化，杆舵输入量不断变化，为了飞出轨迹对称的"8"字两瓣，在天地线上选择一个明显的点（与飞机航向成 90°，如肩膀以外方向）或一个地标，例如线条或马路（与飞机垂直）。选择的点应该距离飞机足够远（不能位于机翼下方），这样不会看不到。在脑海里从飞机到天地线投射一条假想的线，在动作的过程中必须保持向转弯方向观察确保无危险。

① 开始时，首先进行直线平飞，进入空速和动力设定符合要求。在天地线或地面选择理想的参照点，对正机头，使参照点在翼尖以外位置。同步压杆、蹬舵、拉杆，开始逐渐向参照点方向做上升转弯。起始坡度应该非常小，以防止转弯角速度过大。随着机头上仰，速度减小，造成转弯角速度增大。当飞机转过 45°或到达参考点一半距离时，控制好转弯角度和拉杆量，仰角达到最大（约转过 45°时）。利用外部参考和地平仪，循环检查仰角和坡度，随着机头下降，坡度继续增大。当坡度达到 80°～90°时，飞机应该指向参考点，且机头到达天地线位置。当机头到达天地线时，速度达到最小值。

② 到达天地线位置，飞机俯仰角或坡度继续变化。经过天地线，让机头下落，开始滚转减小坡度。"8"字第一瓣的后半圈（机头低于天地线）应该与前半圈（机头高于天地线）对称且大小基本相同。在飞"8"字第一瓣时，机头下降段与上仰段坡度变化速度相同。当飞机转到135°，俯角应该最大且坡度应该是 45°。继续操纵杆舵，使机头抬起同时改平坡度。通过检查外部参照点（位于动作开始时另一侧肩膀以外）监控转弯过程。机头到达天地线位置时，飞机应该不带坡度且达到进入速度，飞机此时已近完成180°转弯，不间断，沿与"8"字第一瓣相反的方向开始第二瓣动作。

（2）注意事项

① 进入方向选择与长的公路或线状地标垂直。将马路看作美元符号（＄）的中线。

动作中用两个转弯完成美元符号（＄）的"S"部分。如果找不到地面参照物，可以设置航向游标至初始航向，并且用它来判断转弯过程。

② 在带仰角转弯过程中，拉杆，使低位脚（位于转弯内侧的脚）踩在天地线上方，并且围绕

天地线滚转约 60°坡度。

③ 当使机头从下俯姿态回到天地线位置时,速度小于平飞时空速,掌握好速度提前量,俯角 30°时,应提前约 20 km/h 退出。

5.4.7 上切急转和下切急转

1. 上切急转

上切急转是在最短时间内改变飞行方向,控制飞机迅速指向 6 点钟斜上方目标,退出急转后还具备最后一次机动的速度。飞机在增加高度的同时,以最短时间改变飞行方向 180°。该动作进入时的坡度大于 0°,但小于 90°,所以高度变化较小,通过目视参考在机动同时完成最短时间的转弯。上切急转的关键在于以最快的转弯角速度、在最短的时间内实现飞机运动方向转过 180°,而并不关注能量及转弯速度的变化。做上切急转过程中,只需要关注简单的操纵原理即可(见图 5 - 4 - 13),不用过多考虑角点速度的保持或能量变化情况。

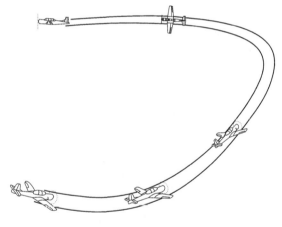

图 5 - 4 - 13 上切急转

(1) 进入阶段

加满油门俯冲增速,当速度达到规定时,拉杆退出俯冲,当机头与天地线相接时或退出俯冲至一定的俯角时(此时速度刚好达到规定值),向转弯方向压杆形成预期坡度,同时蹬舵保证不形成侧滑,以免失速迎角减小,在后续拉抖动过载时飞机意外进入失速。接近预定坡度时,回杆到中立位置,消除横向操纵力矩,飞机在横向阻尼力矩的作用下,形成预定坡度,回舵并留一定蹬舵量,以平衡飞机偏转过程中产生的航向阻尼力矩,从而保证飞机偏转角速度跟上轨迹角速度,不产生侧滑。而后,向正后方拉杆,不断增大升力,使飞机过载达到抖动过载。这样,一方面产生足够的 Y_2,以满足飞机的转弯轨迹半径尽可能小,转弯时间尽可能短;另一方面,以保证飞机在机动飞行过程中上升角不要减小过快。

(2) 转弯阶段

由于飞机同时存在带仰角绕机体立轴的偏转和带仰角和坡度绕横轴的上仰转动,因此坡度将自动增大,从而导致 Y_2 增大,Y_1 减小,为防止出现侧滑,应适当向进入方向逐渐增加蹬舵量。同时,飞机改变方向的过程中不断地减速,纵向操纵力矩不能平衡纵向稳定力矩和纵向阻尼力矩,迎角将自动减小。为保证最短转弯时间和上升角变化的要求,应不断地向后拉杆,维持飞机轻微抖动。

（3）改出阶段

当飞机接近改出位置时,反杆反舵,产生横航向操纵力矩,使飞机改平坡度,并不产生侧滑。当机头运动轨迹转过 180°时,回杆回舵到中立位置,使飞机转入平飞。

2. 下切急转

下切急转类似于半滚倒转,只是进入坡度要求大于 90°,但小于 180°,且高度变化量小。该动作目的在于利用势能(高度)转换为动能(速度),使飞行速度快速达到角点速度并维持该速度,使机头指向快速改变 180°(见图 5-4-14)。

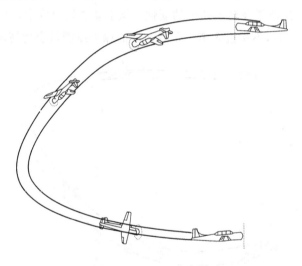

图 5-4-14　下切急转

（1）进入阶段

小角度俯冲增速,使进入参数符合规定。拉杆至天地线时,回头看垂尾附近天地线下约 15°的地面目标,向转弯方向压杆形成预期坡度,同时蹬舵保证不形成侧滑。接近预定坡度时,回杆到中立位置,消除横向操纵力矩,在横向阻尼力矩的作用下形成预定坡度,回舵并留一定蹬舵量,保证飞机偏转角速度跟上轨迹角速度,不产生侧滑。而后,向正后方拉杆,使过载达到抖动过载。

（2）转弯阶段

转弯阶段,飞机在重力的作用下会下降高度并增速。飞机在下降高度的过程中,为维持角点速度,应不断地向后拉杆,保证飞机轻微抖动,使飞机快速转弯并增速不多。在整个转弯过程中使升力矢量始终指向预定方位。

（3）改出阶段

当飞机接近改出位置时,反杆反舵,产生横航向操纵力矩,使飞机改平坡度,并不产生侧滑。

5.5　能量机动理论

学习能量机动理论,是为在空战中正确地运用能量,合理地支配能量,发挥能量优势,并适时将能量优势转化为战术位置优势奠定理论基础。尤其对于劣势装备,更应该挖掘能量潜力,发挥装备的特点。所以,掌握用能量法分析问题的思路,对于深入理解空战战术机动、开展战术研究意义重大。

5.5.1　能量法基本概念

1. 能量高度(H_E)

物体机械运动中所具有的能量称为机械能,包括动能和势能。飞机在空中飞行,具有一定的高度,又有一定的速度,因此,也具有一定的机械能(E),可表示为

$$E = E_势 + E_动 = GH + \frac{1}{2}mV^2 \tag{5-5-1}$$

不同的飞机具有不同的重力,为了便于比较,引入单位重力机械能的概念,即飞机总能量除以重力,因为其单位是米,故也称为能量高度(H_E)。由式(5-5-1)可得

$$H_E = \frac{E}{G} = H + \frac{1}{2g}V^2 \tag{5-5-2}$$

能量高度的物理意义是:如果飞机全部的动能可以无损失地转化为势能的话(机械能守恒),能量高度就是理论上飞机跃升到速度为零时所能达到的最大高度,如图5-5-1所示。所以,能量高度代表了飞机在该瞬时所具有的总能量水平。

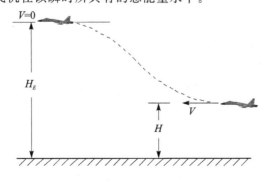

图 5 - 5 - 1　能量高度

图 5-5-2 表示的是飞机能量高度曲线,它是根据式(5-5-2)求得的,适用于任何飞机。图中每一点代表某一飞行状态(某一高度和速度)具有一定的能量高度,每一条曲线表示一个等能量高度线。在同一条曲线上移动,表示飞机的高度和速度按机械能守恒定律转化,即理想化的跃升和俯冲。从图 5-5-2 中可以发现,随着飞行马赫数的逐渐增大,等能量高度线逐渐变得密集。这表明以等能量高度飞行时,飞机在高速区只需要变化较小的速度,即可增加同样的飞行高度。

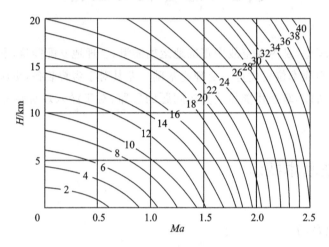

图 5-5-2　等能量高度线

2. 飞机能量变化率($\Delta H_E / \Delta t$)

因为能量的变化(ΔE)是外力(F)做功($F \cdot S$)的结果,所以能量变化率取决于单位时间做功的多少,即等于功率($F \cdot V$)(因为 $F \cdot \Delta S / \Delta t = F \cdot V$)。对于飞机来讲,飞机能量变化率取决于剩余推力做功的快慢,即剩余功率。所以飞机能量高度变化率就等于单位重力剩余功率的大小,并用 SEP(specific excess power)表示:

$$SEP = \frac{\Delta H_E}{\Delta t} = \frac{P - X}{G} \cdot V \qquad (5-5-3)$$

式中:

SEP——单位重力剩余功率,m/s。

SEP 的物理意义是:飞机每牛顿重力所具有的剩余功率,表示飞机获得补充能量的能力,反映飞机能量高度变化的快慢。发动机的作用就是通过燃烧燃油,释放出热能并转化为机械能,形成发动机的推进功率。这个推进功率一部分消耗在克服阻力使飞机前进,而剩余功率就可以用来不断补充能量。剩余功率除以飞机重力就是 SEP,它在数值上正好等于稳定上升时的上升率(V_y)。

每一个飞行状态(某个高度与速度)都可根据式(5-5-3)求出一个 SEP 值,即在飞行包线内每一点都有一个相应的 SEP 值。把相同数值的 SEP 各点连成一条曲线,就组成等 SEP 曲线,如图 5-5-3 所示。从飞机的 SEP 曲线可以看出飞机在什么高度和速度范围内飞行时 SEP 较大。如果将两型飞机的平飞 SEP 曲线绘制到一起,就可比较两架飞机的 SEP 曲线图,找出它们各自的有利空战区域。

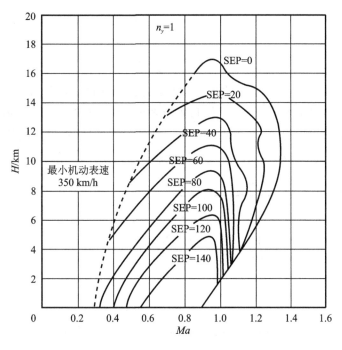

图 5 - 5 - 3 飞机平飞 SEP 曲线

SEP 有平飞 SEP 和机动飞行 SEP 之分,式(5 - 5 - 3)中的阻力 X 若为平飞阻力 $X_平$,则对应的 SEP 为平飞 SEP,记为$SEP_平$,即

$$SEP_平 = \frac{P - X_平}{G} \qquad (5 - 5 - 4)$$

相应地,若式(5 - 5 - 3)中的阻力为机动飞行阻力 $X_机$,则对应的 SEP 为机动飞行 SEP,记为$SEP_机$,即

$$SEP_机 = \frac{P - X_机}{G} \qquad (5 - 5 - 5)$$

5.5.2 机动中的能量关系

空战格斗要求飞机机动性好,即要求飞机速度变化快、高度变化快、方向变化快。能否达到这三个“快”,与当时的飞机能量状态有关。根据空战机动中能量关系,可把战术机动动作分成 4 种类型来讨论。

1. SEP=0,H_E 不变

这类机动中能量高度守恒,飞机可在铅垂面内利用重力的作用,实现高度和速度相互转换。因为

$$H_E = H_1 + \frac{V_1^2}{2g} = H_2 + \frac{V_2^2}{2g} = C$$

经过变换后可得到

$$\Delta H = -\frac{V}{g}\Delta V \qquad (5-5-6)$$

$$\Delta V = -\frac{g}{V}\Delta H \qquad (5-5-7)$$

式(5-5-6)和式(5-5-7)可说明,只要知道速度变化量(ΔV),就可算出高度增减量(ΔH),反之亦然。因为机械能守恒,动能和势能之间的转换与路径无关,如图5-5-4中路径A和B的结果是相同的。这样,就不需要计算运动的过程,直接求出问题的结果,而使问题大为简化,这正是用能量法直接反映状态变化的优越性。

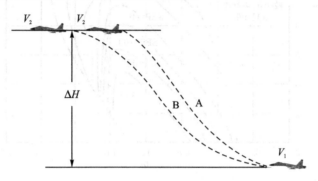

图5-5-4 能量转化与路径无关

从式(5-5-6)和式(5-5-7)还可看出,速度越大,减小相同的速度量,可换取的高度越多,如图5-5-5(a)所示;或者说,换取相同高度,速度越大,速度减小量越小,如图5-5-5(b)所示。

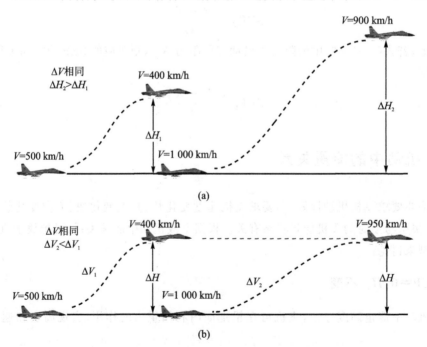

图5-5-5 速度大小在能量转换中的作用

这是因为动能与速度平方成正比,速度越大,动能增加得越快。因此,就高度优势和速度优势而言,在一定意义上,小速度飞机的"高度更宝贵",而大速度飞机的"速度更宝贵"。现代超声速战斗机速度很大,得到高度较容易,因此,在战术上常常采用低空大速度进入的方式,这和第二次世界大战中抢占高度的战术正好相反。另外,超声速飞机动升限很高,而亚声速飞机动升限和静升限差不多,也可根据上述原理说明。

2. SEP>0,H_E 增大

这类机动中能量得到补充,能量高度不断增大,即飞机上升或加速或同时上升和加速。典型动作就是等速上升和水平加速。

等速上升:SEP 使 H 增大,在时间间隔 Δt 内,高度增加量可按下式计算:

$$\Delta H = V_y \cdot \Delta t = \text{SEP} \cdot \Delta t \qquad (5-5-8)$$

水平加速:SEP 使 V 增大,在时间间隔 Δt 内,速度增量可按下式计算:

$$\Delta V = a_x \cdot \Delta t = \frac{g}{V} \cdot \text{SEP} \cdot \Delta t \qquad (5-5-9)$$

式中:

a_x——飞机纵向加速度。

根据牛顿第二运动定律

$$a_x = \frac{P-X}{G} \cdot g$$

较复杂的情况则是又上升又加速,根据上述能量关系可得

$$\text{SEP} \cdot \Delta t = \Delta H_E = \Delta H + \frac{V}{g}\Delta V \qquad (5-5-10)$$

总之,知道了 SEP 数值,就可计算出此类机动中飞行状态(H,V)的变化情形。

3. SEP 转化为角速度,H_E 不变

这类机动中飞机的可用推力大于平飞阻力,飞机具有剩余推力,因而 SEP 是大于零的;但是,SEP 并未用于补充能量,增加高度或速度,而是用来进行机动飞行,转化为一定的角速度。因为机动飞行中升力大于重力$(n_y>1)$,因而诱导阻力剧增;要维持机动飞行,必须用 SEP 去克服由于阻力的增大所消耗的能量,保持一定的旋转角速度(水平面、铅垂面或空间曲面内)。这就是 SEP 转化为角速度的含义。此处的 SEP 为平飞 SEP。

这类机动的典型动作就是稳定盘旋。盘旋角速度推导如下:

因为盘旋中推力等于阻力,而阻力又可分解为零升阻力和诱导阻力两部分,即

$$X = C_{x0} \frac{1}{2}\rho V^2 S + \frac{An_y^2 G^2}{\frac{1}{2}\rho V^2 S}$$

$$= C_{x0} \frac{1}{2}\rho V^2 S + \frac{AG^2}{\frac{1}{2}\rho V^2 S} + \frac{A(n_y^2-1)G^2}{\frac{1}{2}\rho V^2 S}$$

$$= X_平 + \frac{A\left(n_y^2 - 1\right)G^2}{\frac{1}{2}\rho V^2 S}$$

所以,盘旋中所需推力为

$$P_{盘需} = X_平 + \frac{A\left(n_y^2 - 1\right)G^2}{\frac{1}{2}\rho V^2 S}$$

变换得

$$\left(n_y^2 - 1\right) = \frac{\mathrm{SEP}_平 \cdot \rho V}{2A\left(\dfrac{G}{S}\right)}$$

根据圆周运动公式可得,飞机盘旋角速度公式为

$$\omega_盘 = \frac{g}{V}\sqrt{n_y^2 - 1}$$

则有

$$\omega_盘 = \frac{g}{V}\sqrt{\frac{\mathrm{SEP}_平 \cdot \rho V}{2A\left(\dfrac{G}{S}\right)}} \tag{5-5-11}$$

从式(5-5-11)可看出,在相同高度、速度条件下,$\mathrm{SEP}_平$ 越大,转化所得的角速度也越大。已知 $\mathrm{SEP}_平$,就可计算出 $\omega_盘$。

还可看出,不同的飞机,即使有相同的 $\mathrm{SEP}_平$,转化的 $\omega_盘$ 数值也不同,它取决于飞机的诱导阻力因子(A)和翼载(G/S)。A 和 G/S 较大的飞机,相同的 $\mathrm{SEP}_平$,转化的 $\omega_盘$ 就较小,说明这种飞机的机动性较差。

4. $\mathrm{SEP} < 0$,H_E 减小

这类机动中能量不断消耗,能量高度不断减小,表现在飞机减速或下降高度,也可能同时减速和下降。

这类机动较简单的情况就是等速下滑和直线减速。减速盘旋(或降高度盘旋)则是它的典型机动。减速盘旋是利用能量的减小,多换取一些旋转角速度。与稳定盘旋相比,减速盘旋可得到更大一些的角速度,因为它不仅把已有的剩余功率转化为角速度,而且造成负的 SEP,又拿出一部分能量来转化为角速度,因此旋转更快。这时的角速度称为瞬时角速度,记作 $\omega_{瞬时}$,故有

$$\omega_{瞬时} = \omega_盘 + \Delta\omega$$

其中,$\Delta\omega$ 就是负的 SEP 转化而得,即损失部分的速度(或高度)转化来的角速度。可以看出,减速盘旋能明显增大旋转角速度,是规避敌机导弹攻击的一种机动。

起始能量占优势的飞机与对手相比,就有足够的能量用负得更多的 SEP 做消耗能量的机动,从而得到更大的瞬时角速度,把能量优势转化为角速度优势,取得战术上的有利位置。

上述 4 种基本机动类型的相互关系可用图 5-5-6 表示。图中箭头表示机动中能量变化途径,箭头旁的数字与上述 4 种类型相对应。这 4 种机动类型是最基本的,实际上空战机动常是它们的组合。例如,减速盘旋就是③和④的组合,加力筋斗(平均推力大于平均阻力时)则是①、②和③的组合。任何机动动作中的能量关系都可用这些基本类型组合而成来说明。

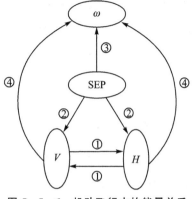

图 5-5-6　机动飞行中的能量关系

5.5.3　能量的运用和支配

从能量观点看,飞机是一种能量转化的机器,飞行员实际上是能量的管理者和支配者。飞机具备了能量转化的条件,能不能实现有利的转化,关键要看飞行员。一个飞行员飞行技术是否高超,空战中是否发挥了人的主观能动性,就表现在他能否合理地支配能量和正确地运用能量,是否比对手具有更高的运用能量的技巧,能否发掘较大的能量潜力。有了能量优势,就比对手有更多的机会去选择战术机动,实现追击或摆脱,取得战术主动权。

空战中怎样运用和支配能量,可以从以下 4 个方面入手。

1. 节约燃油用于空战

起飞后爬高进入战区,采用什么上升程序才是最佳呢?一是最短时间上升,二是最少油耗上升。如要尽量多地保存燃油用于空战,就要采用最小油耗上升程序。如要最快到达预定高度,则要用最短时间上升程序。这些最佳上升程序可以用能量法进行深入地分析得出,并在驾驶守则上做出明确规定。

又如,快速出航时应用多大速度?为了节约燃油,显然在没有发现敌机时不应开加力,只能用不开加力的最大平飞巡航速度。虽然这个速度并不是飞机的最大速度,却是一项很值得重视的技术指标。空战中有这种情形:进攻者的飞机速度性能虽然很高,但出航时由于携带较多的武器和外挂,加上不开加力,巡航速度并不大;防御者的飞机,虽然速度性能处于劣势,但出航时由于外挂少,先敌发现,即起动加力,因而接敌的速度可能大于对方,这样,劣势装备一方在具体战斗态势上却在能量上占了优势。

2. 积极积聚能量

当我机加速性能优于敌机时,常可采用加大油门直线下降增速来追击或摆脱敌机,这一动作是积聚能量的过程。飞机速度的增加,一部分来源于 SEP,一部分来源于高度的转换。因此速度增量可按下式计算:

$$\Delta V = \frac{g}{V}SEP \cdot \Delta t - \frac{g}{V}\Delta H \qquad (5-5-12)$$

又如,当我机的垂直机动性能优于敌机时,常可采取加力跃升或加力筋斗动作来聚积能量,用于追击或摆脱。飞行高度增加,一部分来源于 SEP,一部分来源于速度的转换。因此,高度增量可按下式计算:

$$\Delta H = \mathrm{SEP} \cdot \Delta t - \frac{V}{g} \Delta V \qquad (5-5-13)$$

3. 灵活转换能量

充分利用飞机在铅垂面内比水平面内旋转快的特点,积极实施机动。在同一速度、过载下,飞机在铅垂面内(倒扣状态)比水平面内可得到更大的向心力,如图 5-5-7 所示。

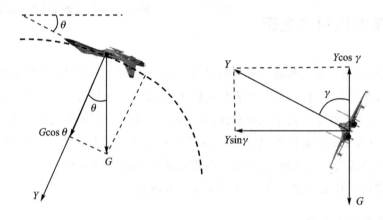

图 5-5-7 铅垂面内和水平面内向心力比较

在水平面内向心力为 $Y\sin\gamma$,在铅垂面内向心力为 $Y+G\cos\theta$,因此在铅垂面内的旋转角速度 $\omega_垂$ 为

$$\omega_垂 = \frac{g}{V}(n_y + \cos\theta) \qquad (5-5-14)$$

在水平面内的旋转角速度 $\omega_{水平}$ 为

$$\omega_{水平} = \frac{g}{V}\sqrt{n_y^2 - 1} \qquad (5-5-15)$$

由于存在下列关系:

$$\sqrt{n_y^2 - 1} < n_y < n_y + \cos\theta \qquad (5-5-16)$$

所以,铅垂面内旋转角速度比水平面内快。

从式(5-5-14)看出,在一定的过载限制下,速度越大,旋转越慢,$\omega_垂$ 与 V 成反比;但速度太小,受到最大可用升力的限制,能产生的过载也将减小。因而,$\omega_垂$ 反而随 V 的减小而减小。所以,只有飞机抖动的同时又达到过载极限时的速度,其旋转角速度才是最大的。例如,某歼击机在 5 km 高度,铅垂面内角点速度为 900 km/h(此时表速 700 km/h),这时如果 n_y 为 6,对应的 $\omega_垂$ 为 15.7°/s(倒扣状态),而加力盘旋的最大稳定角速度只有 11.6°/s。高度越高,两种情况下的角速度差值越大。

因此,空战机动中可利用铅垂面内速度与高度的转换来调整飞机速度接近角点速度,并在铅垂面内实施快速旋转,达到有利态势。

4. 合理消耗能量

空战中消耗能量的机动必须慎重使用,否则,失去了能量更易被动挨打。但是,处于被动态势下,如能通过消耗能量,迫敌冲前,换取到位置优势,也是一种很好的战术手段。通常,在敌机已抵近射击距离时,为了摆脱敌机,需急剧减速,利用敌机只顾瞄准、反应迟缓的机会,迫其"冲前"。大过载桶滚(也称大半径横滚)就是此类机动的一个典型。

以上是空战中运用和支配能量的基本原则。飞行员要真正成为飞机能量的优秀管理者和支配者,不仅要正确理解上述原则,还要能在空战中灵活地运用这些原则。

5.6　操纵飞机的基本要领

飞行员操纵飞机做各种飞行,尽管机型不同,具体操纵动作并不一样,但可以从中抽象出共同的基本操纵要领,这就是"正确判断、掌握时机、按需施量、杆舵协调、往复修正、动作柔和"。这些要领是广大飞行员在长期实践中总结出来的各种操纵动作的共同规律。研究这些要领并在飞行实践中应用它,对于掌握飞行驾驶技术具有重要作用。

5.6.1　正确判断

正确判断飞行状态,是决定操纵杆舵的时机、方向、份量和快慢的重要依据。正确判断要求飞行员能做到尽早发现、准确无误。飞行员操纵飞机会出现某些偏差,往往是由于发现得晚,判断错误造成的。

要掌握操纵的主动性,不仅要准确判断飞行状态,还要判断飞行状态的变化,预测其发展趋势。比如,在着陆过程中,飞机从一米高度下沉,当下沉到半米高度的瞬间,它虽然处于半米高度上,但又不会停留在这个高度,还会继续下沉,这要求飞行员不单要判断高度,还要注意高度变化的快慢。又如,侧向稳定性不良的"飘摆"现象,如果每当飞机向左达到最大坡度时,飞行员才向右压杆修正,则所得的结果往往是扩大了"飘摆"的幅度,而不能使其终止。其原因就是当飞机左坡最大时,正是左侧滑产生的右滚力矩达到最大的时候,而向右压杆,更增大了右滚力矩,使右坡度更扩大。这好比荡秋千一样,每当达到最高点,加一个向下的推动力,就会越荡越高。因此,飞行员要做好正确判断,不仅要注意当时的飞行状态,而且要注意它的变化,预见它的发展趋势,而不能孤立、静止地对待飞机运动。

要准确判断飞行状态的发展趋势,应当把以前的飞行状态和现在的飞行状态联系起来,并根据飞机运动的规律来预测以后的变化。

对于飞行状态的判断,可以通过飞机与天地线的相对位置、飞机与地面的相对移动和仪表的指示来确定。有时,飞行员还可以根据运动感觉来判断飞行状态。训练飞行中,飞行员有可能通过观察仪表的指示得到 80% 以上的飞行状态信息,但在空战中,飞行员的注意力主要用在目视搜目标上,根据仪表得到飞行状态的信息就大大减少,这时,"感觉"飞机运动状态的能力起着决定性作用。

飞行训练中正确分配注意力是能否正确判断飞行状态的重要因素。在各型飞机的地面预习教科书中所指出的注意力分配的方法,对飞行员学会正确判断飞行状态具有重要作用。

5.6.2　掌握时机

飞行中,操纵飞机从一种状态改变到另一种状态,总要有一个运动变化过程,要经过一段时间。要求飞机在预定的时间内准确地达到预定的飞行状态,就需要提前操纵。掌握时机就是要正确估计提前量,把握好开始操纵的时机。

提前时间一般是由飞行状态改变多少和状态改变的快慢两个方面决定的。

飞行中状态变化包括飞行速度、飞行方向和飞机转动这三个方面。根据力学原理,速度变化(ΔV)所需提前的平均时间(Δt)为

$$\Delta t = \frac{G \Delta V}{g F} \qquad (5-6-1)$$

式中:

F——引起速度大小变化的作用力。

改变飞行速度方向($\Delta \theta$)所需提前操纵的平均时间(Δt)可由下式表示:

$$\Delta t = \frac{G V \Delta \theta}{g F_{向心}} \qquad (5-6-2)$$

式中:

$F_{向心}$——向心力的大小;

$\Delta \theta$ 的单位是弧度。

飞机转动角度的加(减)速过程所需的平均时间(Δt)可由下式确定:

$$\Delta t = \frac{I \cdot \Delta \omega}{M} \qquad (5-6-3)$$

式中:

I——飞机的转动惯量;

$\Delta \omega$——角速度变化量;

M——作用力矩。

综合式(5-6-1)、式(5-6-2)和式(5-6-3),可以看出掌握操纵时机要注意以下四点:

① 飞行状态变化量大,操纵时机要相应多提前;

② 用以改变飞行状态的力和力矩小(即操纵杆、舵、油门的动作量小),飞行状态改变得慢,则操纵时机要相应多提前;

③ 在作用力和力矩一定的条件下,飞机的重量或转动惯量大,飞行状态变化慢,操纵时机要相应多提前;

④ 实际飞行中,因操纵杆、舵、油门后,力和力矩的形成有一个时间过程,这些在式(5-6-1)～式(5-6-3)中没有包含,所以飞行中判断操纵时机,还应把这一段时间的影响考虑在内。

5.6.3　按需施量

按需施量是指根据飞行的实际需要,飞行员施加予杆、舵以恰当的操纵分量。能否按需施量不仅会影响飞行动作的质量,也会关系到飞行安全。

操纵杆舵的分量具体表现在操纵杆舵的力和行程两方面。在不同飞行情况下,操纵分量有时侧重在力的方面,有时则侧重在行程方面,或者同时兼有。

飞行实践中,飞行员常用"十杆、四舵"的概念来区分不同情况下的操纵杆舵的分量。"十杆"是:抱杆、拉杆、带杆、推杆、顶杆、迎杆、松杆、压杆、回杆和稳杆。"四舵"是:蹬舵、顶舵、抵舵和回舵。这就使一般的拉杆、蹬舵的概念由笼统而变为具体;使难以表达的操纵分量变得比较易于捉摸了。

现对"十杆"和"四舵"的含义及使用时机等问题概述如下:

1."十杆"

拉杆、带杆和抱杆,这些都是驾驶杆向后移动的操纵动作。拉杆一般用来表示杆力或杆行程比较大的操纵动作,如改出俯冲,由于速度大,需要比较大的杆力,故用拉杆。着陆时,速度较小,并不需要很大杆力,但行程较大,也用拉杆表示其操纵分量。带杆表示杆力和行程都较小的操纵动作,如上升时,仰角小于规定,因需要增加的迎角很小,其修正动作便用带杆。抱杆表示将杆拉到底,并保持在最后位置的操纵动作,如有的歼击机教学螺旋地进入,要求蹬舵、抱杆。

推杆、顶杆和迎杆,这些都是驾驶杆向前移动的操纵动作,依其不同的移动行程而有区分。推杆的行程最大,顶杆的行程较小,迎杆的行程最小。例如进入俯冲就用推杆;俯冲直线段,随着速度增加,机头要上仰,为了保持预定的俯冲状态,要用顶杆;着陆拉平中,飞机如略有上飘,为制止继续上飘,用迎杆,以表达小于推杆和顶杆的微量操纵。松杆是减轻拉(推)杆的力,使杆自动地向前(向后)移动的操纵动作。比如斤斗中,飞行员修正拉杆过多的偏差,就用松杆动作。

压杆和回杆是驾驶杆左右移动的操纵动作。压杆是为了产生横侧操纵力矩,造成飞机滚转或保持横侧平衡。回杆是在压杆之后再向压杆反方向移动杆的操纵。回杆使横侧操纵力矩减小或消除,利用阻尼力矩来减慢或制止飞机滚转。

稳杆是指在一定的时间内保持驾驶杆的位置不变的操纵动作。像在盘旋中,状态适当,就可稳杆保持继续旋转。有时飞行状态虽不稳定,但飞行员可根据飞行状态的发展趋势,有意识地等待飞机自动达到预期状态,而无须额外操纵,这时也可以用稳杆动作。比如拉杆进入跃升,当上升角达到预定值之前,就可以稳杆,待飞机快到预定上升角时,再顶杆保持上升角。又如修正着陆跳跃,如估计飞机跳起高度不超过 1 m,也可用稳杆动作,等飞机重新下沉时再继续拉杆。

综上所述,"十杆"的操纵动作中,稳杆是一种以静为动的操纵。其他"九杆",横侧操纵只有两种,其余皆为纵向操纵。这是因为飞行中,飞行员主要通过改变升力来做各种曲线运动。升力的大小可以有很大的变化,用杆分量就有很大的差别,所以纵向方面的操纵需要表达得更细致一些。

2. "四舵"

蹬舵和顶舵是不同分量的方向操纵动作。蹬舵的行程比较大,顶舵的行程较小。如改出螺旋,要用大的方向舵偏角,需要蹬舵,甚至要用蹬满舵来说明把方向舵偏角转到极限位置。起飞滑跑中,发现机头有偏转的趋势,可顶舵保持直线滑跑。

回舵与回杆的意思相仿,是在原来蹬舵的基础上向反方向操纵。

抵舵与稳杆的意思相仿,是只有力而没有行程的操纵舵的动作。通常蹬舵以后,为了保持舵面的位置不变,需要用脚抵住。

当然,在"十杆、四舵"之外,还有一些操纵杆舵的术语,诸如顺杆和反杆、左舵和右舵等。它们主要表示操纵杆舵的方向,而与分量大小无关。

要做到按需施量,必须善于把"十杆、四舵"所体现的操纵分量区别应用于各类不同的飞行状态变化中。

5.6.4　杆舵协调

在飞行中就操纵杆舵的基本作用来说,杆的前后移动支配着俯仰运动,杆的左右移动支配着滚转运动,蹬舵则支配着偏转运动。但是飞机俯仰、滚转和偏转运动之间是互相联系和互相影响的。有时仅仅是移动了杆或蹬了舵,但对飞行状态的影响,却往往起到"牵一发而动全身"的作用。因此,飞行员做每个动作,不能孤立对待杆舵的操纵,而要注意杆舵的协调,力求全面照顾飞行状态的变化。正如弹钢琴一样,要十指协调,相互配合,才能弹出优美的旋律来。

杆舵协调主要表现在纵向操纵和侧向操纵之间的协调,以及横侧操纵与方向操纵之间的协调两个方面。

盘旋飞行中特别强调杆舵的协调,从纵向和侧向操纵的协调来说,飞行员在压杆、蹬舵形成坡度的时候,还要相应地拉杆,才能保持高度不变。从横侧和方向操纵之间的协调来看,压杆形成坡度,容易形成内侧滑,适当地蹬舵就能消除内侧滑,然而蹬舵多了又会形成外侧滑。只有杆舵协调,才能保持无侧滑盘旋。

5.6.5　往复修正

飞行中无论是改变飞行状态或是修正各种偏差,都要求飞机迅速地、准确地稳定在预定状态,减少波动现象,而要做到这一点,在操纵上往往要有一个往复操纵的过程。这是因为要改变飞行状态,必须首先在飞机上形成不平衡的力或力矩,以产生加速度。当飞机达到预定飞行状态之前,又必须提前操纵来消除此种不平衡的力和力矩,使加速度消失,稳定在预定状态上。所以,操纵上正确的往复修正,才能避免飞行状态的往复波动。但这也并不是说,飞行中一切操纵动作都必须有一个往复过程。某些飞行状态变化缓慢的操纵,有时只需要单一的操纵动作。例如飞行中少量地增加一点迎角或速度,就可以单一地拉点杆或加点油门。这对于具有迎角稳定性的飞机来说,当飞行员操纵以后,随着飞行状态的改变,飞机可能自动稳定在一个新的状态,而不必另加操纵了。但这种方法需要时间较长,只适用于飞行状态少量变化的情形。

飞行中以下几种情况需要往复操纵:

① 改变飞行状态或制止飞行状态继续变化都必须飞行员直接控制时,在操纵动作上需要一个往复的过程。例如盘旋中形成预定坡度,需要飞行员先压杆,然后回杆,甚至压反杆。

② 迅速地、大量地改变飞行状态,需要往复动作。开始为了得到较大的加速度,操纵是过量的,快到预定状态前,必须提前反向操纵。要求飞行状态变得越快,操纵量越大,就越需要适量地往复操纵。

③ 飞行员的操纵动作往往不能一次做得绝对准确,可能过量或不足。为了准确保持预期状态,需要往复修正,消除过多的操纵量或弥补不足的操纵量。

5.6.6　动作柔和

所谓动作柔和,是指飞行员根据改变飞行状态的需要,均匀地改变杆、舵和油门的行程,没有顿挫现象。

一般来说,动作柔和的好处是飞行状态的变化比较平稳,飞行员容易掌握按需施量,易于使飞机准确达到预定的飞行状态。由于动作柔和,飞行状态会紧紧跟随操纵动作而变化;在状态变化过程中发生的偏差也较小;即使出现偏差,也易于及时修正。

柔和的反面就是粗猛。最粗猛的操纵动作就是阶跃式操纵舵面。已知在阶跃输入下,状态参数的变化会出现超调量,并且围绕着预定参数值上下波动,如图5-6-1中曲线1所示。如果动作柔和,并有适量的往复修正,则状态参数变化柔和,可以不出现超调现象,如图5-6-1中曲线2所示。

当然,动作柔和不等于操纵动作越慢越好。在操纵动作没有顿挫现象的前提下,根据具体要求,操纵动作有快有慢,都可以符合柔和的要求。

飞机的动态是复杂多样的,对操纵动作的要求也不能千篇一律。在某些情况下,为了不失时机,需要急促有力地操纵飞机。比如在着陆中突然发生翼尖下坠,需要果断有力地蹬反舵修正倾斜;机动飞行中飞机失速变状态,也需要急促有力地推杆,制止飞机进入螺旋。因此,在强调操纵动作柔和的同时,并不排斥在某些情况下操纵动作要果断和急促有力。

"正确判断、掌握时机、按需施量、杆舵协调、往复修正、动作柔和"是根据飞机运动特点,从飞行实践中概括出来的。正确判断是要求尽量发现并正确判明飞行状态及其发展趋势,它是一切操纵动作的依据。掌握时机是为了达到某一预定飞行状态而决定操纵动作开始的时机。按需施量是根据不同飞行情况的需要,有区别地使用操纵分量。杆舵协调是全面照顾飞机各种运动之间的互相影响。往复修正是使飞机稳定在新的飞行状态的必要手段。而动作柔和则是为了使操纵动作和飞行状态的变化两者能紧密结合起来。这些操纵要领是互相紧密联系和相辅相成的。一切正确的操纵动作都是这些基本要领的集中反映。对飞行员来说,不仅要懂得这些基本要领的科学原理,还应当在飞行实践中,按照实际情况灵活运用这些要领。

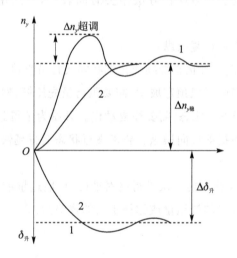

图 5 - 6 - 1　操纵动作输入形式与参数变化

本章小结

飞机的机动性,是指飞机在一定时间内改变飞行速度、高度以及飞行方向的能力。按航迹的特点把飞机的机动飞行分为水平平面内的、铅垂平面内的和空间的机动飞行三种。对于盘旋、斤斗、横滚、跃升和俯冲等典型特技,从运动方程入手,分析特技飞行的动态特点,进而研究各特技飞行的操纵方法。同时用能量分析法可以确定飞机不同状态的机动能力。基于飞机的操稳特性和长期经验总结出来的操纵飞机的基本要领对于飞行员的未来飞行极具参考价值。

复习思考题

1. 画出盘旋中角速度向量分解图,说明 ω_y 与 ω_z 随坡度增加的变化趋势。

2. 画出盘旋的作用力图,并分析飞机保持稳定盘旋的条件。

3. 盘旋的载荷因数与什么因素有关?

4. 衡量飞机盘旋性能的主要指标是什么? 如何获得最小盘旋半径和最短盘旋时间?

5. 极限盘旋都受哪些条件限制? 在不同速度段各有什么特点?

6. 影响盘旋性能的因素都有哪些? 是如何影响的?

7. 说明盘旋进入阶段的操纵原理。

8. 稳定盘旋阶段高度保持不好的原因是什么? 为什么在修正高度偏差时不宜单纯用推(拉)杆的办法修正?

9. 稳定盘旋阶段速度保持不好的原因是什么? 如何修正速度偏差?

10. 某飞机在空中以速度 700 km/h 做稳定盘旋,若半径为 3 000 m,求盘旋一圈的时间是多少? 坡度是多少? 注:可用反三角函数表示。

11. 某飞机质量 4 600 kg,以 360 km/h 的速度平飞,升力系数为 1,阻力系数为 0.125,如果在同一高度用同样的迎角做 60°盘旋,飞机进入速度应增加多少? 盘旋中所需推力多大?

12. 某飞机质量为 6 600 kg,用同一迎角平飞和 60°坡度盘旋,升力各为多少? 平飞速度为 400 km/h 时,问盘旋速度是多少?

13. 说明斤斗的动态特点。

14. 为什么进入斤斗要有足够的速度?

15. 进入斤斗时拉杆造成的载荷因数的大小对斤斗轨迹有什么影响? 为什么?

16. 斤斗飞行为什么要考虑底边高度?

17. 说明斤斗的操纵原理。

18. 斤斗各阶段杆力、杆行程的变化特点有哪些?

19. 试分析斤斗顶点速度过小的原因,应如何避免斤斗顶点速度过小?

20. 说明横滚的动态特点。

21. 说明横滚的操纵原理。

22. 在横滚的操纵中,哪些是为了使飞机滚得快的操纵? 哪些是为了减小飞机在铅垂面及水平面的向心力的操纵?

23. 在进入盘旋或横滚时,压杆的同时都要蹬舵,其目的都是为了避免产生内侧滑。试问,如果不蹬舵,为什么会产生内侧滑?

24. 什么是半斤斗翻转? 说明其运动特点。

25. 什么是半滚倒转? 说明其运动特点。

26. 说明跃升的操纵原理。

27. 说明俯冲的操纵原理。

28. 分析改出俯冲时的速度为什么不能超过最大允许速度？

29. 分析急上升转弯的动态特点及作用力关系。

30. 急上升转弯中,迅速转弯与尽量上升高度为什么是矛盾的？如何做到两者兼顾？

31. 说明急上升转弯的操纵原理。

32. 在急上升转弯的转弯阶段,反杆的目的与盘旋中反杆的目的有何不同？

33. 飞行员操纵飞机的基本要领是什么？

34. 何为"十杆、四舵"？

第6章 起飞和着陆

起飞、着陆是飞行员必须掌握的基本动作,也是初学飞行者的重点训练内容。起飞、着陆的驾驶技术主要是通过起落航线飞行来掌握的。

所谓起落航线飞行,是指飞机起飞后,根据着陆标志("T"字布),按规定的高度、速度和预定的转弯点飞行一圈,然后着陆的一种飞行。大多数飞机的起落航线,如图6-0-1所示。只是在航线宽窄和实施数据上有所差别。以起飞方向为准,起飞后向左转弯称为左航线,向右转弯的称为右航线。

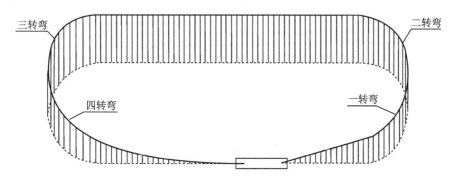

图 6-0-1 起落航线飞行

对起落航线飞行的具体要求,在各型飞机的驾驶守则或地面预习教材中均有详细介绍。

后三点飞机和前三点飞机起飞、着陆的操纵原理基本相同。本章主要分析前三点飞机起飞和着陆的性能、操纵原理、典型偏差、着陆目测及侧风条件下的起飞和着陆特点。

6.1 起 飞

起飞是飞机从开始滑跑到离开地面,并上升到一定安全高度的运动。安全高度应根据机场四周的障碍物(如树木、机库、电线杆等)来选取,常采用 25 m(有的国家规定为 15 m 或 10.7 m)。如图 6-1-1 所示,起飞包括起飞滑跑和离地上升两个阶段,具体分为三点滑跑、两点滑跑、离地、小角度上升和上升。要使飞机顺利起飞,即尽快离开地面并上升到规定的高度,必须有足够的升力作保证。而飞机升力的大小主要取决于速度和迎角,其中迎角的增大又受到较大的限制,即要使飞机离地,必须在一定的迎角基础上具有足够的速度。因此,增速是贯穿起飞过程的一个主要特点。下面分析起飞性能及各阶段的操纵原理。

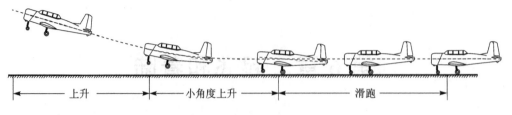

上升　　　　　小角度上升　　　　　滑跑

图 6-1-1　起飞各阶段

6.1.1　起飞性能分析

飞机的每次飞行总是以起飞开始,以着陆结束。起飞和着陆是实现一次完整飞行所不可缺少的两个重要阶段。因此,飞机除应有良好的空中性能外,还必须具有良好的起飞和着陆性能。否则,即使空中飞行性能良好,飞机也会在飞行安全和实际使用方面带来一系列的问题。

1. 起飞性能

起飞性能的主要指标是起飞距离(L_{TO}),由起飞滑跑距离(L_R)和起飞空中距离(L_A)组成。

(1) 起飞滑跑距离

飞机从开始滑跑到离地所经过的距离称为起飞滑跑距离。在地面滑跑过程中,抬前轮前后飞机所处的姿态不同,因而迎角以及升、阻力系数也不同。所以,滑跑段的精确计算应分别对上述两段进行数值积分后相加。但实践表明,作为近似计算,可以假设飞机在整个滑跑过程中都以两主轮着地进行,而且认为发动机推力矢量近似与地面平行。

在上述假设下,飞机在滑跑中的受力情况如图 6-1-2 所示。作用在飞机上的外力有:垂直于地面的升力 Y、地面支反力 N 和飞机重力 G;平行于地面的阻力 X、地面摩擦力 F 和发动机可用推力 P。那么飞机滑跑时的运动方程为

$$\begin{cases} \dfrac{G}{g}\dfrac{\mathrm{d}V}{\mathrm{d}t}=P-X-F \\ N=G-Y \end{cases} \tag{6-1-1}$$

式中:

　　$F=fN$;

　　f——地面的摩擦系数。

把 Y 和 X 的表达式代入式(6-1-1),并除以 G,可以得到

$$\frac{1}{g}\frac{\mathrm{d}V}{\mathrm{d}t}=\frac{P_{ck}}{G}-f-\frac{\rho V^2 S}{2G}(C_x - fC_y) \tag{6-1-2}$$

令

$$f'=f+\frac{\rho S V^2}{2G}(C_x - fC_y)$$

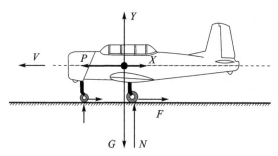

图 6 - 1 - 2　起飞滑跑时飞机的受力情况

则式(6 - 1 - 2)可以写成更为简洁的表达式

$$\frac{\mathrm{d}V}{\mathrm{d}t} = g\left(\frac{P}{G} - f'\right) \tag{6 - 1 - 3}$$

式中:

　　f'——起飞换算摩擦系数;它是把飞机的总阻力假定全部为机轮摩擦力而换算出来的摩擦系数。

　　由于飞机起飞滑跑是直线加速运动,其加速度 $a = \mathrm{d}V/\mathrm{d}t$,$V = \mathrm{d}L/\mathrm{d}t$,所以起飞滑跑距离 (L_R) 与 a、V 有以下关系:

$$\begin{cases} a = \dfrac{\mathrm{d}V}{\mathrm{d}t} = \dfrac{\mathrm{d}V}{\mathrm{d}L}\dfrac{\mathrm{d}L}{\mathrm{d}t} = \dfrac{\mathrm{d}V}{\mathrm{d}L}V = \dfrac{1}{2}\dfrac{\mathrm{d}V^2}{\mathrm{d}L} \\[3mm] \mathrm{d}L = \dfrac{\mathrm{d}V^2}{2a} \end{cases} \tag{6 - 1 - 4}$$

　　将式(6 - 1 - 3)代入式(6 - 1 - 4),如果已知离地速度 (V_{LOF}),对式(6 - 1 - 4)积分即可得到起飞滑跑距离的计算公式为

$$L_R = \frac{1}{2}\int_0^{V_{\mathrm{LOF}}^2} \frac{\mathrm{d}V^2}{g\left(\dfrac{P}{G} - f'\right)} \tag{6 - 1 - 5}$$

　　在式(6 - 1 - 5)中,G、V_{LOF} 已给定,只要知道 P、f' 与 V 的解析关系,即可积分求出 L_R 来。如果找不出具体的表达式,只要知道不同速度 (V) 下的 P、f' 值,可以用图解积分或数值积分法求出 L_R。

　　如果采用平均可用推力和平均换算摩擦系数,可按式(6 - 1 - 3)求出平均加速度 (a_{av}),这样式(6 - 1 - 4)可以写成

$$L_R = \frac{V_{\mathrm{LOF}}^2}{2a_{\mathrm{av}}} = \frac{V_{\mathrm{LOF}}^2}{2g\left(\dfrac{P}{G} - f'\right)} \tag{6 - 1 - 6}$$

　　由式(6 - 1 - 6)可以看出,起飞滑跑距离的长短取决于离地速度和平均加速度。所需离地速度越小,或平均加速度越大,则起飞滑跑距离越短。一切缩短起飞滑跑距离的措施,都是从减小离地速度和增大加速度这两个方面提出的。

　　(2) 起飞距离

　　起飞距离等于滑跑距离 (L_R) 与空中段距离 (L_A) 之和。前面推导了起飞滑跑距离的计算

公式,这里推导起飞空中段距离的计算公式。离地后转入加速上升时,飞机上的作用力如图 6 - 1 - 3 所示。

　　飞机从离地到起飞到安全高度(H_2)之间,上升角和轨迹角速度($\mathrm{d}\theta/\mathrm{d}t$)都不大,可以认为 $\cos\theta = 1$,$\mathrm{d}\theta/\mathrm{d}t = 0$。飞机的运动方程为

$$\begin{cases} \dfrac{G}{g}\dfrac{\mathrm{d}V}{\mathrm{d}t} = P - X - G\sin\theta \\ Y = G \end{cases} \qquad (6-1-7)$$

由式(6 - 1 - 7)的第一式可解出

$$\mathrm{d}t = \frac{G}{g}\frac{\mathrm{d}V}{P - X - G\sin\theta} \qquad (6-1-8)$$

因为上升角很小,沿上升轨迹的前进距离近似等于对应的水平距离,所以

$$\mathrm{d}L_A = V\mathrm{d}t = \frac{G}{g}\frac{V\mathrm{d}V}{P - X - G\sin\theta} = \frac{G}{2g}\frac{\mathrm{d}V^2}{P - X - G\sin\theta}$$

积分上式即可求得起飞空中段距离,但通常只能用图解积分或数值积分法求解。

　　工程计算中,常用能量法来确定。根据能量守恒定律,采用平均剩余推力$(P-X)_{\mathrm{av}}$,则可得到计算起飞空中段距离的公式为

$$L_A = \frac{G}{(P - X)_{\mathrm{av}}}\left(\frac{V_H^2 - V_{\mathrm{LOF}}^2}{2g} + H\right) \qquad (6-1-9)$$

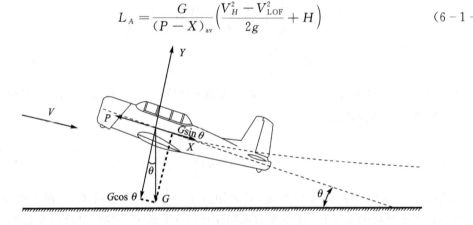

图 6 - 1 - 3　起飞空中段飞机上的作用力

2. 影响起飞滑跑距离的因素

(1) 滑跑迎角

　　要缩短起飞滑跑距离,在推重比(P/G)和离地速度(V_{LOF})一定时,只有通过调整滑跑迎角,减少起飞滑跑总阻力。因为滑跑迎角过大,虽然产生的升力大,可以减少机轮摩擦力,但因空气阻力大,总阻力并不是最小。相反,滑跑迎角过小,虽然可以减少空气阻力,但因升力也小,机轮摩擦力增大,总阻力也不是最小。确定滑跑总阻力最小所对应的迎角的方法是:因为总阻力最小,从式(6 - 1 - 3)可知,即 f' 最小,即($C_x - fC_y$)最小。如果飞机极曲线为二次抛物线,则可通过求($C_x - fC_y$)的极值来确定,即

$$C_x = C_{x0} + AC_y^2$$
$$C_x - fC_y = C_{x0} + AC_y^2 - fC_y$$

两边对 C_y 求导，并求极值

$$C_y = \frac{f}{2A}$$

即在等于 $f/(2A)$ 的升力系数下，总阻力最小。只要知道跑道与机轮之间的摩擦系数（f）和飞机诱导因子（A），就可求出这个升力系数，再从 $C_y \sim \alpha$ 曲线查出相应的迎角。可以看出，在表面粗糙的跑道起飞，滑跑应保持较大的迎角。在表面光滑的跑道起飞，滑跑应保持较小的迎角。

（2）离地速度

缩减起飞滑跑距离的另一措施是减少离地速度。离地速度（V_{LOF}）可按下式确定：

$$V_{LOF} = \sqrt{\frac{2G}{S\rho C_{yLOF}}} \tag{6-1-10}$$

式中：

C_{yLOF}——离地迎角的升力系数；

ρ——机场所在高度的空气密度。

从式（6-1-10）看出，要减少离地速度，就要减小翼载荷（G/S）和增大离地升力系数。现代高速飞机由于机翼面积小，翼载荷大，而大后掠薄翼，升力系数也小，以致离地速度越来越大，滑跑距离越来越长，起飞性能恶化。当前，由于有了前缘襟翼、喷气襟翼、变后掠翼和动力升力等措施，离地升力系数随之增大，起飞性能得到改善。

飞行员固然可以通过增大离地迎角来提高离地升力系数，但离地迎角要受抖动迎角和擦尾角的限制。飞行员可以通过多放襟翼的方法来提高离地升力系数，但襟翼角度要受起飞航道上升梯度的限制。因为襟翼角度大，升阻比小，上升梯度小，有可能使上升梯度小于超越障碍物的最小上升梯度。

（3）起飞重量

起飞重量增加，起飞滑跑距离增长。这是因为重量增加，若离地迎角不变，离地速度必然增大，而且推重比减小，使起飞平均加速度减小，从式（6-1-6）可以看出，起飞滑跑距离增加。

（4）场面气压和气温

场面气压、气温对起飞滑跑距离的影响，从本质上看，是空气密度变化所引起的。高原机场起飞，气压低，空气密度小，一方面推力减小，使滑跑平均加速度减小，另一方面使离地真速增大，所以起飞滑跑距离增长。

（5）逆（顺）风

起飞滑跑，为了产生足够的升力使飞机离地，不论有风或无风，只要离地迎角相同，离地空速就应相同，但地速不一定相同，而起飞滑跑距离与地速有关。逆风起飞，离地地速小，所以滑跑距离短。顺风起飞离地地速大，所以滑跑距离长。在式（6-1-6）中的 V_{LOF} 实际上是地速，只要无风，空速等于地速，在有风条件下计算滑跑距离，则把式（6-1-6）中的 V_{LOF} 用地速（$V_{LOF} \pm U$）代替即可。

（6）跑道坡度

跑道坡度是指道面沿起飞方向有倾斜角。下坡起飞，重力分量 $G\sin\theta$ 作为加速度的一部分，飞机容易增速，滑跑距离缩短。相反，上坡起飞，滑跑距离增长。

6.1.2　起飞滑跑阶段的操纵原理

飞机在地面由静止到获得离地速度的运动过程称为起飞滑跑阶段。如前所述，飞机必须产生大于其重力的升力才能离地升空，而这需要一定的速度和迎角。起飞滑跑的操纵动作正是为了尽快达到一定的速度，适当增大迎角，并保持好滑跑方向而进行的。因此，操纵飞机如何加速、如何抬前轮、如何保持滑跑方向，就构成了起飞滑跑阶段的三个主要问题。以下就围绕这三个问题分析前三点飞机的起飞滑跑操纵原理。

1. 加油门

由图 6-1-4 看出，发动机推力是使飞机加速的，空气阻力和地面摩擦力是阻碍飞机加速的，为了尽快增速，应尽量增大推力。因此，飞机起飞时通常都是加满油门的。但某些飞机，在实际起飞重量小于最大起飞重量，而跑道又比较长的情况下，考虑节油和延长发动机的使用寿命，提高起飞安全水平，不一定加满油门，这种不使用最大推力的起飞称为灵活推力起飞。

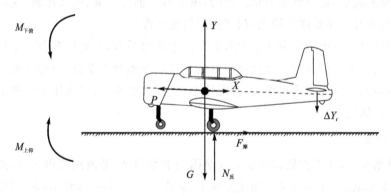

图 6-1-4　两点滑跑时的作用力和力矩

2. 抬前轮

滑跑速度增大到一定数值，飞行员应当柔和拉杆抬起前轮，使飞机转为两点滑跑。

抬前轮的操纵原理是飞行员向后拉杆，产生使机头上仰的操纵力矩。如图 6-1-4 所示，当上仰操纵力矩大于由地面给主轮的反作用力和摩擦力产生的下俯力矩时，机头抬起。

抬前轮的目的是为了增加迎角，增大升力系数，以减小离地速度，缩短滑跑距离。

抬前轮的时机不宜过早，也不宜过晚。抬前轮过早，由于此时速度小，平尾效用低，为了抬起前轮，势必要多拉杆。但随着速度的不断增大，平尾抬头力矩增大，为要保持前轮抬起的姿态，势必要用较大的操纵量往复修正，这给操纵带来了不便。当然抬前轮也不宜过晚，抬前轮过晚,飞行员从拉杆抬起前轮到飞机离地时间短,不易修正前轮抬起的高度以保持适当迎角,会使升力猛然增大而突然离地。所以,对于小、中型飞机,通常规定在离地速度的 60%～75% 时开始抬前轮。但某些大型喷气式飞机由于其停机角接近起飞滑跑的有利迎角,以及考虑到提高修正侧风能力、开阔飞行员在起飞滑跑中视界等因素,规定在离地速度的 95% 时抬前轮,抬前轮动作与飞机离地连续进行。

前轮抬起多高才合适呢? 一般是以保持该型飞机的离地迎角为准。前轮抬得过低,则迎角和升力系数小,需要离地速度大,滑跑距离势必增长。而前轮抬得过高,势必造成大迎角小速度离地,飞机的稳定性和操纵性较差,甚至影响飞行安全。

前轮抬起后,飞机以两点滑跑,如果飞行员保持升降舵偏角不变,随着滑跑速度的不断增大,飞机将继续上仰,增大迎角。因此,为保持规定的两点姿态滑跑。飞行员应随着滑跑速度的增大而相应地向前迎杆。

3. 保持滑跑方向

在起飞滑跑中,当受侧风等因素的影响时,飞机会出现偏转,需要用舵保持滑跑方向。对螺旋桨飞机来说,螺旋桨的滑流还对飞机形成偏转力矩,需要适量蹬舵,才能保持滑跑方向。

实际起飞的操纵方法是以上述基本动作为基础,再进行必要的补充而形成的。如某型初教机起飞滑跑阶段的主要操纵方法是:在开始滑跑前,注视前方目标,将驾驶杆推至中立稍前,松开刹车,随着飞机滑动,在 4～6 s 内柔和加满油门(同时推住变距手柄),并及时有力地蹬左舵保持方向。加满油门后,扫视速度表,速度 80 km/h,注视前方,柔和拉杆抬前轮,当机头高出天地线约 15～20 cm 时,应带住杆,保持此关系位置。随着速度增大,舵面效用增强,机头会有上仰趋势,应减轻带杆力,以保持机头、风挡与天地线的关系位置。滑跑过程中,应根据机头与目标、天地线的相对移动,判断与保持好滑跑方向。

6.1.3　离地上升操纵原理

飞机在两点滑跑中,随着速度的增大,升力不断增大,待速度增大到某一速度,升力等于飞机重力之后,速度再稍增大,飞机即可自行离地,开始上升。

1. 小角度上升阶段

飞机刚离地时,速度还是比较小,对推重比比较小的飞机来说,不宜立即采用大上升角上升,需要经过一段小角度上升,使飞机一边缓慢上升高度,一边继续增速。为此,在该阶段,应随着速度增加,相应地向前迎杆,保持小角度加速上升。

2. 上升阶段

速度增加到规定数值时,应柔和地带杆,增迎角,使升力大于重力第一分力 $G\cos\theta$,以增大上升角,在达到预定的上升角(可参考仰角)前,应向前顶杆,减小迎角,使升力同重力第一分力平衡,保持规定的上升角。同时收小油门,使推力等于阻力与重力的第二分力之和,保持上

升速度不变。在起飞上升阶段,作用力的平衡条件与稳定上升时的完全相同,即

$$\begin{cases} Y = G\cos\theta_{\!\perp} \\ P = X + G\sin\theta_{\!\perp} \end{cases}$$ $(6-1-11)$

6.2 着 陆

着陆是飞机从一定高度(一般定为 25 m)下滑,并降落于地面,减小速度直至停止的运动过程。着陆包括空中和地面两段。其中,空中段包括下滑、拉平和平飘;地面段包括两点滑跑和三点滑跑;接地是两者的衔接点,如图 6-2-1 所示。着陆的主要特点是降低高度和减慢速度,以便飞机轻稳接地,尽快停止运动。下面对着陆性能及各阶段的操纵原理做进一步分析。

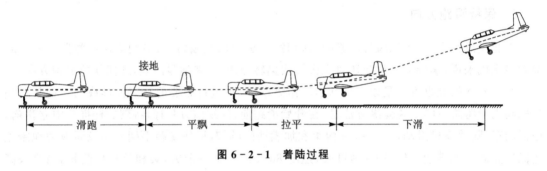

接地

滑跑   平飘   拉平   下滑

图 6-2-1 着陆过程

6.2.1 着陆性能分析

与起飞性能一样,飞机必须具有良好的着陆性能。

1. 着陆性能

着陆性能的主要指标是着陆距离 L_L,由着陆空中距离 L_A(从着陆进入高度到飞机接地所经过的水平距离)和着陆滑跑距离 L_R(从接地到停止滑跑所经过的水平距离)组成。

(1)着陆空中段距离

飞机从 25 m 高度下滑减速至主轮接地的过程中,下滑角不大,可认为 $\cos\theta = 1$,即下滑减速段的水平距离近似等于所经过的路程。因发动机处于慢车工作状态,$P = 0$。同时假设在此过程中阻力变化不大,可用接地瞬间的阻力 X_{jd} 和 $H = 25$ m 处的阻力 X_H 的平均值 X_{av} 来代替,即

$$X_{av} = \frac{(X_{jd} + X_H)}{2}$$

按能量法有

$$\frac{G}{2g}V_H^2 + 25G = \frac{G}{2g}V_{jd}^2 + X_{av}L_A$$

由上式解得下滑减速段的水平距离为

$$L_A = \frac{G}{X_{av}}(\frac{V_H^2 - V_{jd}^2}{2g} + 25) \tag{6-2-1}$$

因设 $\cos\theta = 1$，则 $Y = G$，故 $G/X_{av} = Y/X_{av} = K_{av}$，因而式（6-2-1）也可写成

$$L_A = K_{av}(\frac{V_H^2 - V_{jd}^2}{2g} + 25) \tag{6-2-2}$$

式中：

K_{av}——平均升阻比。K_{av} 可用下式确定

$$K_{av} = \frac{(K_H + K_{jd})}{2}$$

式中：

K_H——$H = 25$ m 时的升阻比；

K_{jd}——接地时的升阻比。

（2）着陆滑跑距离

在着陆滑跑中，使飞机减速的力有地面摩擦力和空气阻力，如果有反推装置，减速力还应有反推力。由于飞机在整个滑跑过程为减速直线运动，设其减速度为 a，则飞机着陆滑跑距离与 a、V 有以下关系式：

$$dL = \frac{dV^2}{2a}$$

上式中，$a = -g(f'' - P/G)$，f'' 称为着陆换算摩擦系数（与起飞换算摩擦系数 f' 类似）。

$$L_R = \int_{V_{jd}^2}^{0} \frac{dV^2}{2a} \tag{6-2-3}$$

式中：

V_{jd}——接地速度。

从而可得出飞机地面滑跑距离的公式为

$$L_R = \int_{V_{jd}^2}^{0} \frac{dV^2}{2g\left(f'' - \dfrac{P}{G}\right)} \tag{6-2-4}$$

式（6-2-4）中，f''、P 是速度 V 的函数，故只要知道其解析表达式即可进行积分。如果 f''、P 取平均值，则式（6-2-4）可以写为

$$L_R = \frac{V_{jd}^2}{2g\left(f'' - \dfrac{P}{G}\right)} \tag{6-2-5}$$

由式（6-2-5）可见，要缩短着陆滑跑距离，应尽量减小 V_{jd}，并增大着陆换算摩擦系数 f''。完全打开襟翼，可以增大接地时的升力系数，减小 V_{jd}；充分利用刹车，可加大 f''。此外，喷气式飞机着陆时常使用减速伞，计算中应加入以机翼面积为参考面积的减速伞的阻力系数。

2. 影响着陆滑跑距离的因素

（1）接地速度

所谓接地速度，是指着陆过程中飞机的主轮开始接触地面瞬间的速度。飞机飘落接地瞬

间的速度要比升力平衡重力所需速度略小一些,故接地速度用下式计算:

$$V_{jd} = k \sqrt{\frac{2G}{\rho S C_{yjd}}}$$ 　　　　　　　　$(6-2-6)$

式中:

k——速度修正系数,一般取 $0.9 \sim 0.95$。

为了缩短着陆距离,V_{jd} 应尽可能小,为此 C_{yjd} 应尽可能大。但 C_{yjd} 要受到防止抖振、避免护尾包碰地以及升降舵或平尾的最大上偏角三个条件的限制。为安全起见,取三者的最小值。

此外,着陆重量、场面气温和气压、逆(顺)风等因素都会影响着陆滑跑距离,情况与影响起飞滑跑距离的情况相似。

(2) 减速措施

为了缩短着陆滑跑距离,除了减小接地速度以外,还要尽量增大阻力。主要措施有:

① 着陆时打开减速板,以增加阻力。

② 刹车——前轮放下后对主轮进行刹车,可以大大缩短着陆滑跑距离。

③ 减速伞——飞机接地后打开减速伞,利用伞上产生的空气阻力使飞机减速。减速伞能使着陆滑跑距离缩短 30% 左右。

④ 反推力装置——它是装在喷气发动机尾喷管部分的一种辅助装置,其作用是改变喷流的方向,使其产生与运动方向相反的推力分力,使飞机减速,以缩短着陆滑跑距离。这种装置也可作空中减速之用。

⑤ 舰载飞机着陆时,多用机械装置如拦阻索将飞机截住,以缩短滑跑距离。

(3) 跑道积水

积水跑道与湿跑道不同。一般说来,积水跑道是指水层厚度超过 2.5 mm,水深可以测量出来。

飞机在积水跑道上滑跑,水层挤入轮胎与道面之间,产生流体动力升力 F_Y 和流体动力阻力 F_X,F_Y 将轮胎抬起,减小了机轮与道面的接触面积,使摩擦阻力减小,这种现象称为动态滑水。当飞机滑跑速度(指地速)增加到一定程度,流体动力升力使轮胎完全脱离道面,刹车不起作用,最大刹车摩擦系数将从干水泥道面的 $0.2 \sim 0.3$ 减小到 0.05,相当于飞机在冰上滑跑。

由于摩擦系数减小,着陆滑跑距离明显增长。对于反推力良好的飞机,滑跑距离约增加 25%,对没有反推力的飞机,着陆距离约增加 50%。1965 年 7 月,美国一架波音 707 飞机因冒着大雨着陆,道面积水 7.6 mm,刹车完全失效,虽然使用了 100% 反推力,飞机还是冲出了跑道,最后撞毁。所以在积水跑道上着陆,飞行员要充分估计到滑跑中可能出现的动态滑水,切实做好目测。

在流体动力升力作用下,机轮与道面完全脱离的最小速度(地速)称为动态滑水临界速度(V_C)。动态滑水临界速度大,说明飞机不容易滑水,刹车不容易"失效"。动态滑水临界速度的经验公式为

$$V_C = 0.201 \sqrt{P_{胎}} \, (km/h)$$ 　　　　　　　$(6-2-7)$

若机轮不转动,经验公式为

$$V_C = 0.172\sqrt{P_{胎}}\,(\text{km/h}) \tag{6-2-8}$$

式中:

$P_{胎}$——主轮胎气压(Pa)。

从式(6-2-7)和式(6-2-8)可以看出,动态滑水临界速度主要与轮胎气压有关,而与飞机重量无关。如果刹车使用不当,飞机刹车后反而容易形成动态滑水。因为轮胎气压不变,飞机重量增加,轮胎接触道面被水冲击的面积也增加,所以动态滑水临界速度不变。机轮不转动,不利于排水,故动态滑水临界速度减小。预防滑水现象最根本的方法是不在积水过深的跑道上着陆。如果剩油不多或其他原因不得不在大量积水的跑道上着陆时,应尽可能降低接地速度,充分利用空气动力减速,待速度减到临界滑水速度以下,再使用刹车。如果飞机一接地,就急忙放下前轮、使用刹车,反而会加重滑水。只要正常刹车没有故障,就不要使用应急刹车,否则会因机轮刹死而降低滑水临界速度。

6.2.2　着陆各阶段的操纵原理

1. 下滑阶段

着陆前的下滑是做好着陆的基础。飞机着陆前的下滑,根据机种不同,有的采取等速直线下滑,有的则采取减速直线下滑。某型初教机着陆前下滑基本上采取等速直线下滑,其作用力关系为

$$\begin{cases} P + G\sin\theta = X \\ Y = G\cos\theta \end{cases} \tag{6-2-9}$$

在等速直线下滑中,直线飞行决定了下滑角是一定的,等速则要求在油门一定的情况下飞机的迎角应保持不变。因此,等速直线下滑中应保持迎角和俯角不变,这也便于判断下滑线和下滑角是否正确,具体的判断方法将在着陆目测一节中介绍。实际着陆前的下滑中,受四转弯的位置和高度、外界条件及操纵动作的准确性等因素的影响,着陆前下滑的各参数都可能发生相应的变化。因此,等速直线下滑的操纵动作主要是根据着陆目测,通过操纵杆舵和油门,保持好下滑角、下滑点、下滑线和下滑方向。同时注意判断高度,以便在规定的高度开始拉平。此外,如果开始下滑的速度比较大,为了缩短减至等速下滑速度的时间,可以先多收一些油门,使发动机转速小于规定下滑速度所对应的转速。随着下滑速度减小,再提前加油门,使转速恢复到规定下滑速度所对应的转速,并一直保持到开始拉平为止。

喷气式飞机多采取变速下滑。这是因为喷气飞机开始下滑的速度比拉平前的速度大得多,有必要边下滑边减速。变速下滑的操纵动作将在有关机种的改装教材中加以介绍。

2. 拉平阶段

拉平是飞机由下滑转入平飘的转换过程,为一曲线减速运动过程。其目的在于逐渐减小

下滑角,以便在一定的高度上(通常是 1 m 上下,所以常称为 1 m 平飘)转入平飘。拉平过程的作用力关系为

$$\begin{cases} Y > G\cos \theta_下 \\ P + G\sin \theta_下 < X \end{cases} \qquad (6-2-10)$$

开始拉平的高度是根据当时飞机俯角大小和下降的快慢而定的,并依机型不同稍有差别,某型初教机以正常下滑角下滑时为 6~7 m。当下滑到此高度时,飞行员应柔和地向后拉杆,增加飞机迎角,增大升力,同时收小油门,减小拉力,使飞机作用力满足式(6-2-10)做曲线减速运动的要求,下滑角和速度按规定逐渐减小。拉杆的的快慢以保证飞机机轮下缘距地面约 1 m 高度时转为平飘为准。收油门的快慢要以飞机当时减速的快慢和是否能降落到预定着陆地点为准。

3. 平飘阶段

平飘是为接地做准备,即在飞机下沉到离地 0.25~0.15 m 高度,把飞机拉成两点接地姿势。待速度减到接地速度,随即接地。在一般情况下,转入平飘后,油门已经收完,拉力基本减小到零,飞机将在阻力的作用下继续减速。在平飘过程中,随速度减小,应逐渐向后拉杆。保持升力大致等于重力,使飞机缓慢下沉。

拉杆的快慢和多少应根据飞机下沉的快慢而定,正如飞行员所说的"下沉得快,拉得快;下沉得慢,拉得慢"。但在一般情况下,平飘前段和后段的拉杆动作存在一定差异。其中,在平飘前段,由于速度比较大,且飞机减速慢,下沉也较慢,只需增加较小的迎角就能得到足够的升力维持平飘。所以,需要的拉杆量小,拉杆的动作较慢。在平飘后段,飞机减速快,下沉也较快,再加上此时飞行速度比较小,需增加较多的迎角才能弥补升力的减小。所以,需要的拉杆量大,拉杆动作也快。

4. 接地阶段

飞机从 0.25~0.15 m 高度下沉到接地过程中,升力稍小于重力,飞机做向下的曲线运动。根据曲线飞行中机头追气流的原理,机头要跟随运动轨迹的向下弯曲而逐渐下俯。因此,飞行员需要向后带杆,才能使飞机以规定的姿态接地。

接地瞬间,地面给主轮的反作用力(N)和摩擦力($F_摩$)对飞机重心形成下俯力矩(见图 6-2-2)。飞行员需要带住杆,才能保持飞机接地姿态不变。

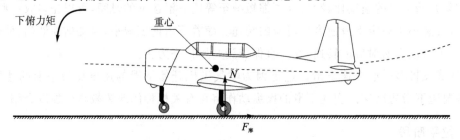

图 6-2-2 飞机接地时产生的下俯力矩

5．滑跑阶段

在着陆滑跑的前段,速度仍相对较大,空气阻力也相应较大。为尽快减速,两点接地后,飞行员应稳住杆保持两点滑跑,使飞机在地面摩擦力和空气阻力作用下减速。随着滑跑速度不断减小,升降舵效用也不断降低,机头会自动下俯,待前轮接地后,将驾驶杆推过中立位置,压住前轮,使它不离开地面。然后使用刹车,使飞机尽快减速。

滑跑中,应注意要用舵保持方向。在滑跑前段,速度大,方向舵效用强,用舵能有效制止飞机偏转。滑跑后段,速度小,舵面效用差,应适当增大蹬舵量制止偏转。

6.2.3　拉平高、拉平低和拉飘的原因及修正

拉平高、拉平低和拉飘是着陆中常见的偏差,如处理不当也会影响着陆质量和飞行安全。

1．拉平高

飞机结束拉平的高度高于 1 m,称为拉平高。在同样大小的拉平载荷因数下,开始拉的时机早、下滑角小等都可能造成拉平高。在拉杆过程中,发现有拉平高的趋势,应稍停或减小拉杆量,使飞机下降快一点,然后再按正常情况拉杆。拉平已高了,飞机下沉时应稳住杆;如不下沉,应适当松杆。飞机下降到 1 m 时,再按正常着陆拉杆。

2．拉平低

飞机结束拉平的高度低于 0.75 m,称为拉平低。拉平低的原因同拉平高正好相反。

在拉杆过程中,发现有拉平低的趋势时,应适当增大拉杆量,减慢飞机下沉,以使飞机在 0.75～1 m 高度上转入平飘。如果飞机拉平后的高度在 0.5 m 以下,在飞机不飘起的前提下,应及时适量拉杆,以便将飞机拉成正常的两点接地姿态接地。如果飞机以较小的两点姿态较重接地时,应注意带住杆,防止前轮撞地跳起,但也要防止接地时带杆过多而使飞机跳起。

3．拉　飘

在平飘过程中,飞机向上飘起的现象称为拉飘。

拉飘的主要原因是在平飘过程中拉杆过多,以致升力大于重力而使飞机飘起。此外在大逆风情况下,空速比地速大得多,如不注意这点,仍按正常情况拉杆,也会引起升力增加较多而使飞机飘起。

飞机出现拉飘后,如有继续上飘的趋势,应立即柔和迎杆,制止飞机继续上飘。如飞机飘起的高度不大,且迎角不大,应稳住杆,待飞机下沉后,再柔和拉杆,做正常着陆动作。

6.3　起飞、着陆中的几个特殊问题

在起飞、着陆中,只要飞行员按照正确的要领实施操纵,就能够做到安全地起飞和着陆。但我们也应当估计到出现特殊情况的可能性,做到有备无患。下面将分析起飞、着陆中可能遇到的几种特殊情况。

6.3.1　小速度离地

飞机小于正常离地速度就起飞离地的现象称为小速度离地。

1. 小速度离地的原因

小速度离地的根本原因是飞机离地姿势过大,离地时的迎角超过了正常离地迎角。从操纵上来说,可能有以下几个原因:

① 抬前轮时机不对,动作粗猛,飞机迎角突然增大,而又没有及时把起飞姿势修正到正常起飞姿势。

② 在飞机起飞滑跑中,由于某种原因,飞行员急于使飞机离地,在速度没增至离地速度时,就拉杆增大迎角,迫使飞机提前离地。

③ 高速飞机带副油箱起飞时,飞机重心后移,将前轮抬到规定高度(即增加同样多迎角),需要增加的拉杆行程和拉杆力都比较小,如果飞行员没掌握这一特点,仍按正常动作操纵,就容易造成飞机迎角突然增大,以小速度离地。

2. 小速度离地的现象

(1) 飞机迎角继续增大

产生此现象的主要原因:第一种可能是后掠翼飞机翼尖出现气流分离,产生自动上仰力矩所致;第二种可能是飞机离地后地效减弱,飞机上仰,迎角增加,飞行员操纵不当,没有注意用驾驶杆保持飞机的姿态所致。

(2) 飞机摇晃或产生坡度

飞机离地后,速度小,迎角大,可能出现局部气流分离。如果左右机翼气流分离不平衡,就会出现左右摇晃或向一边产生坡度。此外,后掠翼飞机在大迎角时,横侧稳定性较强,遇扰动产生侧滑时,会产生较大的横侧稳定力矩使飞机滚转,而此时速度小,横侧阻尼力矩小,滚转角速度不易消失,故易形成较大的坡度。

(3) 飞机下沉

飞机小速度离地过程中的下沉有两种情况,一种情况是飞行员感到下沉,但飞机仍在上升;另一种情况是飞机的确在下沉。下面分别解释这两种现象的原因。

飞机正常离地迎角一般大于有利迎角。以小速度离地时,离地迎角比有利迎角大得更多。离地迎角比有利迎角大得越多,升阻比越小,阻力越大,飞机增速也就越慢。另一方面,飞机离开地面后,地面效应逐渐消失,升力系数减小。飞机小速度离地时,速度增加得慢,升力系数又小,这就可能引起升力小于重力第一分力,使上升角减小,飞机运动轨迹向下弯曲,此时飞行员受到向上的惯性力的作用,压在座椅上的力减轻,因此会感到飞机下沉。但实际上只是上升角在不断减小,飞机仍在缓慢上升,所以这种情况又称假下沉。

而在一些特殊条件下,上升角变为下滑角时,飞机才出现真下沉。比如,飞机在小速度下受同样大的不稳定风的影响,空气动力的变化比较显著。小速度离地时,如果逆风突然减小,或顺风突然增大,升力就会显著降低,导致上升角减小为零,进而引起飞机真正下沉。此外,飞机由于某种原因发生倾斜时,升力第一分力会显著小于重力第一分力,也可能导致上升角迅速减小,进而引起飞机下沉。

不论是真下沉还是假下沉,甚至重新接地,飞行员都不必紧张,而应集中精力保持好飞机状态,即保持好迎角和不产生坡度,并随飞行速度增大,逐渐减小迎角至正常,飞机就会逐渐转为正常起飞上升。

3. 小速度离地的处置方法

① 飞行员发现飞机小速度离地时,视线不要离开地面,同时稳住杆,以便正确地判断飞机的姿态,并控制迎角不要继续增大。当飞机仍有上仰趋势时,应及时适量向前迎杆减小迎角,并蹬平舵,防止飞机产生侧滑和发生倾斜。如果飞机下沉,则应按正常着陆动作操纵飞机,使飞机平稳接地。随后,让飞机在滑跑中继续增速,等飞机增速至正常离地速度时,自动离地。

② 发现飞机突然倾斜,应及时地手脚一致地反杆反舵修正,消除飞机倾斜。这是因为在大迎角下,副翼效能降低,加之后掠翼飞机的横侧稳定性较强,使横侧操纵性变差,如用副翼修正坡度,反应较迟缓。

值得强调的是,在修正飞机倾斜中,仍要特别注意观察和保持飞机仰角,防止迎角继续增大。因为迎角过大是造成小速度离地的原因,也是造成较大倾斜和修正倾斜比较困难的原因,如果只顾修正坡度,而未控制住迎角的增大,则坡度可能会越来越大而危及飞行安全。

③ 必要时,要果断中断起飞。

6.3.2　着陆跳跃

飞机接地后又跳离地面的现象称为着陆跳跃。着陆跳跃是在飞机着陆时由于飞行员操纵错误而发生的偏差动作。只要了解其产生的原因,掌握修正方法,是可以防止和修正的。

1. 着陆跳跃的产生原因

前三点飞机以两点姿势接地时,由于重心位于主轮之前,地面对主轮的反作用力对飞机重心形成一个下俯力矩,如图 6-2-2 所示,导致迎角减小,升力减小,不容易发生跳跃。但是,

着陆时迎角由于其他原因增大,以致升力 Y 与减振器伸张的弹力 F' 之和大于重力,即

$$Y + F' > G$$

飞机就会跳离地面。引起这种跳跃的原因有以下几个方面:

①飞行员没有把飞机拉成两点姿势,飞机以重三点接地。此时由于前三点起落架的构造特点,前起落架减振支柱伸张的弹力形成较大的上仰力矩,迫使机头上仰,增大迎角,以致 $Y + F' > G$,飞机跳离地面。

②飞机完成两点接地姿势的高度太高,以重两点接地。此时作用在主轮上的反作用力比较大,形成较大的下俯力矩,迫使前轮有力地撞击地面而弹起,以致迎角增大,飞机跳离地面。

③主轮接地时,飞行员向后拉杆,以致迎角增大,飞机跳起。

2. 着陆跳跃的不同类型

着陆跳跃出现时的速度有大有小,跳跃的特点也不同。

(1)大速度跳跃

大速度跳跃是指大于正常接地速度所产生的跳跃,其特点是:第一,因为速度较大,同样迎角增量下,附加升力 ΔY 较大,飞机跳得高;第二,跳起高度如与小速度跳起的高度一样,迎角自然比较小,阻力也就比较小,势必速度消失较慢,下沉也慢,飞机在空中停留时间长;第三,飞机的稳定性比较好,对杆、舵的操纵反应也比较快。大速度跳跃飞机动能大,控制不当易出现连续跳跃。

(2)小速度跳跃

小速度跳跃是速度小于或等于正常接地速度所产生的跳跃。其特点是:第一,因速度小,在同样的迎角增量下,附加升力 ΔY 较小,飞机跳起高度较低。如果跳起高度与大速度时相同,迎角增加量必然较多,仰角较大;第二,因跳起时的迎角大,阻力也大,速度消失较快,飞机在空中停留的时间短,下沉快。如果跳起时的迎角过大,有可能超过失速迎角,如此时飞行员带舵,飞机就会向带舵一边倾斜,形成"翼尖下坠";第三,飞机的稳定性较差,对杆、舵操纵反应迟缓。

3. 着陆跳跃的修正方法

发生着陆跳跃,应及时进行修正。要求飞行员视线不应离开地面,首先判明飞机的上仰趋势、离地高度和下沉快慢,再进行适当处置。

大速度跳跃,如上飘和缓,应稳住杆,等待飞机自动停止上飘;若飞机继续上飘,应向前迎杆制止。当飞机下沉时,应根据下沉速度的快慢,相应柔和拉杆,让飞机缓慢而轻稳地接地。

小速度大仰角跳跃,一般不应向前迎杆,而应稳杆,等待飞机下沉。由于速度减小快,下沉比较快,加之舵面效用差,拉杆动作应当快些,拉杆行程也比较大一些。如果出现"翼尖下坠",应及时用力蹬反舵修正。

6.3.3　单轮着陆

在空中一个主起落架放不下来,可以进行单轮着陆。只要操纵正确,单轮着陆的安全是有保证的。

1. 单轮着陆中的滚转力矩和偏转力矩

(1) 滚转力矩

以右轮着陆为例,如图 6-3-1 所示,升力 Y 小于飞机重力 G,力的平衡关系是

$$Y + N = G \tag{6-3-1}$$

式中:

N——右轮反作用力。

右轮反作用力 N 对飞机重心形成滚转力矩 $N \cdot L$(L 为 N 到重心的距离,即滚转力矩的力臂),迫使飞机向左倾斜。随着滑跑速度的减慢,升力 Y 越来越小,右轮反作用力 $N = G - Y$ 及其形成向左滚转的力矩越来越大,迫使飞机更加向左倾斜。

(2) 偏转力矩

仍以右轮着陆为例,如图 6-3-2 所示,右轮摩擦力 F 对飞机重心形成向右偏转的力矩,随着飞机滑跑速度减慢,升力减小,右轮正压力(与右轮反作用力方向相反,大小相等)和右轮的摩擦力 F 增大,因而向右偏转的力矩 $F \cdot L$ 增大。

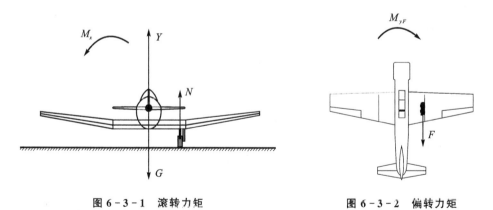

图 6-3-1　滚转力矩　　　　　　　　　图 6-3-2　偏转力矩

2. 单轮着陆的操纵特点

单轮着陆中,已知将出现不平衡的滚转力矩和偏转力矩,这就要求飞行员操纵杆舵保持平衡,维持直线滑跑。只有待滑跑速度减慢,舵面效用变差,无法维持平衡时,才让飞机逐渐偏转和倾斜,让机翼尽可能轻轻接地,以免受到严重擦伤。以右轮着陆为例,操纵特点如下:

① 要防止拉高、拉飘。一旦拉高、拉飘了,会出现大的下降率,而接地瞬间,下降又突然停止,导致比较大的地面对右轮的反作用用力。这一反作用力 N 又形成向左的滚转力矩,以致飞

行员不易保持平衡,造成左翼尖猛烈擦地。

② 接地前,应向单轮一边稍压点杆,稍带点坡度,以防止接地瞬间另一边翼尖擦地。

③ 单轮滑跑中,注意保持平衡,因为随着滑跑速度的减小,滚转力矩逐渐增大,而副翼效用却不断降低,应当不断增大向单轮一边的压杆量,继续保持力矩平衡。待到压到尽头平衡不了时,另一边翼尖也就擦地。但此时速度已很小,一般不会严重擦伤机翼。

④ 滑跑中,注意用舵保持方向。由于右轮摩擦力 F 的作用,飞机要右偏。但在向右压杆的同时,右副翼向上,右翼阻力减小;左副翼向下,左翼阻力增大,两翼阻力差形成的偏转力矩又会使飞机向左偏。究竟向哪边偏,要看上述两力矩谁大谁小。但不论向那边偏转,飞行员都要及时用舵制止飞机偏转,保持直线滑跑。随着速度减小,舵面效用又逐渐降低,应不断变化蹬舵量,保持滑跑方向,直到蹬满舵也不能制止偏转为止。

⑤ 单轮着陆不应使用刹车减速。否则右轮摩擦力 F 增大,导致偏转加剧,不利于保持滑跑方向。

6.4　风对起飞、着陆的影响及修正方法

飞机是在空气中运动的,空气团的移动(也就是风)自然要影响到飞机飞行。风速、风向不同,对起飞和着陆的影响也就不同。下面着重分析在起飞和着陆的过程中风的影响及其修正方法。

6.4.1　侧风对滑跑的影响及其修正

在侧风中滑跑,机轮侧向摩擦力 F_z 阻止飞机向侧方运动,故飞机不随风(空气团)向侧方运动,而形成侧滑,如图 6-4-1 所示。比如在左侧风中滑跑,为了保持直线运动,飞行员应向左压杆,向右蹬舵(如果侧力 Z 作用在主轮接地点的前面,则应蹬左舵)。此时侧向力和力矩的平衡关系应为

$$\begin{cases} M_y^\beta \beta + M_y^{\delta_y} \delta_y + F_z L = 0 \\ M_x^\beta \beta + M_x^{\delta_x} \delta_x = 0 \\ Z + \Delta Z_{尾} + F_z = 0 \end{cases} \qquad (6-4-1)$$

式(6-4-1)中忽略了交叉力矩,即

$$M_x^{\delta_y} \cdot \delta_y = M_y^{\delta_x} \cdot \delta_x \approx 0$$

式中:

L——F_z 到重心的垂直距离。

如图 6-4-2 所示,在同一滑跑速度(地速)条件下,侧风角不变,侧风速越大,则侧滑角越大,空速也越大,对滑跑的影响也越大。侧风速不变,侧风角越接近90°,侧滑角越大,对滑跑的影响也越大。当侧风角约为90°时,侧风对滑跑的影响最大。至于空速,虽有变化,但侧风风速

一般都小于滑跑速度,故空速变化不大。

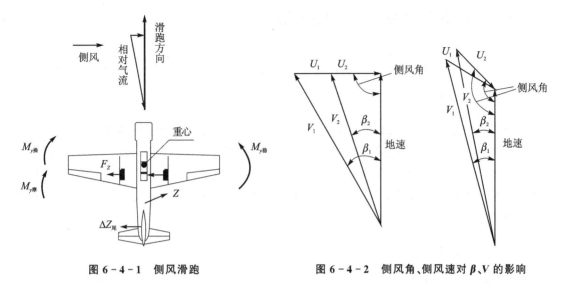

图 6 - 4 - 1　侧风滑跑　　　　　　图 6 - 4 - 2　侧风角、侧风速对 β、V 的影响

起飞滑跑中,随着滑跑速度的增大,侧滑角减小,飞行员应相应回杆、回舵以保持滑跑方向。而在着陆滑跑中,随着滑跑速度的减小,应相应增大杆舵的操纵量。

由于飞机受方向舵偏角的限制或受起落架强度限制,起飞和着陆的侧风速度也有一定限制。具体数据在飞机技术说明书中均有说明。

6.4.2　起飞产生偏流的过程及影响

偏流是指空速与地速方向不一致的现象,空速与地速之间的夹角就称为偏流角。偏流之所以产生,是因为有侧风,如图 6 - 4 - 3 所示。现以起飞离地为例,说明偏流产生的过程。

起飞滑跑中,机轮的侧向摩擦力可以平衡因侧滑而产生的侧力,使之不随空气团向侧向运动。但当飞机一离地,机轮上的摩擦力突然消失,飞机在侧力 Z 的作用下,有了横向加速度,逐渐产生横向移动的速度,而形成偏流,随着横向速度逐渐增大,侧滑角与侧力不断减小,直至飞机的横向速度与侧风的垂直分速相等时,侧滑角 β 与侧力 Z 消失,飞机完全随侧风一起移动。可见,飞机从离地到完全随侧风移动,有一段过渡过程。在此过程中,始终有不平衡的侧力迫使飞机轨迹向侧风的反方向逐渐弯曲。

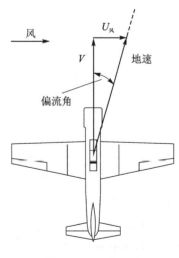

图 6 - 4 - 3　偏　流

6.4.3　着陆下滑中修正侧风的方法

着陆下滑中修正侧风的影响,通常采用两种方法,一是侧滑修正法,二是航向修正法。

1. 侧滑修正法

根据侧滑的操纵原理,飞行员不需要调转机头,只要向侧风方向压杆,同时向侧风反方向蹬舵,保持飞机纵轴方向与航迹方向(也就是跑道方向)不变。比如在着陆下滑中遇左侧风,为修正右偏流,飞行员应向左压杆,并蹬右舵,使飞机带左坡度并向左侧滑,就可以防止航迹因左侧风而右偏。当侧滑角大致等于偏流角时,飞机航迹对正跑道,就不致偏右也不致偏左,即修正了侧风的影响,如图6-4-4所示。

2. 航向修正法

用改变航向的方法修正侧风的影响,就是把航向适当地转向侧风方向。例如左侧风,如图6-4-5所示,飞行员操纵飞机向左偏转。当航向改变角大致等于偏流角时,航迹(或地速)也就与预定的航迹一致。航向修正法的特点是相对气流方向仍与飞机对称面平行,飞机并不产生侧滑。

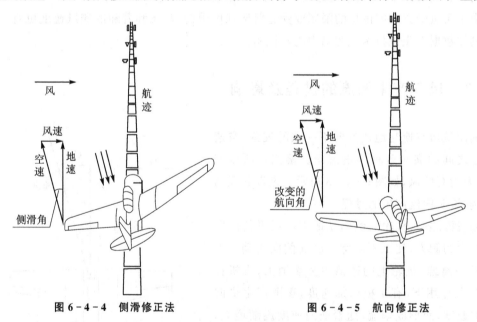

图6-4-4　侧滑修正法　　　　　　　　　图6-4-5　航向修正法

除上述两种修正方法之外,还可以用改变位置的方法作为辅助以修正侧风的影响。比如在左侧风下着陆,可操纵飞机将四转弯后的位置偏向跑道左侧,这样会在下滑中的偏流的作用下逐渐移至跑道中央。

3. 侧滑修正法和航向修正法的比较

用侧滑修正法修正侧风的优点是飞机的航迹与机体纵轴(机头方向)基本一致,便于根据飞机纵轴方向保持运动方向。缺点是飞机带侧滑,升力减小,阻力增大,使升阻比减小。保持直线侧滑蹬舵到底所能造成的最大侧滑角是一定的,因此能修正的侧风速也有限制。军用飞机修正 90°侧风,一般限定在 15 m/s 以下。

用航向修正法修正侧风的优点是飞机不带侧滑,升阻比不减小,而且能够修正比较大的侧风。但航迹与机体纵轴方向不一致,飞行员不便于根据飞机纵轴方向来保持飞行方向。

两种方法各有优缺点,究竟采用哪种方法,应视具体情况而定。例如起落航线飞行,在第二、三、四边,为了不带侧滑,常用航向修正法,而第五边,为了便于根据机体纵轴来判断下滑方向,常用侧滑修正法。如果侧风大,用侧滑法不能完全修正,也可以使用航向修正法,或两者综合使用。

4. 减速下滑修正侧风的特点

着陆过程中,如采用变速下滑,随着下滑速度的不断减小,偏流角逐渐加大,使用侧滑修正法修正侧风时,侧滑角也应相应增大。根据侧滑中侧向力矩的平衡关系(忽略了交叉力矩)

$$m_y^{\delta_y} \delta_y + m_y^{\beta} \beta = 0$$
$$m_x^{\delta_x} \delta_x + m_x^{\beta} \beta = 0$$

可见

$$\delta_y = -\frac{m_y^{\beta}}{m_y^{\delta_y}} \beta$$

$$\delta_x = -\frac{m_x^{\beta}}{m_x^{\delta_x}} \beta$$

因此,随着下滑速度的不断减小,飞行员需要增大压杆和蹬舵量。另外,大后掠翼飞机由于横侧静稳定度 m_x^{β} 随迎角的增大而增大,也需要增大压杆量。

至于坡度问题,可从侧力表达式分析,侧力为

$$Z = C_z^{\beta} \beta \frac{1}{2} \rho V^2 S$$

式中:

β——侧滑角,近似等于 U/V;

U——侧风垂直风速。

代入上式可得

$$Z = C_z^{\beta} \frac{U}{V} \frac{1}{2} \rho V^2 S = C_z^{\beta} \frac{1}{2} \rho V U S$$

由此式可见,侧力 Z 随着下滑速度(V)的减小而减小。为了保持平衡,这就需要重力第三分力 $G_3 = G\cos\theta \cdot \sin\gamma$ 相应减小。换句话说,在保持下滑角 θ 不变的条件下,减小 G_3 必然要相应减小坡度 γ。总之,在减速下滑过程中,使用侧滑修正法修正侧风,应随着下滑速度的减小,不断增大压杆、蹬舵量,同时逐渐减小坡度,保持航迹对正跑道。

6.4.4 侧风接地

用侧滑法修正侧风,飞机带有坡度。但带坡度接地,影响着陆安全,故接地前应改平坡度,

使两轮同时接地。

假如坡度改平过早,由于飞机在接地前还在空中飘飞,飞机会受侧风影响而逐渐偏离跑道。假如在改平坡度的同时收平舵,则在侧滑消失的过程中,方向稳定力矩还要促使飞机偏转。

提早改平坡度,飞机在侧力作用下,必然偏移一段距离,但在一定时间内究竟偏出多少距离呢?对此,飞行人员应有正确的估计。由于飞机偏离跑道的横向速度是逐渐形成的,开始一段时间内,横向移动的平均速度比侧风速度小得多。例如某飞机坡度改平后 5 s 内,在 5 m/s、90°侧风下,偏离跑道中心线不超过 5 m,即使晚收舵以免飞机偏头,偏离量也不超过 8 m。可见,对某些飞机来说,在 3~5 m/s 的侧风下,平飘前就改平坡度,退出侧滑,问题也并不大。但对某些较大型飞机,如某型轰炸机来说,接地前一定不允许带横向运动,在一段平飘中,仍应带坡度,直至接地时才改平。

用航向修正法,接地前应柔和蹬舵,使机体纵轴与跑道平行,机轮接地时不能有横向滑移趋势。

在有侧风的情况下,由于改平坡度的时机掌握不准,常出现带偏流接地,即飞机运动方向与机体纵轴方向不一致,这导致机轮在接地的瞬间,有横向滑移的趋势,产生侧向摩擦力 F_z,如图 6 - 4 - 6 所示。这一侧向载荷的作用会使起落架和轮胎损坏。所以带偏流接地时,应向偏流方向适当蹬舵将机头偏向偏流方向,使机体纵轴与运动方向趋于一致,以减小或消除作用在机轮上的侧向摩擦力。在此同时,还应向偏流反方向适当压杆,制止飞机在侧风作用下,侧滑前翼因升力增大而上扬。向偏流方向蹬舵使机体纵轴转向运动方向之后,还应注意修正滑跑方向,以免偏出跑道。

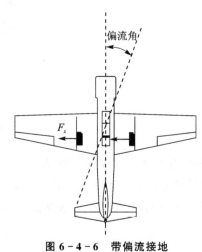

图 6 - 4 - 6　带偏流接地

6.4.5　大逆风和顺风起飞、着陆特点

大逆风起飞,在滑跑前飞机已具有风速大小的空速,方向舵效用比较强,所以滑跑中,用舵容易保持滑跑方向,到抬前轮和离地所需时间也比较短,抬前轮和离地时机应适当提前。离地和上升,地速比较小,起飞滑跑距离和起飞距离都明显缩短。

大逆风风速、风向常常不稳定,空气动力经常发生变化,以致飞行员不易保持飞机姿态。因此,应稍许加大起飞离地速度和着陆接地速度,以备修正不稳定风的影响。

为了修正大逆风对着陆目测的影响,通常应增大一些下滑速度,在拉平和平飘中,拉杆动作应注意柔和,防止拉飘。特别要注意的是,空速看来比较大,而地速却比较小,飞行员如果根据地速来拉杆,就容易拉飘。

顺风起落同逆风起落的情况正好相反。顺风起飞,滑跑方向不易保持。这是因为同样的地速,顺风空速小,舵面效用差,起飞滑跑距离和起飞距离都长。顺风着陆,下滑和平飘的距离长,如不加以修正,飞机势必将在"T"字布前接地,接地后的滑跑距离也长。

6.5　着陆目测

　　着陆目测,简称目测。是指飞行员在着陆过程中,根据飞机所在高度及离"T"字布的水平距离进行目视判断,以便操纵飞机沿"T"字布所指方向,以规定的速度在"T"字布右侧前后一定距离内接地。飞机没有达到规定地点接地,称为目测低;超过规定的地点接地,称为目测高。目测高或目测低,都不符合着陆要求,严重时会影响安全。因此,飞行员有必要了解目测原理,练好准确目测的本领。

6.5.1　目测的一般原理

　　这里着重介绍第五边的目测原理。

　　从图 6-5-1 可以看出,假如飞机在"T"字布旁接地,则

$$L = L_1 + L_2 + L_3 \tag{6-5-1}$$

其中:

　　L_1——平飘距离主要视下滑速度、收油门迟早快慢而定;

　　L_2——拉平距离变化不大;

　　L_3——下滑距离主要视下滑轨迹(或称为下滑线)而定。

　　因此,做好目测,要求保持好规定的下滑速度和正常的下滑线,掌握好收油门的时机和动作快慢。现分述如下。

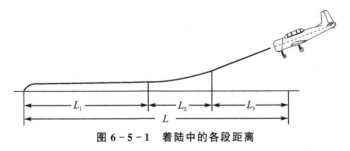

图 6-5-1　着陆中的各段距离

1. 保持好规定的下滑速度

　　下滑速度过大,势必导致开始拉平的速度也大,开始平飘的速度大,平飘距离增长,这会造成目测高。反之,下滑速度过小,会造成目测低。可见,保持好规定的下滑速度是做好目测的重要条件之一。

2. 保持好正常的下滑线

　　正常下滑线是指对准预定的下滑点,同时保持好正常下滑角的下滑轨迹。保持好正常下滑线,才能保证在预定的地点进入拉平和平飘,如图 6-5-2 所示。

要保持好正常的下滑线,在起落航线飞行中,首先要求改出四转弯的高度和位置正常。假若改出四转弯的高度高或离"T"字布近,要保持正常下滑点,下滑角必然增大,下滑线就要比正常高,开始拉的速度易大,开始平飘的位置距"T"字布近,会落在"T"字布前面;反之,改出四转弯的高度低或离"T"字布远,下滑线比正常低,会落在"T"字布后面。

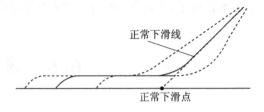

图 6-5-2　不同下滑线对目测的影响

3. 掌握好收油门的时机和动作快慢

一般在进入平飘前把油门收光,平飘中靠飞机的阻力减速。在正常着陆的情况下,假如收油门早了或快了,拉平后速度就会比正常小,平飘距离短,造成目测低;收油门晚了或慢了,就会造成目测高。

6.5.2　影响目测的因素

风向、风速和气温这些气象条件都会影响目测。

1. 风对目测的影响

大逆风,目测易低;顺风,目测易高。这是因为飞机随气团一起移动,下滑距离、拉平距离和平飘距离都发生变化而影响接地点。为了修正逆风对目测的影响,应带杆以保持正常下滑角,加大油门增大下滑速度,以保持正常的平飘距离。反之,修正顺风对目测的影响,则应顶杆以保持正常下滑角,并适当收油门以减小下滑速度,以保持正常的平飘距离。此外,还可以采用移动下滑点的方法进行修正。顺风适当后移下滑点,拉长进入平飘时离"T"字布的距离;反之,逆风适当前移下滑点。

侧风着陆通常采用侧滑法进行修正,由于侧滑,空气阻力增大,升阻比减小,下滑角增大,致使目测低。此时,飞行员应加大油门,克服由于侧滑而增加的阻力,保持下滑角不变,同时适当增大下滑速度,以修正平飘距离因侧滑而减小的影响。

2. 气温对目测的影响

飞行员常发现"早晨目测易低,中午目测易高"这一现象。其原因是早晨和中午的气温不同,气温高,空气密度小,保持同一表速,真速大。这不但导致平飘速度增大,而且导致平飘时间加长(减速力,即阻力 $C_x \rho V^2 S/2$ 相同,减少同样表速,需要减小的真速大,故时间长),因此平飘距离延长,造成目测高。另外,气温高,跑道面的上升气流强,下滑距离和平飘距离都随之延长,也促成目测高;同理,气温低,目测易低。

本章小结

　　起飞和着陆是实现一次完整飞行所不可缺少的两个重要阶段,其性能包括离地速度、起飞滑跑距离、滑跑迎角、起飞空中段距离、飞机的接地速度和着陆距离等。研究起飞着陆操纵原理就是研究起飞着陆的操纵方法和力学原理。起飞着陆过程中的特殊情况包括小速度离地、着陆跳跃和单轮着陆。风速、风向不同,对起飞和着陆的影响也就不同。着陆目测关键是保持好下滑线和下滑速度以及油门的使用,风向、风速和气温这些气象条件都会影响目测。

复习思考题

　　1. 分析起飞滑跑各阶段的作用力关系及操纵原理。

　　2. 为什么抬前轮要做到适时适量?

　　3. 分析离地上升中的作用力关系及操纵原理。

　　4. 分析影响起飞滑跑距离的因素有哪些?

　　5. 分析着陆各阶段的操纵原理。

　　6. 着陆过程分为哪几个阶段?

　　7. 影响着陆滑跑距离的因素有哪些? 怎样才能缩短飞机的着陆滑跑距离?

　　8. 某飞机在海平面机场起飞,起飞质量 46 000 kg,离地速度 255 km/h,平均可用推力为 17 220 N,f' 为 0.054,求起飞滑跑距离。(重力加速度取值 10 m/s²)

　　9. 已知某飞机质量为 4 800 kg,机翼面积为 20 m²,升力系数曲线斜率为 0.072/(°),无升力迎角为 0°,接地速度为 244 km/h,空气密度 $\rho = 1.225$ kg/m³,求该飞机接地时的迎角。

　　10. 在积水跑道上着陆时,如何预防滑水现象?

　　11. 着陆中有哪些常见偏差? 其原因是什么? 如何处理?

　　12. 造成小速度离地的原因是什么? 飞机动态一般有哪些表现? 怎样处置?

　　13. 产生着陆跳跃的原因是什么? 怎样处置?

　　14. 分析单轮着陆时飞机所受的力和力矩特点。试提出具体的操纵措施。

　　15. 侧风对滑跑有什么影响? 怎样操纵飞机才能保持好滑跑方向?

　　16. 侧风对着陆下滑有什么影响? 修正方法有哪几种?

　　17. 说明侧滑法修正侧风的操纵原理。

　　18. 说明航向法修正侧风的操纵原理。

　　19. 比较以上两种修正侧风方法的优缺点。

　　20. 说明大逆风和大顺风中起飞、着陆主要有哪些特点?

　　21. 什么是着陆目测、目测高和目测低? 飞行中目测的一般做法是什么?

　　22. 影响着陆目测的主要因素有哪些? 一般怎样修正?

第7章 舰基起降

舰基起降具有滑跑距离短、起降速度变化大、精度要求高、舰面处于动态运动中等特点,是舰载机区别于一般陆基飞机的典型特征。

本章首先简单介绍舰基起降环境,然后对舰基滑跃起飞、弹射起飞以及着舰操纵和着舰拦阻进行动力学分析,最后阐述了自动着舰控制原理。

7.1 舰基起降环境

飞行甲板是舰载机起降的作业场所,它的布置直接影响舰载机的使用效能。目前航母飞行甲板分为三个区域,即着舰区、停放区和弹射(或滑跃)起飞区。飞行甲板长二三百米,宽七八十米,总面积约 13 000~22 000 m² (约三个足球场大小)。为了使飞机可以同时起飞与降落,提高飞行甲板的使用效率,现代航母多采用斜直两段式飞行甲板,即由直通飞行甲板与斜角飞行甲板组成,如图 7-1-1 所示。

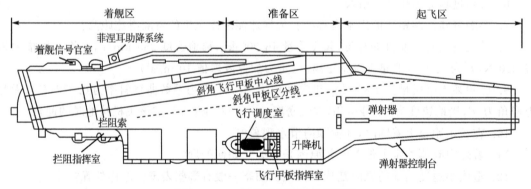

图 7-1-1 航母飞行甲板的配置图

斜角甲板位于飞行甲板左侧,与舰艇首尾中心线夹角为 6°~13°,长为 220~270 m,宽为 27~30 m,相当于陆地机场跑道的十分之一。斜角甲板专供飞机降落使用,上面装有拦阻装置。当机轮着舰后,机身下的特制尾钩可钩住四根拦阻索中的任意一根,拦阻索产生很大的阻尼力,使飞机在几十米内减速停下来。当未能钩住拦阻索时,要马上拉起,从航母左侧复飞。直通甲板专供起飞,它上面装有弹射器,可弹射飞机起飞,其甲板长度约 70~90 m。

20 世纪 70 年代后,为适应垂直/短距起降飞机上舰的需要,英国又发明了一种滑跃式起飞甲板。在滑跃式甲板上起飞时,飞机在规定起飞点就位刹车,松刹车后以最大推力在平甲板上滑跑加速,然后在与平甲板成一定上翘角度的斜甲板段继续滑跑,使飞机获得爬升航迹角及上仰角速度,当达到一定速度后开始爬升。我国的"辽宁"号航空母舰既有滑跃甲板,又装有斜角甲板。

现代航母的飞行甲板除了弹射装置(或上翘滑道)和阻拦索外,还装备了大量为舰载机活动服务的舱面设备,如导流板、阻拦网、综合助降装置、炸弹投弃坡道、无线电通信天线等,有的航母还配备有礼炮发射装置;还应留有飞机升降机口、弹药升降机口等;在停机区还应设置向舰载机供电、供气、供水、供油、供暖以及信息网络接口等一系列设施。

7.2　滑跃起飞

舰载机在航母飞行甲板上加速滑跑到离舰升空的过程就是起飞。舰载机起飞目前主要有弹射起飞和滑跃起飞两种不同的起飞方式,本节先介绍滑跃起飞。滑跃起飞又称斜板起飞,指舰载机仅依靠自身动力首先在航母飞行甲板跑道上加速滑跑,后经航母舰艏斜曲面甲板,使舰载机在离舰瞬间被赋予一定的轨迹倾斜角、向上的垂直分速度,并建立一定迎角,向上跃入空中,实现离舰起飞。

7.2.1　滑跃斜板

滑跃起飞的滑跑甲板由水平甲板和滑跃斜板两部分组成,如图 7 - 2 - 1 所示。滑跃斜板的作用主要是使舰载机在离舰时能够获得一个有利的航迹角,可以将其一部分离舰速度转化成垂直向上的速度,这样即使飞机还不能产生足够的升力,也能像抛物体一样沿弹道飞行一段距离,利用这段时间飞机可以加速到一定速度,就可以如常规起飞的飞机一样进行操纵了。由此不难看出,与常规起飞的飞机相比,采用滑跃斜板能够降低离地速度,换言之,能够减小滑跑距离,这是滑跃斜板最为重要的优点。滑跃起飞的滑跑距离约为陆基滑跑距离的三分之一,离舰速度约为陆基离地速度的三分之二。

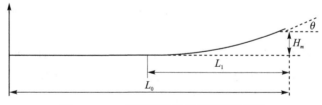

图 7 - 2 - 1　滑跃起飞甲板横截面示意图

滑跃斜板的助飞效果主要由斜板末端倾角、纵向尺寸和斜板曲率三个参数来决定。滑跃斜板首先要具有一定的长度,以保证飞机满足规定的速度;在离开斜板速度大小一定的条件下,末端倾角决定了垂直方向的速度分量;斜板曲率的大小变化主要影响起落架的受力情况。最佳的滑跃斜板是使飞机在满足起飞要求的前提下,使其需用跑道的水平距离最短。换言之,即在规定的飞机离舰角和离舰速度的前提下,要确定一条理想的甲板曲线,对于斜板部分,曲率不能太大,否则飞机起落架承受的载荷过大,且其离舰时的姿态难以控制。滑跃斜板的参数包括斜板长度、曲率分布、出板角度和斜板高度等,各参数对滑跃起飞性能的影响将在后面介绍。

7.2.2　滑跃起飞的基本原理

在飞机滑跃起飞的整个滑行过程中,其发动机应该一直处于全功率状态。准备起飞的飞机应先在跑道起点刹住,启动发动机,待发动机达到全功率后再突然松开刹住的飞机,让其滑行起飞,以便在短距离的甲板上尽快加速。

飞机的滑跃起飞通常要经过滑行加速和升空离舰两个过程。这是一个由机体、起落架和航母构成的复杂的多体动力学问题,需要考虑航母的运动、甲板风的影响、飞机起落架的压缩等。为了简化问题,认为舰面处于静止状态,不考虑其摇摆和沉浮运动。这样,建立在舰面惯性坐标系的飞机质心轨迹垂面内的简化运动方程如下:

$$\begin{cases} m\dfrac{\mathrm{d}V}{\mathrm{d}t} = P - X - N_f - G\sin\theta \\[2mm] mV\dfrac{\mathrm{d}\theta}{\mathrm{d}t} = Y + N - G\cos\theta \end{cases} \qquad (7-2-1)$$

式中:

N——甲板对飞机的支反力;

N_f——甲板对机轮的摩擦力。

飞机在水平甲板滑跑阶段,式(7-2-1)的轨迹角为 0,上斜甲板后,其轨迹角与甲板的曲率角度一致。这里要强调一下,在整个飞机甲板滑跑过程中,飞机离板前,由于斜板地面效应对气流的影响,其迎角变化很小,飞机的迎角基本就是机翼的安装角及起落架压缩引起的变化量,并不会因为上斜板以后,轨迹向上而增大迎角。

由式(7-2-1)分析,由于上斜板后的平均轨迹角并不大,其滑跑速度会继续增加,同时,由于斜板曲率使飞机旋转角速度增大,甲板对飞机的支反力就会迅速增加,并在飞机离板前的瞬间达到最大。飞机离板瞬间,具有了一定的速度和向上的分速度 $V\sin\theta$,滑跃起飞距离比较短,其速度要比陆基起飞小得多。

飞机离板后,失去了甲板的支反力,其法向只有较小的升力作用,法向载荷会迅速减小,整个滑跃起飞过程,飞行员能够非常明显地感觉到法向载荷的快速变化过程。

离板后的俯仰角速度使飞机能够迅速建立起较大的迎角,这一迎角的迅速自动建立,使飞机在离板后在速度较小的情况下能够产生一定的升力,这一升力的产生及飞机向上的分速度保证了滑跃起飞的安全,构成了滑跃起飞技术的核心。

飞机离板后,其俯仰转动的简化动力学方程如下:

$$I_z\frac{\mathrm{d}\omega_z}{\mathrm{d}t} = M_{z0} + M_z^\alpha\alpha + M_z^{\dot{\alpha}}\dot{\alpha} + M_z^{\omega_z}\omega_z + M_z^{\varphi_z}\varphi_z \qquad (7-2-2)$$

如式(7-2-2)所示,飞机出板后,在俯仰阻尼力矩、稳定力矩、洗流时差力矩、飞控系统引起的操纵力矩的共同作用下,飞机的俯仰角速度逐渐减小,随着飞行速度的增加,出板后建立起的迎角也会逐渐减小。

滑跃起飞过程中,飞控系统会引起平尾偏转角发生变化,并对飞机离板后运动轨迹产生影响,这也是飞行员所关心的问题。上斜板前,飞机没有俯仰角速度,平尾偏转角取决于预置杆位,飞机上板产生俯仰角速度后,在反馈俯仰角速度控制通道的作用下,平尾后缘要向下偏转;

出板后,在飞机俯仰角速度减小和迎角变化的共同作用下,平尾偏转角还会出现一定幅度的偏转变化,这势必对飞机的运动轨迹产生较大的影响。在设定飞机滑跃起飞预置杆位时要充分考虑到这个因素的作用。

飞机离板后,由于速度比较小,飞机的舵面效能比较弱,飞行员的纵向初始预置杆位基本不改变,待速度增大到满足飞机操纵条件时,飞行员再介入纵向操纵。

图 7 - 2 - 2 所示是某型机滑跃起飞过程中,空速、法向过载、迎角、高度变化的仿真曲线。

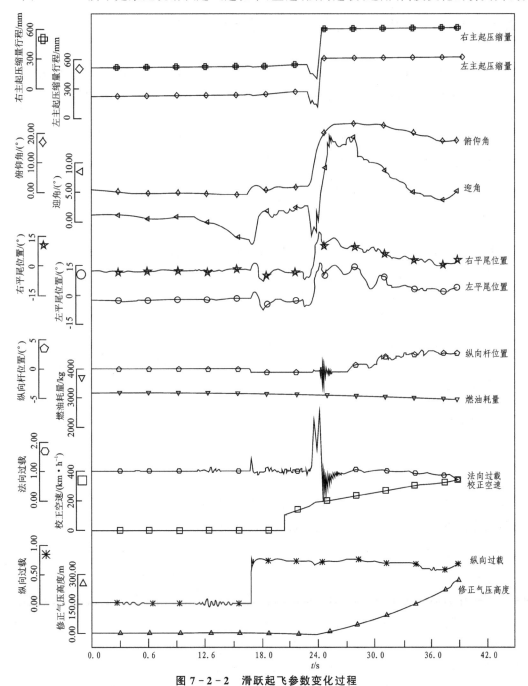

图 7 - 2 - 2　滑跃起飞参数变化过程

从图中可见,滑跃起飞过程中,速度持续增加,上斜板和出板并没有引起速度明显变化,上斜板速度约为 150 km/h,离板速度约为 200 km/h;法向过载上板后明显增加,离板瞬间甚至达到 3 个过载,离板后迅速减小;迎角在甲板上比较小,出板后迅速建立起 10°以上的迎角,这与飞机在陆基的起飞迎角比较接近,随着速度的增大,迎角又逐渐减小;高度变化比较平缓,飞机一直在增加高度,滑跃起飞指标要求不允许有轨迹下移。

7.2.3　影响舰载机滑跃起飞性能的因素

通过对斜板滑跃起飞的基本原理分析不难看出,影响舰载机滑跃起飞性能的因素是多方面的,其中离舰速度较低产生不了足够的升力是最大的问题。尽管相对于陆基起飞的离地速度,对舰载机滑跃起飞离舰速度的要求降低了,但仍需要设置下限。最小离舰速度有两个限制条件:一是迎角限制;二是最小上升率限制,上升率不能小于零,轨迹不能出现下沉。过低的离舰速度不仅无益于发挥滑跃斜板的优势,还会危及飞行安全。

下面分析影响滑跃起飞性能的因素。

1. 舰载机推重比

在甲板加速距离一定的情况下,离舰速度随着推重比的增加而明显增大。飞机出板上升率 $V_y = V \cdot \sin\theta$,会随着推重比的增加而增加。另外,由于受气动阻力和摩擦阻力的作用,再加上斜甲板段少部分动能转化为势能,舰载机的离舰速度存在损失。理论分析表明,提高推重比不仅能够有效地提高离舰速度和离舰上升率的大小,而且能在一定程度上减小能量损失。因此,增大推重比会明显提高舰载机的滑跃性能。现代舰载战斗机全加力状态的推重比已经接近 1,能够满足滑跃起飞的性能要求。当然,改善舰载机的气动阻力特性也可以在一定程度上提高出板速度。

2. 滑跃甲板参数

滑跃甲板的主要参数包括滑跃甲板总长度、斜板长度以及末端出口角度。

(1) 滑跃甲板长度

离舰速度随着滑跑距离的加长明显增大,同样,上升率也是正比于离舰速度。航母通常设有不同长度的滑跃起飞点,以满足不同重量状态的舰载机滑跃起飞需要。

(2) 出板角度

出板角度的增加,在斜板水平距离保持不变的情况下,势必增加甲板的末端高度,而使舰载机动能转化为势能的部分增加,离舰速度随之减小,但在出板角比较小的情况下,减小的幅度并不算大,而离舰上升率却有明显的增大。出板角度太小无法发挥斜板滑跃起飞的助飞效果,必须保证一定的出板角度;另一方面,增大出板角主要是为舰载机赢得离舰初期的加速时间和高度,角度过大反而会降低离舰速度,同时还要面临失速风险,因此出板角也不能太大。试飞表明,当滑跃甲板倾角超过 15°后,滑跃甲板对飞机起飞的益处已不明显。故滑跃甲板的

倾角一般在 $10°\sim15°$ 为宜。

3. 航母运动

航母运动包括航母的行驶和海况引起的航母扰动运动。

（1）航母的行驶

舰载机滑跃起飞和着舰时，航母一般会逆风行驶，航母的行驶速度与风速相加会使舰载机的空速有基本等量的增加，这无疑会提高舰载机的滑跃起飞性能。

假设平直甲板长度为 65 m，斜板段长度为 55 m，出板角度为 13°，舰载机推重比为 0.62，进行仿真计算。当航母以 10 m/s（约 20 kn）的速度行驶时，离舰速度相当于等推重比下滑跑距离为180 m 时的离舰速度，换言之，能够节约 60 m 的甲板长度；当航母速度为 15 m/s 时，节约长度约 100 m。可见，提高航母行驶速度，既能有效提高舰载机离舰速度，又能弥补航母甲板长度的不足。

同时，舰载机在运动航母上滑跃起飞具有更大的离舰迎角，如图 7-2-3 所示。

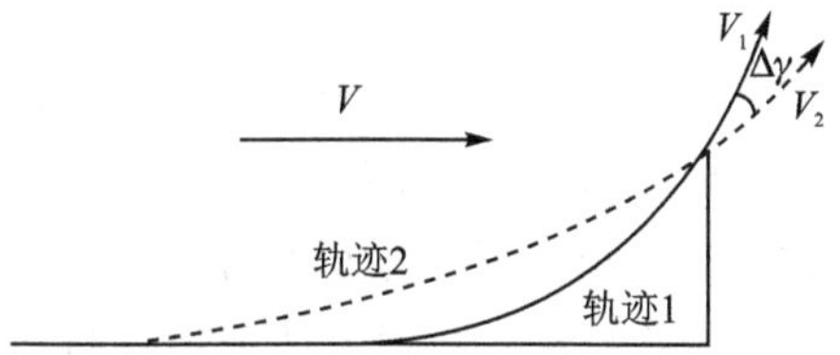

舰载机在静止滑跃斜板上滑跑的轨迹如轨

图 7-2-3 滑跃起飞甲板横截面示意图

迹 1 所示，基本上与斜板的几何曲线一致，而当航母向前运动时，轨迹如轨迹 2 所示，相当于原来的斜板被拉长了，而末端的高度不变，这也就意味着曲率变小，因而航迹角随之减小。而运动的斜板并没有改变舰载机在空间的俯仰角，由关系式 $\gamma=\theta-\alpha$ 可知，迎角增加。也正由于轨迹角减小，致使离舰速度增加了，但上升率却是基本不变的。

（2）航母的扰动

航母的扰动运动包括各种姿态角的随机变化，主要表现为纵摇和横摇，相当于飞机的俯仰转动和横侧转动运动。理论和仿真分析表明，航母横摇对与舰载机起飞安全紧密相关的航迹角、迎角等关键状态量影响较小，几乎可以忽略；而纵摇运动对舰载机的起飞影响较大，俯仰角速度对离舰轨迹影响大，离舰时保证大的航母俯仰角速度能够增大离舰轨迹角，改善航迹曲线，但是为了获得较为理想的航迹曲线，还要兼顾离舰时航母的俯仰角，使之保持较大的数值。当航母的扰动运动幅度较大时，起飞指挥员会考虑上述因素，确定起飞时机。

7.3 弹射起飞

弹射起飞方式是利用飞行甲板上布置的弹射装置，在一定行程内对舰载机施加推力以达到舰载机的离舰起飞速度，辅助舰载机离舰起飞。目前主要采用蒸汽弹射方式，电磁弹射也已开始投入使用。

前轮牵引式弹射是一种直接牵引舰载机前轮支杆来弹射飞机的起飞方式。它是利用舰载机前轮作为弹射器的弹射应力点，并在舰载机前轮支架上安装有拖曳杆，弹射时，将前轮牵引杆直接挂在弹射器拖梭上,由拖梭拉着舰载机前轮加速起飞。此种方式,具有操作人员少、弹射时间短、舰载机方向安全性好等特点,但对舰载机前轮部件的强度要求较高,须进行专门设计。目前,美国航母均采用这种方式起飞舰载机。牵引释放装置在弹射起飞准备阶段固定舰载机,是弹射起飞的特有装置,作用于前起落架。下面介绍弹射起飞的基本原理。

7.3.1　弹射过程及原理

舰载机弹射起飞过程分为三个阶段:弹射起飞准备阶段、弹射起飞阶段和自由滑跑阶段。牵引装置作用于弹射起飞准备阶段和弹射起飞阶段;释放装置作用于弹射起飞准备阶段。

图 7 - 3 - 1 所示是牵引装置简图,牵引杆一端铰接于前起落架,可以绕水平横轴转动;另一端和拖梭相连。拖梭通过牵引杆牵引舰载机滑跑。释放装置的拖曳杆一端通过适配装置与起落架的后部相连;另一端与甲板的固定装置相连。在弹射起飞的准备阶段,拖曳杆用来平衡舰载机发动机推力、弹射力和航母的运动,使舰载机静止在航母上。

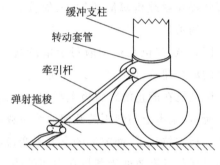

图 7 - 3 - 1　牵引装置简图

弹射起飞准备阶段,舰载机受力如图 7 - 3 - 2 所示。

从受力图中可见,作用在舰载机上的力有发动机推力 P,重力 G,弹射力 T,拖曳杆拉力 $F_拖$,甲板对前后起落架的支撑力 N_1、N_2,摩擦力 f_1、f_2。

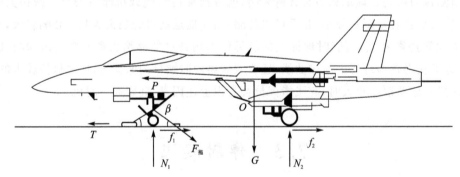

图 7 - 3 - 2　舰载机受力图

在起飞准备阶段作用力和力矩是平衡的。拖曳杆有一个最小释放载荷,牵引杆上的力增加时,拖曳杆上的拉力也增加;当达到最小释放载荷时,拖曳杆应力螺栓被拉断,拖曳杆自动脱落,舰载机进入弹射起飞阶段。

舰载机在进入弹射起飞阶段后,开始脱离拖曳力的约束,进入加速滑跑状态。以蒸汽弹射为例,在弹射起飞阶段,储气罐不断地给汽缸输送蒸汽,汽缸内压强不断增大,汽缸内高压蒸汽推动活塞,活塞带动拖梭不断运动,拖梭带动舰载机滑跑起飞。随着舰载机滑跑行程的不断增大,当达到蒸汽弹射的临界冲程时,舰载机和蒸汽弹射装置完全脱离,飞机进入自由滑跑阶段。从受力情况讲,在弹射起飞阶段,舰载机受力状态比弹射起飞准备阶段少了拖曳力,增加了由于舰载机滑跑速度而引起的气动升力和气动阻力;在自由滑跑阶段,舰载机受力情况与陆基滑跑相同。

　　在弹射起飞的三个阶段,舰载机受力变化也会引起俯仰角的变化,其中拖梭的牵引力、拖曳杆的拖曳力和升力作用最大。

7.3.2　仿真结果分析

　　根据前面的作用力分析,建立合理的弹射起飞动力学模型,就可以对弹射起飞舰载机的加速度、速度、俯仰角以及弹射系统的具体参数进行仿真计算和分析。下面以某型飞机为例,针对 C13 型蒸汽弹射装置计算得到仿真曲线。

　　汽缸内初始压强为一个大气压,弹射开始时,储气罐不断地向汽缸内充气,导致汽缸内压强不断增大,对应的弹射力变化如图 7 - 3 - 3 所示。弹射开始时,弹射力迅速增大,而后缓慢减小。由仿真曲线可知,在弹射开始后很短时间内,弹射力达到峰值,当弹射装置达到其弹射行程 74 m 时,弹射阶段结束,弹射力消失。

　　由图 7 - 3 - 4 所示的舰载机加速度随冲程的仿真曲线可知,舰载机在 9.4 m 的冲程内(点 c),在弹射力的主作用下加速度达到最大值,随后随着弹射力的平稳减小,加速度也平缓减小,当弹射起飞阶段结束时(b 点),加速度为 23 m/s²。图 7 - 3 - 5 所示是弹射起飞速度变化曲线,在 74 m 弹射冲程结束时,舰载机的速度达到 60 m/s,此后,弹射力消失,舰载机在发动机推力作用下继续加速滑跑起飞。

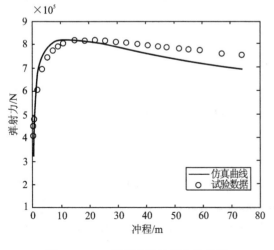

图 7 - 3 - 3　弹射力随冲程变化曲线

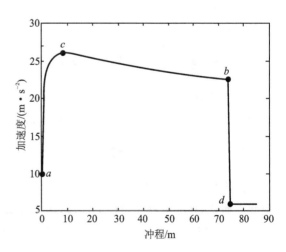

图 7 - 3 - 4　舰载机加速度随冲程变化曲线

　　舰载机俯仰角随时间的变化曲线如图 7 - 3 - 6 所示。起飞准备阶段俯仰角比较小,这是因为弹射力和拖曳杆拉力向下垂直分力的作用,弹射起飞开始后,拖曳杆拉断,前起落架突然失去了一个较大的垂向作用力,舰载机俯仰角突然增大(点 b),达到 12.3°。弹射滑跑阶段,随着速度增加,在飞机升力引起的低头力矩的作用下,俯仰角略有减小。弹射起飞阶段结束后,弹射力突然消失,前起落架突伸,俯仰角又有小幅突增(点 e)。

这样,飞机弹射离舰后,就具有了较大的速度及一定的迎角,也就具有了足够的升力,而且在发动机最大推力状态,飞机速度还会很快增加。待速度增大到满足飞机操纵条件时,飞行员介入操纵。

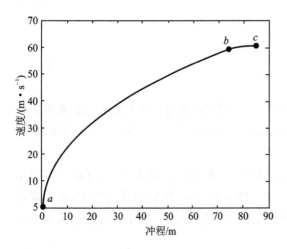

图 7 - 3 - 5　舰载机速度随冲程变化曲线　　　　　图 7 - 3 - 6　舰载机俯仰角随时间变化曲线

7.3.3　弹射起飞与滑跃起飞的对比

弹射起飞和滑跃起飞是当今世界各国航母所运用的两种典型辅助起飞方式,两种起飞方式各具特色,并受到不同国家的青睐。

1. 滑跃起飞比弹射起飞技术简单

相对于弹射起飞的航母而言,采用滑跃起飞的航母不需要安装结构庞大而又复杂的弹射系统,可以省去大量的设备经费和维护经费,以及节省大量的人力资源和主机动力资源。

2. 适应海况的能力两者各有所长

由于采用滑跃起飞的舰载机在离舰的瞬间已经有了一个较大的初始仰角,因此,相对于弹射起飞而言,在一般海况条件下,滑跃起飞受航母纵摇的影响要相对小一些。如在飞行甲板同样具有 -1° 倾角的条件下,采用弹射起飞的航母为了弥补负倾角对飞机起飞的影响,须给飞机增加约 10 m/s 的起飞速度。而在同等条件下,采用滑跃起飞的航母则只须增加约 3 m/s 的速度就可以达到同样的目的。但在高海况的恶劣条件下,滑跃起飞方式就不如弹射起飞方式。在高海况条件下,航母的大角度纵摇和横摇将使采用滑跃起飞舰载机的固定和起飞时的方向保持极为困难,而对于采用弹射起飞的舰载机,由于其前轮被固定在弹射器滑道上,受海况的影响要小得多。此外,采用滑跃起飞方式对舰载机飞行员在出现危险情况时的生存有一定帮助。这是因为采用滑跃起飞的舰载机在离舰瞬间具有较大的仰角和上升动量,可以为飞行员处置危险情况提供一定的反应时间;而采用弹射起飞的舰载机在离舰时的高度远远低于滑跃起飞的舰载机,飞行员的反应时间十分短促,再加上弹射瞬间的高过载也难以使飞行员很快恢复过来,因此其事故率往往要高于前者。从理论上讲,采用滑跃起飞的舰载机,其事故损失率可以降低 30%～35%。另外,弹射器本身存在的故障率也很难确保弹射器工作的稳定性和可靠性,而采用滑跃起飞的航母不存在这方面的问题。

3. 滑跃方式搭载舰载机类型受限

这是滑跃起飞型航母存在的最大问题。目前,滑跃式航母能进行滑跃起飞的舰载机主要局限在具有大推重比的高性能战斗机上,而对于其他固定翼特种飞机,如空中预警机、加油机、电子战飞机、反潜巡逻机等则无法利用滑跃甲板起飞。这是因为这些飞机往往受所安装的特种装备和进行长时间飞行所需要的油料等因素的影响,其具有较大的起飞重量,采用滑跃起飞方式很难使这些飞机在极其有限的滑跑距离中获得必须的起飞速度。

4. 滑跃方式飞行甲板利用率较低

滑跃起飞甲板的跑道长度要远大于弹射器的行程,对于只采用直通式甲板的滑跃起飞型航母而言,飞机的起降无法同时进行,而对于采用斜直甲板的滑跃型航母而言,其飞机的起降灵活性也低于弹射型航母。此外,对于滑跃起飞型航母而言,受飞机起降通道的影响,可用于飞机停放的甲板面积也极其受限,和弹射起飞型航母相比,飞行甲板的利用效率则要低很多。

总的来说,采用滑跃起飞的航母的整体作战能力要低于采用弹射起飞的航母。

7.4　着舰航线和光学助降系统

在舰载机起降技术中,舰载机着舰的难度要远远大于起飞,其风险性和复杂性集中体现了舰载飞行不同于陆基飞行的特点。人工着舰要首先建立着舰航线,然后借助着舰光学助降系统(Fresnel Lens Optical Landing System,FLOLS)完成下滑着舰。本节介绍着舰航线和菲涅耳透镜光学助降系统。

7.4.1　着舰航线

图 7-4-1 所示是舰载机典型的着舰航线。得到着舰许可,舰载机通过①点后进入着舰航线,以一定高度、速度通过航母(②点),经过计时,以一定坡度进入第一转弯(③点),放下起落架、襟翼和尾钩,完成着舰构型,到达航母侧方(④点)前建立着舰迎角,杆力配平,通过侧方,

开始计时,计时结束,开始 180°进近左转弯,保持一定的下降率飞抵着舰区中心线延长线的后方,此时飞行员已经看到菲涅耳助降灯光,飞机进入下滑道,保持一定迎角沿着菲涅耳灯光,下滑轨迹对正航母着舰甲板中心线,下滑至飞机接舰。

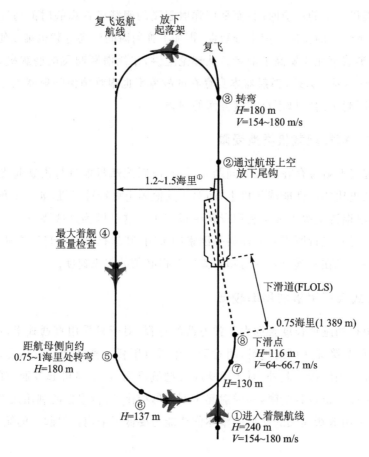

图 7 - 4 - 1   着舰航线

7.4.2   着舰光学助降系统

菲涅耳透镜光学助降系统是当前人工着舰的典型助降系统。

1. FLOLS 工作视场

FLOLS 设在航母中部左弦的一个平台上,以尽可能使透镜射的光束不受航母摇摆的影响。中央竖排的 5 个分段的灯箱通过菲涅耳透镜发出 5 层光束,和海平面保持一定的角度,形成 5 层坡面。5 个透镜的每个透镜形成 0.34°的垂向视场和左右 20°的横向视场。所以 5 个灯室给飞行员提供垂向 1.7°、横向 40°的光学视场,引导飞机着舰。如图 7 - 4 - 2 和图 7 - 4 - 3

---

1 海里=1 852 m。

所示。5 个灯箱的中间一个灯的光束离海平面的夹角称为光基准下滑波束角 β_0，β_0 根据着舰环境的不同进行设置。

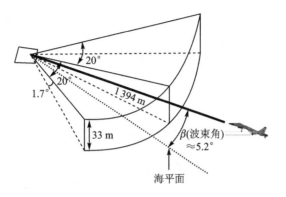

图 7 - 4 - 2　菲涅耳透镜提供的视场

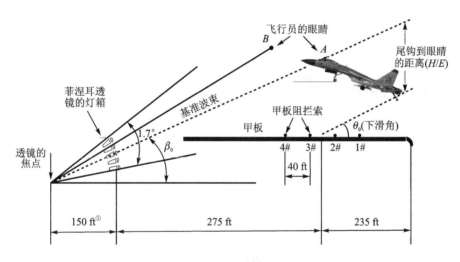

图 7 - 4 - 3　FLOLS 提供的纵向着舰几何

　　由图 7 - 4 - 2 可知，飞机离航母着舰点越近，FLOLS 的视场越小。

　　独立的光学透镜箱可绕水平和垂直两个轴旋转，如图 7 - 4 - 4 所示的 θ_L 和 ϕ_L，这两个轴大致对应于舰的俯仰和滚转轴。FLOLS 的光基准下滑波束角 β_0 取决于透镜装置的基本角设置，即透镜箱相对于俯仰轴的倾斜角度。透镜装置的滚转角是透镜灯箱相对于滚转角的倾斜角度，它可使得对准跑道中心线的下滑波束升高或降低，以适应不同飞机钩-眼（H/E）距离的变化。

　　滚转角设置使得光窗口在空间中是倾斜的，滚转倾斜的角度 ϕ_L 是飞机钩-眼距离的函数，它和所选定的光基准下滑波束角一起决定了飞行员在何处截获下滑窗口以及捕获到肉球，因此下滑窗口的截获点对于不同类型的飞机以及不同下滑波束角的同种飞机来说都是不同的。

---

　　① 1 ft＝0.304 8 m。

　　规定的光基准下滑波束是由透镜逻辑决定的相交于甲板中心线的一条下滑轨迹。因此飞行员在保证肉球与绿色基准灯在一条直线上的同时,还必须对准跑道中心线。但由于舰的俯仰和滚转运动导致与甲板中心线垂直的平面以及下滑波束的变化,因此不能忽略舰的俯仰和滚转。舰载计算机从舰的稳定装置上获取舰的甲板运动信息并进行计算,然后将相关信号发送至透镜,使 θ_L 和 ϕ_L 按一定的透镜控制律运动,以稳定透镜的下滑波束。

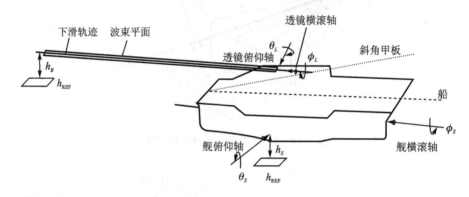

图 7 - 4 - 4　　光基准波束的运动几何

2. FLOLS 纵向着舰误差的显示

　　飞行员的眼睛与 FLOLS 的焦点连线经过灯箱会形成一肉球。若飞行员眼睛在 A 处,按要求的基准波束角 β_0 飞行(见图 7 - 4 - 3),则肉球落在中间灯箱上,则可按下滑角 θ_0 着舰。若飞行员眼睛在 B 处,肉球落在如图 7 - 4 - 5 所示位置,则表明飞机位置偏高,应向下飞行。

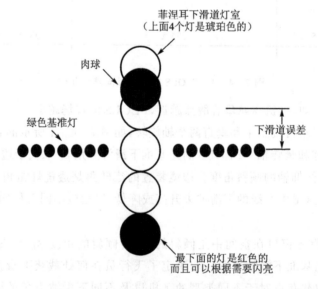

图 7 - 4 - 5　　由肉球位置显示纵向着舰误差

3. 光基准下滑波束角 β_0 的设定

　　当光基准下滑波束相对于惯性空间角稳定,其波束角为 β_0,飞机按该基准波束角 β_0 相对航母飞行时,在惯性空间内形成的轨迹称为飞行基准轨迹 $h_{\mathrm{REF}}(t)$,也称惯性轨迹,也就是人在地球上看到的飞机飞行轨迹,如图 7-4-6 和图 7-4-7 所示,图中:

ϑ——俯仰角,机体轴与地面的夹角;

α——迎角,飞机空速向量与机体轴的夹角;

θ_0——航迹倾斜角,地速向量与地平面的夹角;

$\boldsymbol{U}_0$——空速向量;

$\boldsymbol{W}$——风速向量(飞机迎风时,风速为正);

U_S——航母前进速度;

U_R——飞机相对于航母的速度;

V_1——撞舰速度;

W_{OD}——甲板风速。

其中,$\alpha = \vartheta + \theta_0$,$\boldsymbol{W}_{OD} = \boldsymbol{W} + \boldsymbol{U}_S$,地速 $= \boldsymbol{U}_0 - \boldsymbol{W}$。

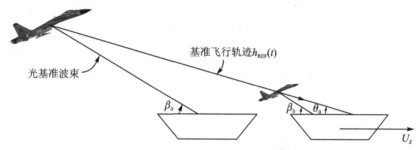

图 7-4-6　光基准波束角及飞机基准轨迹

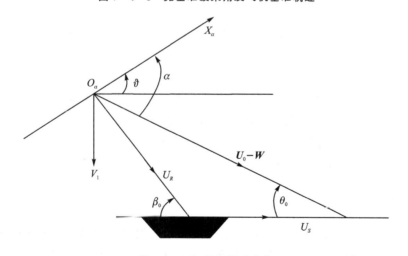

图 7-4-7　飞机运动几何

因为飞机的航迹倾斜角很小(小于 $4°$),而且在着舰过程中风速的主要部分是在水平方向上的,因而有上述地速的近似表达式,且下式亦同:

$$U_R = \boldsymbol{U}_0 - \boldsymbol{W}_{OD} = \boldsymbol{U}_0 - (\boldsymbol{W} + \boldsymbol{U}_S)$$

由

$$V_1 = (\boldsymbol{U}_0 - \boldsymbol{W} - \boldsymbol{U}_S) \cdot \sin \beta_0 = (\boldsymbol{U}_0 - \boldsymbol{W}) \sin \theta_0$$

可近似得到

$$\theta_0 = \frac{U_0 - W - U_S}{U_0 - W}\beta_0$$

或

$$\beta_0 = \frac{U_0 - W}{U_0 - W - U_S}\theta_0 \qquad (7-4-1)$$

由式(7-4-1)可知,当确定了下滑飞行基准轨迹倾斜角 θ_0、空速 U_0、风速 W 以及航母速度 U_S 后,即可确定光基准下滑波束角 β_0。

7.5 着舰操控

为了尽量减小飞机接舰时下沉冲击速度和拦阻减速载荷,舰载机着舰下滑速度都比较小。对于高速后掠翼舰载机,下滑阶段,其着舰构型的下滑速度处于第二速度范围,即所谓反区飞行。着舰下滑的特点是着舰下滑迎角大、速度小、精度要求高。着舰下滑操纵与陆基相比具有明显的特点。本节先分析着舰下滑的操纵策略,在此基础上分析具体偏差修正方法,最后介绍逃逸复飞。

7.5.1 着舰下滑操控策略

"看灯、保角、对中"这六个字是人工着舰下滑操控策略的核心,下面进行说明。

1. 看 灯

看灯就是飞行员看到的 FLOLS 肉球落在中间灯箱上,即操控舰载机沿 FLOLS 基准波束下滑。FLOLS 基准波束角即是标准下滑角(舰速为零时),一般设定为 3°~4°。下滑角过大,舰载机的触舰速度的垂直分量($V \cdot \sin\theta$)就大,起落架就会承受较大冲击载荷;下滑角过小,舰载机进舰后,尾钩距离航母舰艉近,不安全。

2. 保 角

保角就是下滑时要保持迎角。飞行员通过平显上的速度矢与"E"字符的关系位置、迎角数字显示、座舱左侧的迎角三色灯来观察迎角。着舰下滑保持精确迎角的原因如下:

(1)保角就是保姿态

如图 7-4-6 和图 7-4-7 所示,下滑时的空间轨迹线是一条直线,也就是速度方向,所以保角就是保持姿态。这无疑会提高着舰挂索精度。

(2)保角就是保速度

着舰下滑中,舰载机的升力平衡重力的第一分力,即

$$Y = \frac{1}{2}\rho V^2 S C_y^{\alpha}(\alpha - \alpha_0) = G\cos\theta \approx G \qquad (7-5-1)$$

由于下滑角很小,重力的第一分力约等于重力。下滑中,式(7-5-1)只有两个变量,迎角和空速,在飞机重量一定的条件下,保持迎角就会保持速度基本不变。

（3）保角可以保持较好的舰载机气动状态

为了减小舰载机挂索后的拦阻载荷,就要求控制下滑触舰速度不能大($V \leqslant 260$ km/h)。由式(7-5-1)可知,这就要求舰载机下滑要保持较大的迎角,在较小速度、较大迎角的着舰下滑状态,保持迎角就可以保持舰载机处于较好的气动流场状态,这对于保证飞行安全也是非常重要的。

迎角是飞机的纵向短周期快反应参数,控制迎角要比控制速度难度大,所以陆基着陆下滑飞行,飞行员大多习惯于控制速度。但只要经过一定的针对训练,飞行员是可以熟练掌握控制迎角的。

3. 对　中

飞行员在看灯、保角的同时还必须对准跑道中心线。这和陆基着陆是一样的,但由于受触舰挂索方向偏差的限制,对中的精度要求更高。

7.5.2　"看灯、保角、对中"的偏差修正

大多数舰载战斗机以着舰迎角稳定飞行,飞机处于小速度大迎角状态,不具有轨迹稳定性,即处于第二速度范围或反区飞行状态。如同前面章节论述,反区飞行的最大特点是单纯用杆无法稳定控制轨迹,必须有油门的配合操纵。"看灯、保角、对中"的偏差修正操纵中明显地体现了这一特点。

1. 纵向偏差

看灯和保角属于纵向操纵,关联紧密。纵向偏差修正的基本原则是"以油门为主控制下滑线(看灯),用油门和杆配合控制迎角(保角),油门提前于杆操纵"。油门提前于杆是因为下滑轨迹修正属于长周期慢响应,同时油门操纵到推力变化还要有一定的时间延迟,而迎角对于驾驶杆的响应是短周期快反应。

如图7-5-1所示,横轴迎角三色灯显示迎角状态,纵轴显示FLOLS肉球的位置状态。

针对图7-5-1纵向偏差情况,共有3种能量状态,9种偏差组合,如表7-5-1所列。

表7-5-1中,快了也就意味着迎角偏小,慢了意味着迎角偏大。具体的修偏操作如下。

（1）高能状态

① 高了:收油门,增大下降率,调整机头姿态保持迎角;随着肉球移到中心,加油门,重新建立和保持下滑道,调整姿态保持迎角。接着马上进行第三次修正,稍收油门,保持下降率,保持灯球在中间的位置。

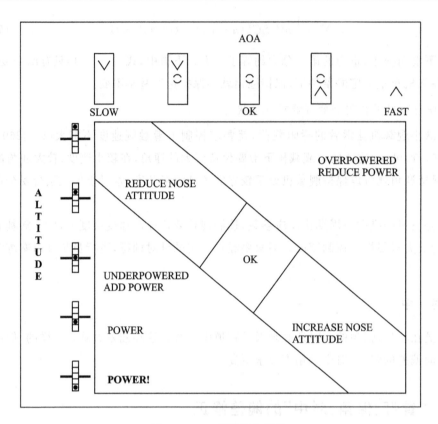

图 7 - 5 - 1　下滑纵向偏差

表 7 - 5 - 1　下滑高度和迎角的偏差

高能量	高了	快了	高了且快了
低能量	低了	慢了	低了且慢了
合适能量	高了且慢了	正合适	低了且快了

　　如果灯球太高,接近或在上方边缘位置,停止移动,不要再试图让灯球回来了,否则飞机可能以较大的下降率接地,造成危险。

　　② 快了(迎角小):收油门,随着飞机减速,抬机头保持灯球位置,迎角加到最优迎角(抬机头太快会使飞机位置过高,抬机头不足会使速度大,位置低);当迎角达到最优时,如果需要,再加大油门,调整姿态保持迎角;还需要第三次调整,稍收油门,稍调整姿态。

　　③ 高了且快了(迎角小):因为高了且快了,所以要抬机头,收油门。然而,这时为了修正快速,要多收油门,灯球将开始移向中心。当速度(迎角)正常时,加油门,调整姿态保持下滑道和迎角。如果飞机速度(迎角)正常,而灯球还没到中心,调整油门,控制下降率,保持迎角,当灯球到中心位置后,用油门和姿态保持下滑道和迎角。

　　(2) 低能状态

　　① 低了:加油门,调整机头姿态保持最优迎角。随着肉球移到中心,收油门,重新建立下滑道,调整姿态保持迎角。接着还要进行第三次修正稳定进近状态,稍加油门,避免再低于下

滑道。永远不接受低球位置。

② 慢了(迎角大):加油门,随着飞机增速,降低机头达到最优迎角,重新调整机头保持最优迎角,收油门保持下滑道。然后稍加油门,调整状态,保持进近状态。

③ 低了且慢了(迎角大):这种情况飞机抬头高,因为抬头高,首先加油门,保持机头姿态稳定,灯球会上移,飞机可能会加速。如果灯球接近中线,先于迎角达到合适迎角,调整机头得到合适的速度(迎角),同时收油门保持下滑道位置。如果飞机在灯球接近中心位置时,速度同时增加,调整机头姿态保持适当的迎角,等待下滑道修正完成。当灯球处于中心位置时,调整机头姿态,同时收油门保持适当的下滑道和速度。

(3) 合适能状态

① 高了且慢了(迎角大):如果飞机不是很慢(迎角大),只需要低机头修正。然而,如果慢得过多(迎角过大),还需要加油门,再一次调整姿态和油门使灯球向下移动接近中心。

如果飞机速度合适了,但灯球还没到中心位置,稍收油门。如果迎角继续显示速度慢,随着灯球到中心位置,加油门,增速飞机到最优迎角。

② 低了且快了(迎角小):抬机头修正,减速到最优迎角。如果飞机已到最优迎角对应的速度,而灯球还低,加油门,使灯球上移,保持速度。等灯球到中心,稍收油门,保持好下滑道和迎角。如果灯球已经到中心了,速度还快(迎角小),调整姿态,收油门,以便保持灯球位置,达到最优迎角。接近最优迎角时,加油门停止减速,并且保持下滑道。

仔细分析上述几种偏差修正情况可以看出,舰载机着舰下滑操纵要求发动机具有很好加速性。在油门与杆配合修偏过程中,还要考虑油门对迎角的影响。以加油门推力增大为例,飞行员加油门推力增大,飞行速度会增大,而速度增大会使升力 Y 增大,速度增加引起的升力增量是作用在飞机的质心上的。加油门推力垂直速度分量 $P \cdot \sin(\alpha + \varphi)$ 也会增大,在飞机设计中,发动机的推力线会尽量通过飞机的质心,以减小推力的增减对飞机俯仰平衡的影响,所以推力的垂直速度分量也经过飞机质心。这两个力都会使飞机轨迹上移,引起的附加量相对气流从飞机上方吹来,飞机迎角会减小。收油门正好相反,飞机的迎角会增大。

舰载机在着舰过程中,要受飞行甲板岛式上层建筑区域的紊流影响,同时还要受到航母在航行中产生的舰艉过程流等不规则气流的影响,导致飞机升力下降轨迹下移,飞行员在下滑接近舰艉时要适当加油门进行补偿。

2. 对中偏差

关于对中偏差修正,舰载机着舰下滑中,航母根据风向调整行驶方向,舰载机基本是正逆风着舰,但由于着舰甲板与航母行驶方向有一个小的夹角,飞行员会感到着舰甲板中心线在向右侧移动,需要对偏差进行修正,以保持飞机的着舰方向始终位于着舰中心线上。一般大偏差主要用杆修,小偏差用舵修正。

在舰载机和舰载教练机陆基着舰训练(Field Carrier Landing Practice,FCLP)中,经常会遇到侧风情况,侧风下滑用航向法修正。

前面的论述没有涉及航母扰动对着舰的影响,事实上,航母的纵摇、横摇和升降会给着舰带来不利影响。美国海军规定,舰载机着舰时,航母纵摇不得超过 2°,横摇不得超过 7°。而舰舰的下沉不得超过 1.5 m,否则着舰钩索将是十分困难和不安全的。

舰载机着舰下滑飞行时间短,要求精度高,需要飞行员对飞机着舰操控品质熟练掌握,并经过反复模拟和实操练习,才能熟练掌握着舰下滑的偏差修正操控技术,安全准确着舰。

7.5.3 逃逸复飞

舰载机如果不具备着舰条件或着舰失败,则须重新拉起,谋求下一次着舰,这就是舰载机的复飞或逃逸。

1. 复　飞

复飞是舰载机在未接触甲板的情况下,重新拉起,准备再一次着舰。通用的复飞准则是:

① 飞机复飞到达舰艉时,有一定的安全间隙(3 m);

② 飞行员对复飞指令信号的允许反应时间为 0.7 s;

③ 飞行员采用的复飞操纵是保持迎角,油门加到最大。

上述准则下,舰载机复飞损失高度主要取决于下滑道角度和油门加速性。下滑角 4°,舰载机和舰载教练机的高度损失不大于 20 m。

2. 逃　逸

舰载机在触舰瞬间尾钩没有钩住拦阻索,只能在着舰区加速滑跑,拉起起飞,这一过程称为逃逸。逃逸是一种初速度不为零的直线加速运动。要在航母甲板上加速滑跑并拉起复飞,飞机的短距起降性能一定要好,尤其对发动机的加速性和飞机的操纵性提出了较高的要求。

触舰瞬间,飞行员要将油门加到最大,以使飞机尽快加速。为了不使飞机离舰时出现下沉,飞行员还要操纵驾驶杆,以建立一定的离舰迎角,使飞机离舰时具有足够的升力。

7.6　着舰拦阻

通常在航空母舰上可供舰载机着舰的滑跑距离大约为 100 m,拦停的时间历程只有 3~4 s,而舰载机的着舰速度可高达 260 km/h,单纯依靠舰载机的刹车和减速板、襟翼等减速装置,舰载机在航空母舰上安全着舰基本是不可能完成的任务;同时,为了保障飞行安全,在意外情况发生的状态下,舰载机能够及时逃逸复飞,舰载机在着舰过程中发动机始终处于带油门状态,也就是说舰载机在着舰滑跑过程中具有较大的推力。为此,航空母舰上必须装备具有"刹车"功能的拦阻装置,即舰载机拦阻系统,使舰载机能够在安全的距离内停止滑跑。

7.6.1　拦阻系统的工作原理

舰载机的拦阻系统从最初的重力式拦阻装置,逐渐发展出了摩擦刹车、液力式、液压式拦阻系统等。液压式拦阻系统由于其稳定可靠的性能,被广泛地应用于现代航空母舰之上,典型代表是 MK7‐3 型拦阻装置,结构如图 7‐6‐1 所示。

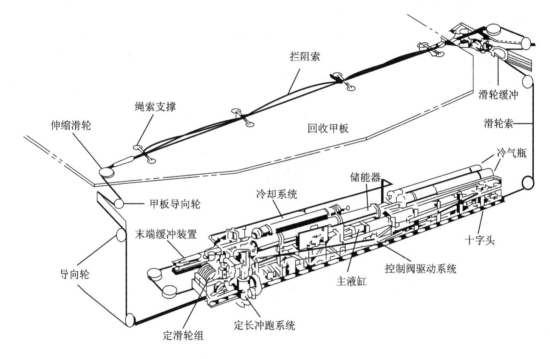

图 7‐6‐1　MK7‐3 型拦阻系统结构示意图

当飞机的尾钩钩住飞行甲板上的拦阻索之后,拦阻索拉动动滑轮组,使主液缸的柱塞推动油液流过定长冲跑控制阀进入储能器,从而将飞机的动能通过拦阻索转化为油液的内能和压缩空气的压力能,这样飞机在规定的距离内被拦停下来。当飞机停止滑跑后,拦阻索的残余应力将飞机向后拉动,使拦阻索和飞机尾钩分离,这时打开回退控制阀,压缩空气瓶的高压气体推动油液经过油液冷却系统回到主液缸,拦阻索被拦阻系统收回,为下一次的舰载机着舰拦阻做准备。

通常在拦阻索被飞机拉动的过程中,拦阻索的应力波会出现反射叠加,使拦阻索的应力产生较大的峰值,同时伴随拦阻索的剧烈振动及动滑轮组上的拦阻索松弛现象,拦阻索的应力状态会发生变化,极大地影响了舰载机着舰拦停的过载。为了减小拦阻索的应力峰值、降低舰载机的过载,导向轮之间和拦阻索末端使用了缓冲装置。

7.6.2　拦阻索的应力波

拦阻索中的应力波按照传播方式的不同可分为横波和纵波,横波传播方向与拦阻索的振动方向垂直,表现为拦阻索大范围的横向运动;纵波传播方向与拦阻索的振动方向一致,表现为拦阻索单元的拉伸变形。

1. 拦阻索的横波

处于回收甲板上的拦阻索捕获舰载机以后,拦阻索随着舰载机一起向前运动,直观上看拦阻索出现了三角形的变形,也称为弯折波,如图 7 - 6 - 2 所示。弯折波本质上也是拦阻索的横波,从舰载机的尾钩开始向甲板两侧的伸缩滑轮进行传递。

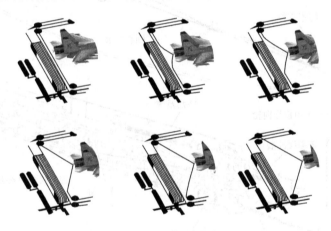

图 7 - 6 - 2　拦阻索弯折波的传递

根据波动理论,拦阻索横波的形成是由于舰载机的尾钩带动拦阻索的接触点,引发了拦阻索中和接触点相邻的部分产生相同的运动趋势,从而产生了拦阻索的横波。

2. 拦阻索的纵波

拦阻索纵波和横波的形成相似,拦阻索和缠绕在拦阻机上的制动钢索都是可变形的弹性体,当舰载机的尾钩钩住拦阻索后,拦阻索的接触点跟随舰载机向前运动,拦阻索中和接触点相邻的部分,不但有向前运动的趋势,而且沿拦阻索的轴线方向也有运动的趋势,拦阻索被拉伸产生变形,即形成拦阻索的纵波。

拦阻索纵波的传播速度比拦阻索横波的波速快得多,拦阻索的横波传播速度与拦阻索的应力有关,而拦阻索的纵波传播速度与拦阻索的杨氏模量和材料的密度有关。

拦阻索的纵波是传递能力的主要载体,舰载机冲击载荷的能量通过拦阻索的纵波传递到拦阻机的十字头和柱塞使其滑移,推动主液缸的油液,使油液的流量增大,产生液压阻尼力吸收舰载机的动能,最终使舰载机停止滑跑。横波和纵波之间相互影响,横波的反射叠加效果会以纵波的形式传递到整根钢索中。

7.6.3　着舰拦阻的舰载机纵向载荷

舰载机在航母的回收甲板上被拦阻系统实施拦停的过程中,主要受到重力(G)、甲板对机轮的支持力(N)和摩擦力(纵向摩擦力 f_x 和侧向摩擦力 f_z)、发动机的推力(P)、空气动力(升力 Y 和阻力 X)以及拦阻索的拉力(T),如图 7-6-3 所示。

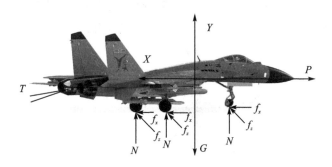

图 7-6-3　舰载机在拦停过程中的受力示意图

通常,舰载机的纵向载荷也体现了拦阻索的应力变化状态。无论是对中着舰、还是偏心偏航着舰,拦阻索中的应力在传递过程中,应力波有反射和透射现象的发生,并且在不同介质界面上、不同边界条件下,应力波反射和透射的情况不同。同时拦阻索与甲板导向轮连线之间的夹角不是随着舰载机的滑跑而简单地增加,尤其是拦阻索的横波会在甲板导向轮处发生反射而产生叠加,这就使夹角出现不规则的变化。

舰载机质量 25 t,着舰啮合速度 65 m/s,分别对舰载机对中、偏心和偏航着舰过程进行多体动力学仿真,可以得到舰载机沿飞行甲板中心线方向的过载,如图 7-6-4 所示。

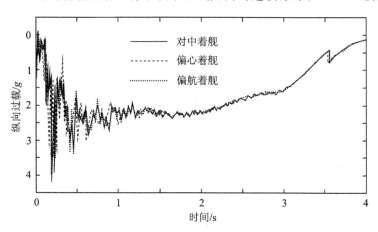

图 7-6-4　舰载机的纵向载荷变化示意图

舰载机着舰过程中,无论是对中还是偏心偏航,舰载机纵向过载的变化规律基本相同,大小稍有差异。这主要是因为舰载机的纵向载荷体现了拦阻索的应力变化状态,在舰载机尾钩捕获拦阻索开始的 0.5 s 内,舰载机的纵向载荷出现了三次峰值:第一次峰值出现在尾钩捕获拦阻索的瞬间,拦阻索和尾钩发生了碰撞;第二次峰值发生在甲板的伸缩滑轮处,拦阻索的弯折波(横波)从尾钩捕获拦阻索开始,沿拦阻索向伸缩滑轮传递,并在该处发生了反射叠加;第三次峰值发生在舰载机尾钩处,拦阻索的横波在甲板伸缩滑轮处被反射,沿拦阻索向尾钩处传播,并在该处再次发生了反射叠加现象。舰载机纵向载荷的峰值大小和时机的差异,主要来自于对中和偏心偏航着舰过程中拦阻索拉力的纵向分量和拦阻索应力反射叠加的时机不同而已。

忽略空气动力,考虑着舰过程中舰载机的某一瞬时受力情况,图7-6-5所示为舰载机偏心着舰过程中理想状况下飞行甲板平面上的受力示意图,则有

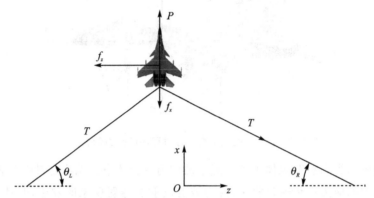

图7-6-5 舰载机偏心着舰的飞行甲板平面上的受力示意图

$$\begin{cases} \sum F_x = P - T(\sin\theta_L + \sin\theta_R) - f_x \\ \sum F_z = T(\cos\theta_L - \cos\theta_R) + f_z \end{cases} \qquad (7-6-1)$$

可见,在不考虑发动机推力的情况下,舰载机纵向载荷的大小主要受到拦阻索应力的纵向分量和飞行甲板的纵向摩擦力的影响。而拦阻系统的纠偏能力与其本身的结构无关,而与拦阻索提供的拉力及飞行甲板的摩擦系数有关。

舰载机重量增加,保角飞行,啮合速度就要增大。图7-6-6的仿真计算表明,在其他条

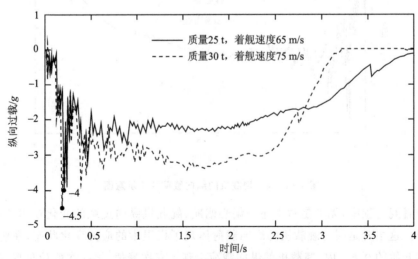

图7-6-6 不同拦阻质量的纵向载荷

件不变的情况下,重量和啮合速度增加,舰载机拦阻载荷的峰值和均值都会增大。

7.6.4 偏心偏航拦阻

舰载机在着舰过程中,由于受到侧风、舰船运动以及驾驶员的操纵失误等因素的影响,舰载机可能会偏心或偏航着舰。通常从舰载机尾钩钩住拦阻索开始到舰载机停止滑跑,用时 3～4 s。在如此短的时间内,在液压式拦阻系统中用主动控制技术实现对舰载机着舰的纠偏不太现实。因此,拦阻系统必须具有自主纠偏的能力。

1. 偏心拦阻

当舰载机尾钩偏离拦阻索中点时,拦阻索具有使舰载机向跑道中心线运动、减小偏心距离的趋势;并且在整个拦停过程中,舰载机的运动特性与甲板的摩擦系数相关,图 7 - 6 - 7 所示为舰载机偏心距离为 3 m 时偏移速度和偏移距离的仿真结果。

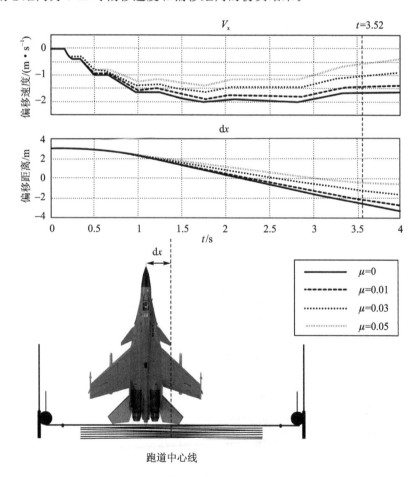

图 7 - 6 - 7 偏心着舰时舰载机的侧向滑移距离和速度

偏心着舰时,舰载机尾钩两侧的拦阻索拉力沿甲板跨度方向的分量为舰载机提供了侧向力,使其在拦停过程中减小偏心量。同时在甲板摩擦力的作用下,舰载机侧向运动的特性发生了改变,尤其是在拦停过程的后期,拦阻索张力减小,舰载机只能依靠甲板摩擦力减小侧向滑移速度。若舰载机停止向前滑行时,仍然具有侧向滑移速度,则舰载机将沿反向偏离跑道中心线。因此,为了改善拦阻系统的纠偏能力,必须使用具有较大摩擦系数的甲板跑道材料,使舰载机能够在拦停中期停止侧向的滑移。

不同的偏心距对最大尾钩载荷、拦阻冲程和拦阻时间影响不大,但这不意味着大的偏心距是可取的。偏心距越大,拦阻索两边承受的最大应力值差距越大,就会使一侧拦阻索分担更多的拦阻冲击载荷。故应尽量避免偏心着舰。

2. 偏航拦阻

当舰载机的着舰滑跑速度方向与回收甲板中心线存在偏差时,在拦阻索和甲板摩擦力的共同作用下,舰载机沿甲板的侧向滑移速度减小,图 7-6-8 所示为舰载机偏航角 3°时的仿真结果。

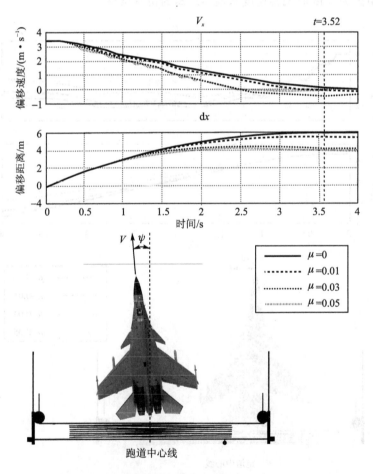

图 7-6-8　偏航着舰时舰载机的侧向滑移距离和速度

偏航着舰过程中,侧向的滑移速度使舰载机偏离跑道中心线。在拦阻索侧向拉力分量和甲板摩擦力的共同作用下,舰载机的侧向滑移速度减小,同时舰载机的偏移量增大。若甲板与机轮之间系数过大,在拦停过程的中期,舰载机的侧向滑移速度减小到 0,而此时由于拦阻索张力的侧向分量较大,将会使舰载机又产生反方向的侧向滑移速度。

可见,甲板材料属性决定了舰载机偏心偏航拦停过程中的动态特性。甲板摩擦系数过小,偏心拦停过程中舰载机快速向跑道中心线靠拢,但是存在较大的侧向滑移速度;若甲板摩擦系数过大,偏航拦停过程中舰载机的偏移量较小,但是在拦停后期将出现反方向的侧向滑移速度。因此,甲板材料的选择应根据偏心偏航进行综合考虑。

综上所述,偏航角增大,对应的最大尾钩载荷、最大冲程和拦停时间都有所增加,但增加幅度很小。同时,偏航角增大,拦停时偏离中心线的横向位移增大。根据 MIL‐STD‐2066(军标)的内容,实际拦阻可接受的偏航角不得超过 5°。

7.7　自动着舰

由于人工着舰事故率比陆基飞机约高 3～6 倍,而着舰失败率又占总失误率的 85%,黑夜又比白天大 2 倍。美国海军自 1948 年起,就致力开发全天候自动着舰导引系统。并以 F‐14A、A‐7E、F‐4J、F‐4D、S‐3A 等为验证机,不断进行试飞,到了 20 世纪 60 年代末至 70 年代初已进入实用阶段,其中 Bell 宇航公司研制的 SPN‐42 数字式飞行全天候战术数据系统,为实现自动着舰提供了可靠的技术保障。到了 20 世纪 80 年代中期,全天候自动着舰引导系统(All‐weather Carrier Landing System,AWCLS)技术有新的突破,美国麦道公司的 F/A‐18A 飞机做了 64 次自动着舰试飞,终于将着舰纵向误差控制在 6.7 m 以内。从而为 20 世纪 90 年代初使 F/A‐18A 在海湾战争中完成 11 000 多架次的着舰导引奠定了坚实基础。20 世纪 90 年代,自动着舰导引作为一门综合性学科技术,仍在不断发展,学者们在不断地探索着将新型控制理论与技术应用于着舰导引,以期待有更高的着舰精度与安全保障。

7.7.1　ACLS 的工作模态

20 世纪 70 年代,出现了全天候自动着舰引导系统,它是一种以自动着舰引导系统为主要模态的组合着舰引导系统,可实现全天候自动着舰。全天候自动着舰模态包括Ⅰ、Ⅳ、Ⅱ、Ⅲ四种工作模态。

模态Ⅰ:自动着舰导引系统(Automatic Carrier Landing System,ACLS)。它被舰上精密跟踪雷达截获后,可直接导引飞机实现全自动着舰,无需手操纵。

模态Ⅳ:类似于模态Ⅰ,不同之处是按模态Ⅰ飞行至离舰约 3/4 海里①时,降级为菲涅耳透镜 FLOLS 人工目视着舰。

模态Ⅱ:仪表着舰系统(Instrument Landing System,ILS)。在驾驶舱内利用指针仪表或

---

① 1 海里=1.852 km。

平显仪的指示,即利用 ACLS 所提供的误差信号,进行手控着舰,将飞机引导至离舰约 3/4 海里处转入 FLOLS 着舰。

模态Ⅲ:舰上控制进场系统(Carrier Controlled Approach,CCA)。飞行员通过舰上的控制台操作员给出的指令信息完成着舰任务。

4 个模态之间的关系是:

当模态Ⅰ正常工作时,模态Ⅱ与模态Ⅲ成为模态Ⅰ工作时的监控设备,即驾驶员通过模态Ⅱ的指针仪表或平显仪监视 ACLS 是否正常,舰上的模态Ⅲ(CCA)也同时监视 ACLS 是否工作正常。当驾驶员发现模态Ⅰ工作时飞机不在安全区内,则接管飞机由模态Ⅱ执行手操纵(半自动)进场。在模态Ⅱ工作状态下,若飞机超出安全区,则驾驶员接收到已工作在模态Ⅲ的指令,并按模态Ⅲ手控着舰。模态Ⅰ与模态Ⅱ可单独工作,但当 AWCLS 在零决策高度及零能见度条件下着舰时,两系统需同时工作。

7.7.2　ACLS 的组成

ACLS 由舰上设备及机上设备两部分组成。如图 7-7-1 所示,舰上部分有 Ka 波段跟踪雷达(接收机)、稳定平台、高速通用计算机、显示设备、数据链编码/发射机、数据链监控器、飞行轨迹记录仪等。机上部分有数据链接收机、接收译码器、自动驾驶仪耦合器、自动飞行控制系统(自动驾驶仪)、自动油门控制器(Automatic Power Control,APC)、雷达增强器等。

7.7.3　ACLS 的工作机理

图 7-7-1 所示为 ACLS 的工作机理,当飞机进入雷达截获窗口后,跟踪雷达不断地跟踪飞机,并将跟踪天线的角信息及距离信息经数字编码送入计算机,与此同时亦将稳定平台所测得的甲板运动信息送入计算机,经数据处理,使雷达的跟踪信息中消去了舰的横滚、俯仰、航向及起伏的影响,从而获得飞机在惯性空间坐标系中的精确位置。此惯性空间的测量坐标系的原点设在飞机预期降落点,x 轴沿着跑道中心线,z 轴沿航母垂直方向,如图 7-7-2 所示。

将飞机惯性空间中的坐标信息与贮存于计算机中的优化后的理想轨迹进行比较,由此产生两种指令信息:

一是轨迹误差指令信息,通过地-空数据链发送至飞机。误差信息包含纵向的着舰高度误差及侧向的飞机相对舰上测量坐标系,即飞行甲板中心线的侧偏。飞机接收误差信号,通过指针式仪表或平显仪显示给驾驶员。

二是飞控指令信息,或者自动驾驶仪信息,也通过地-空数据链发送至飞机。轨迹的引导指令包括纵向与侧向两个通道,它们分别由纵向与侧向引导误差经各自的导引律计算而形成的。在纵侧向引导指令的作用下,飞机通过飞控系统不断纠正自己的航迹,力图按设置的理想轨迹飞行,即纵向按 3.5° 左右的下滑轨迹,侧向按跑道中间线飞行。

在计算机中存贮了不同飞机的轨迹规律,以满足不同飞机的导引的要求。在计算机中所

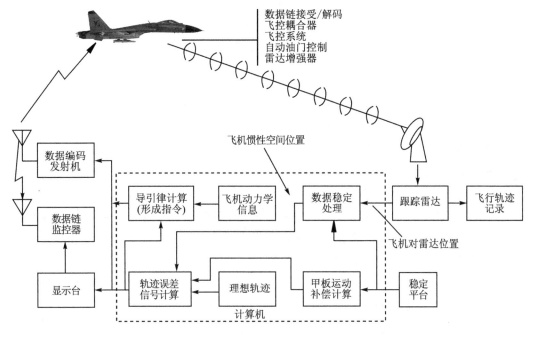

图 7 - 7 - 1　自动着舰导引系统(ACLS)的基本工作原理

贮存的理想轨迹可以按情况做临时变动。例如可做恒定下滑角进场,陆上拉平进场,或像 V/STOL 飞机的大角度(high angle)进场,以及直升机的悬浮进场等。

　　为了减少着舰的散布误差,提高着舰精度,在着舰前 12 s 时进行甲板运动补偿,即将稳定平台所感受到的甲板运动信息引入计算机,进行补偿信息计算,然后与误差信息一起发送至飞机,使飞机跟随甲板运动做相应的机动,以减少由于甲板运动而引起的着舰误差。

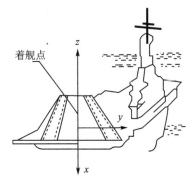

图 7 - 7 - 2　惯性稳定测量系

本章小结

　　滑跃起飞和弹射起飞是固定翼飞机舰基起飞的主要方式,滑跃起飞技术简单,弹射起飞高效全面。着舰首先要建立规范的着舰航线,进近转弯后,飞行员参考着舰引导光学系统、机上迎角指示,观察甲板跑道中心线偏差,按照"看灯、保角、对中"的反区偏差修正原则,操控飞机着舰。着舰纵向拦阻载荷与拦阻索纵、横向应力波的交叉重叠传递相关,这就对着舰偏航、偏心误差提出严格要求。舰上设备与飞机自动驾驶系统构成一闭环回路完成舰载机自动着舰。

复习思考题

1. 简述滑跃起飞的基本原理,说明主要飞行参数在滑跃起飞过程中的变化特点?

2. 滑跃起飞的两个限制条件是什么?

3. 对比弹射起飞与滑跃起飞的优缺点。

4. FLOLS 光学助降系统中心灯球的垂直视场角是 $0.34°$,如果飞机在距离舰面 1 500 m 的下滑道上,计算其垂直视场范围。

5. 航母逆风舰速 10 kn,风速 5 m/s,FLOLS 光学助降系统的基准光束角是 $4°$,舰载机飞行空速 230 km/h,计算舰载机的实际下滑角。

6. 与定速下滑相比,舰载机保角下滑有哪些优点?

7. 在着舰下滑道上,如果舰载机高度低、迎角小,应如何修正偏差? 在纵向偏差修正中,油门是如何影响迎角的,实际飞行中如何克服油门操纵对迎角的影响?

8. 拦阻着舰过程中,偏心和偏航会对拦阻过程产生怎样的影响?

9. 简述自动着舰导引系统的工作机理。

第 8 章　典型特情

与飞行原理相关的典型特情包括失速、螺旋、过失速、急盘旋下降等。失速和螺旋是在飞行中由于飞行员粗猛拉杆,使飞机迎角达到或超过失速迎角而出现的一种不正常飞行现象。飞机进入失速,尤其是发展成螺旋,如不能正确处置,及时改出,将会危及飞行安全。急盘旋下降也是对飞行安全有影响的飞行动作。因此,飞行员应掌握其成因、动态特点和改出的操纵原理,为预防和正确处置上述特情打下理论基础。

8.1　失　速

8.1.1　失速的定义

飞行中,当迎角增加到失速迎角,引起气流在机翼上大面积分离,飞机出现非操纵的异常飞行现象,称为失速。

失速的根本原因是飞机迎角超过了失速迎角。失速迎角和临界迎角在概念上有区别,它是由以下三种状态下的迎角最小者来定义的:

① 在给定的飞行速度(或飞行马赫数)下,法向过载(或 C_y)达到最大值的迎角,即临界迎角 α_{cr}。

② 在给定的飞行速度(或飞行马赫数)下,飞机发生突然的非操纵的俯仰转动、滚转或偏转时的迎角。

③ 在给定的飞行速度(或飞行马赫数)下,飞机出现使驾驶员难以忍受的抖动或结构抖动时的迎角(或过载变化的幅度约为 $\pm 0.6 \sim \pm 1$)。

对于像某型初教机这样采用梯形翼的低速飞机来说,其失速迎角即为临界迎角;而对于采用大后掠角小展弦比机翼的超声速飞机来说,临界迎角通常很大,出现自发旋转的迎角较小,因此失速迎角常常是飞机开始绕自身三根轴中某个轴自发地做非周期性转动或摆动的迎角,其值比临界迎角小。

根据飞机开始失速时迎角的正负,失速可分为正迎角失速(正飞失速,简称失速)和负迎角失速(倒飞失速)。根据失速时的载荷,失速又可分为直线失速(失速 n_y 为1,英美两国称为1 g 失速或非加速失速)和曲线失速(失速时 n_y 不等于1,英美两国称为加速失速)。

8.1.2　失速警告

所谓失速警告就是当飞机接近失速迎角时,出现的一种飞行员能够清楚辨别、具有足够强度、并为这种状态特有的警告信息,引起飞行员注意。因此,失速警告也就是飞行员用以判断飞机是否失速的基本依据。失速警告可分为自然警告和人工警告两种。

1. 自然警告

自然警告主要包括空气动力抖动、飞机摇晃、发生噪声等现象。

抖动是飞机结构或部件对气流分离所引起的气动力激振的响应。大迎角飞行,机翼上气流周期地产生出分离涡,升力时大时小,会形成"脉动"现象,从而激发飞机结构振动。机翼上的涡流流过副翼和尾翼,也会激发它们及舵面的振动,从而带动驾驶杆和脚蹬板抖动(如果操纵系统有不可逆的助力系统,则感觉不到),这也会导致操纵变轻,飞机对操纵的反应迟缓。

两翼的分离现象是随机的,不可能在同一时刻发生,两翼升力变化不对称,因而在一定条件下还可能激发飞机左右摇晃。大后掠角机翼的飞机翼尖先失速,使得抖动迎角 $\alpha_{抖}$ 减小,预先警告的作用提前,这有利于防止飞机失速。

飞机抖动时,其法向过载(n_y)发生振荡变化,振荡的幅度越大,飞行员感觉到抖动越强烈。如果法向过载振荡的幅度太小,飞行员会感觉不出飞机抖动。多数资料认为,当法向过载振荡幅度达到 ±0.035 时,就可定为抖动开始(有些资料则认为是 ±0.05)。为了区分抖动的强度,可根据法向过载的变化幅度(Δn_y)大小将抖动分为四等:

① 轻微抖动:法向过载变化幅度(Δn_y)为 $\pm0.035\sim\pm0.1$,飞行员能感到飞机有轻微的抖动,不影响工作。

② 轻度抖动:法向过载变化幅度为 $\pm0.1\sim\pm0.2$,飞行员感到飞机抖动,对机动飞行无明显的影响。

③ 中度抖动:法向过载变化幅度为 $\pm0.2\sim\pm0.6$,飞行员感觉讨厌,瞄准困难。

④ 重度抖动:法向过载变化幅度为 $\pm0.6\sim\pm1.0$,飞行员感觉难以忍受,射击已不可能,但飞机仍能操纵。

2. 人工警告

如果自然警告不强,在某些情况下可采用人工警告装置。这种装置通常分为触觉警告、视觉警告和听觉警告三种。触觉失速警告装置包括振杆器和推杆器,当飞机迎角临近失速迎角时,振杆器开始工作,驾驶杆反复振动;如飞行员继续把迎角增大到失速迎角,推杆器开始工作,自动把驾驶杆推向前,改出失速。视觉警告装置如信号灯,可以发出闪光信号。听觉警告装置包括铃声报警器、话语通报等装置。

8.1.3　直线失速和曲线失速

1. 直线失速

飞机在直线飞行中,缓慢地将迎角增加到失速迎角,这种失速称为直线失速。其特点是保持法向过载为 1 左右,飞机减速时方向舵和副翼可以保持中立位置,也可以用副翼和方向舵克服飞机可能出现的滚转和偏转的倾向。

直线失速的失速速度称为平飞失速速度,记为 V_{so},可由下式确定:

$$V_{so} = \sqrt{\frac{2G}{\rho S C_{ys}}} \qquad (8-1-1)$$

式(8-1-1)中的密度若按海平面值(ρ_0)计算,则求出的就是平飞失速表速(即当量速度)。若将 $C_{y抖}$ 代入式(8-1-1),则可求出平飞抖动速度,它可用来作为飞行员判断飞机是否抖动或失速的一个依据。

2. 曲线失速

在曲线飞行中,当迎角迅速地增加到失速迎角所造成的失速称为曲线失速。其特点是法向过载大于 1,轨迹不能保持直线;动态参数变化要比直线失速剧烈得多。

曲线失速的失速速度记为 V_{sm},可由下式确定:

$$Y = n_y \cdot G = C_{ys} \frac{1}{2} \rho V_{sm}^2 S$$

$$V_{sm} = \sqrt{\frac{2 n_y G}{\rho S C_{ys}}} \qquad (8-1-2)$$

当把 ρ_0 代入式(8-1-2),则求出曲线失速表速。根据式(8-1-1)和式(8-1-2)可得

$$V_{sm} = \sqrt{n_y} V_{so} \qquad (8-1-3)$$

在机动飞行中失速,通常 $n_y > 1$,属于曲线失速。由式(8-1-3)可知,机动飞行的过载越大,对应的失速速度比平飞失速速度大得就越多。

由于机动飞行($n_y > 1$)的失速表速大(动压大),作用在飞机上的空气动力和力矩较大,所以飞机状态变化急剧。

曲线失速由于失速表速大,压力脉动即过载变化的幅度也大,因此抖动较直线失速强烈得多。有些飞机在直线失速时抖动很不明显,但在曲线失速时抖动就很剧烈,就是这个原因。

高空飞行,同一表速,Ma 增大,机翼上可能出现激波,激波和附面层的互相干扰会使气流更易分离,这样抖动发生得更早,更加强烈。

飞机以较大的表速并带有起始侧滑条件进入失速,失速会表现得更猛烈和不均匀。例如在左盘旋中拉杆过多,产生左侧滑(内侧滑)并形成失速时,内侧滑会使外(右)侧机翼出现强烈的气流分离,引起飞机向盘旋的反方向滚转,右翼下沉猛烈失速。所以,从盘旋进入失速状态常常带有强烈的摆动,通常飞机会向盘旋的反方向进入螺旋。

3. 失速速度与飞行马赫数的关系

随着飞行马赫数的增加,空气的压缩性越来越明显,失速迎角、抖动迎角、最大可用升力系数及相应的失速速度都会发生变化。

通常,Ma 增大,由于空气压缩性的影响,上表面逆压梯度增大,使气流开始分离的迎角减小。所以,在一定 Ma 范围内,$\alpha_{抖}$、$C_{y抖}$ 及最大升力系数 $C_{y\max}$ 也减小,如图 8-1-1 所示。因此,在同一 n_y 下的失速速度 V_s 相应增大,更容易将飞机拉失速,如图 8-1-2 所示。

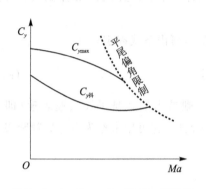 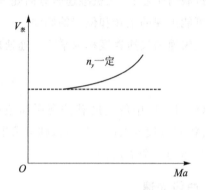

图 8-1-1　$C_{y\max}$、$C_{y抖}$ 随 Ma 的变化　　　图 8-1-2　V_s 随 Ma 的变化

总之,尽管失速确实与速度有一定联系,例如在表速较小时,失速过载也小,比速度大时更易于失速;失速后,由于阻力增大,速度会迅速减小。但是,飞机是否失速关键在于迎角是否达到失速迎角,而不在于速度本身的大小。有时,速度虽小,由于过载小于1,迎角仍小于失速迎角,飞机并没有失速。相反,即使速度较大,由于过载较大,迎角超过了失速迎角,飞机也会失速。因此,不能把失速理解为失去速度,或认为速度小于平飞失速速度,就一定会失速。这就是说,飞行中应根据飞行速度的大小来拉过载,既不要认为大速度不容易失速就粗猛拉杆,更不要在小速度时企图拉大的过载。

8.1.4　失速特性

为了提高飞行的安全性,飞机应该具有良好的失速特性。所谓良好的失速特性通常指:

① 失速时机头应下沉:如有抬头趋势,应是轻微的,能有效控制的;不应产生机头自动上仰加剧失速的现象。

② 失速时飞机仍具有一定的稳定性和操纵性,飞机产生绕某轴的旋转应该是缓和的,并能控制在一定的角度内(例如歼击机、强击机绕某轴的旋转角度不应超过 30°,其他类型飞机不应超过 20°)。

③ 失速前应有易于辨认的失速警告。

④ 改出失速的操纵简单,损失的高度不大。

⑤ 失速中和改出失速时发动机能保持正常工作,飞机各部件结构没有超过极限载荷。

所谓良好的失速特性,在很大程度上是定性的说明,是飞行员对飞机的主观要求。当然,这也可作为对飞机失速特性客观评价的大体依据。

如果失速发生得猛烈,飞机偏离正常状态的速度就越快,或进一步发展为较深度失速或螺旋的可能性越大,对飞行安全的威胁也越大,则说明失速特性不好。不同机型,或同一机型在不同飞行条件下的失速特性不尽相同,有的甚至存在较大的区别。飞行员应准确把握所驾机型在不同条件下失速特性的特点,以便有效地预防、改出失速。

8.1.5 失速的预防和改出

① "根据表速拉载荷"是防止失速的有益经验。对照式(8-1-2)、式(8-1-3)可以看出,在不同的飞行状态(不同载荷)下,都有一个对应的失速速度,换句话说,对应一定的速度,就有一个使飞机失速的相应载荷,也就是失速载荷(n_{ys}),即

$$n_{ys} = \left(\frac{V}{V_{so}}\right)^2 \tag{8-1-4}$$

同理,对应一定的速度,也有一个相应的抖动载荷(n_{yb}),即

$$n_{yb} = \left(\frac{V}{V_{bo}}\right)^2 \tag{8-1-5}$$

飞行员看着速度,只要拉的载荷不超过相应失速载荷(或抖动载荷),自然迎角不会达到失速(或抖动)迎角。飞机也就不会失速(或抖动)。

如果飞机上装有迎角指示器,参照迎角指示器拉杆,那么,防止把飞机拉失速就容易多了。

② 接近抖动时,拉杆要柔和适量,并防止飞机带侧滑。有些飞机允许带抖动做机动动作,这时格外要注意杆舵协调。有些飞机不允许出现抖动,出现抖动时要及时松杆。

③ 飞机直线失速后,要确实把两舵蹬平,推杆至中立,使飞机迅速可靠地从失速中改出。如果曲线失速,必须蹬平舵,把杆向前推,方能抓住时机,及时改出失速。值得注意的是,曲线失速后飞机常常会立即变状态,飞行员容易不自觉地向飞机带坡度的反方向压杆,不仅无助于改平坡度,而且有可能使飞机向压杆反方向进入螺旋。

8.2 螺 旋

螺旋(又称尾旋)是飞机失速后出现的一种连续的自动旋转运动。在螺旋中,飞机沿着一条小半径的螺旋形轨迹急剧下降,同时绕纵、立、横三根轴不断旋转,如图8-2-1所示。

从飞行员角度来看,螺旋的特征是持续的偏转运动。当然不是单纯的偏转,还伴有滚转角速度和俯仰角速度。然而在螺旋中坡度变化不明显,滚转给飞行员的印象不深,飞行员目视辨别螺旋的重要依据是持续的偏转,并依偏转方向规定螺旋方向,以便按需要做改出动作。

图 8-2-1　螺　旋

8.2.1　螺旋的成因

　　飞机失速后,需要一定的条件才能进入螺旋。不同飞机失速后进入螺旋的原因并不相同。低速飞机(如某型初教机)一般是在迎角超过临界迎角,飞机丧失了横侧阻尼,形成机翼自转而进入的。以右螺旋为例,如图 8-2-2 所示,在迎角超过临界迎角的情况下,升力系数随迎角增大而减小。当飞机由某种原因向右滚转时,右翼下沉,迎角增大,超过临界迎角更多,升力系数反而减小,产生负的附加升力;左翼上扬,迎角减小,接近临界迎角,升力系数反而增加,产生正的附加升力。这样,两翼升力差构成的力矩不是阻碍滚转,反而帮助滚转,这种现象称为机翼自转。

　　出现向右的机翼自转后,两翼阻力差使飞机同时向右偏转。飞机同时向右滚转、偏转产生的上仰惯性力矩促使飞机进入超临界迎角范围。在此过程中,因升力方向倾斜,支持不了重量,飞机向下做曲线运动;升力的水平分力起向心力作用,使飞机在水平面内也做曲线运动。即飞机在又偏又滚又上仰的情况下,向下做小半径圆周运动形成螺旋线轨迹,进入螺旋。

　　螺旋中迎角为正称为正螺旋,迎角为负称为反螺旋(也称为倒飞螺旋)。根据螺旋中飞机姿态(即平均迎角大小),可分平螺旋和急螺旋。通常把平均迎角大于 70° 的螺旋称为平螺旋,小于 70° 的螺旋称为急螺旋。

　　有些资料还根据螺旋中参数振荡幅度的大小来分类。

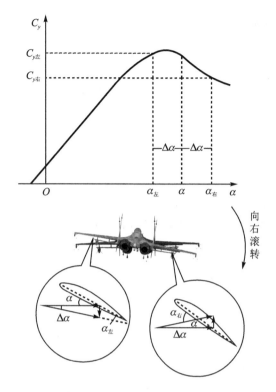

图 8 - 2 - 2　超过临界迎角滚转时,左右两翼升力的变化

8.2.2　螺旋中的作用力和力矩

螺旋的全过程可分为过渡阶段、稳定阶段和改出阶段。这里主要研究稳定阶段,即螺旋轨迹中心线接近垂直状态的作用力和力矩。

1. 稳定螺旋中的作用力

通常进入螺旋后应收小油门,所以可认为发动机的推力为零。因螺旋中平均侧滑角较小,为简化分析,忽略侧滑的影响,因而作用力仅是空气动力 R(升力和阻力的合力)和重力 G。假定稳定螺旋中坡度为零(实际上平均坡度很小),因而认为 R 和 G 同在铅垂面内。实验证明:在机翼上大部分气流分离的情况下,空气动力 R 基本上与翼弦垂直。由于飞机沿半径很小的陡螺旋线运动,可近似认为运动轨迹与地面垂直,因而迎角和俯角之和为 $90°$,即 $\alpha \approx 90° - \theta$。

这样,稳定螺旋中飞机重力由空气动力的垂直分力(X)来平衡,空气动力的水平分力(Y)则起向心力作用(见图 8 - 2 - 3)。于是

$$G = \frac{1}{2}\rho V^2 S C_R \sin \alpha \qquad (8-2-1)$$

$$\frac{G\omega^2 r}{g} = \frac{1}{2}\rho V^2 S C_R \cos \alpha \qquad (8-2-2)$$

2. 稳定螺旋中的力矩

（1）旋转角速度各分量

在稳定螺旋中，飞机保持一定的角速度 ω 旋转。同时，又有一定的俯角和坡度，因而螺旋中飞机绕其机体轴系都存在旋转角速度分量，如图 8-2-4 所示。其大小为

$$\begin{cases} \omega_{x1} = \omega\sin\vartheta \\ \omega_{y1} = \omega\cos\vartheta \cdot \cos\gamma \\ \omega_{z1} = \omega\cos\vartheta \cdot \sin\gamma \end{cases} \qquad (8-2-3)$$

从式（8-2-3）可以看出，左螺旋，$\omega>0$，则 $\omega_{x1}<0,\omega_{y1}>0,\omega_{z1}>0$；右螺旋 $\omega<0$，则 $\omega_{x1}>0$，$\omega_{y1}<0,\omega_{z1}>0$。即左螺旋飞机左偏、左滚、上仰；右螺旋飞机右偏、右滚、上仰。

（2）惯性力矩

飞机在螺旋中同时绕三个轴转动，因此会产生三个惯性力矩，分别由下式确定：

$$\begin{cases} M_{xi} = (I_y - I_z)\omega_{y1}\omega_{z1} \\ M_{yi} = (I_z - I_x)\omega_{z1}\omega_{x1} \\ M_{zi} = (I_x - I_y)\omega_{x1}\omega_{y1} \end{cases} \qquad (8-2-4)$$

其大小不仅取决于各角速度分量，还与绕飞机各轴的转动惯量有关。

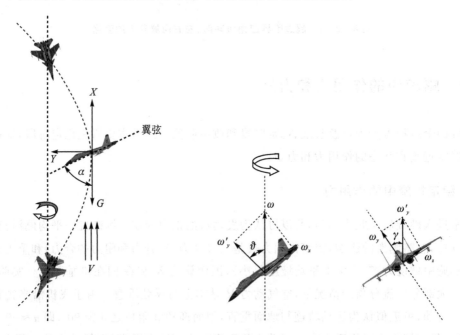

图 8-2-3　螺旋中的作用力　　　　　图 8-2-4　左螺旋转动角速度及其分量

随着飞机的发展，机身愈加细长，翼展相对减小，质量集中于纵轴，因此 I_y 与 I_x 的比值不断增大，这样，螺旋中惯性力矩绝对值越来越大；而在三个惯性力矩中，M_{zi} 最大，M_{yi} 次之，M_{xi} 最小。

螺旋中惯性力矩的方向有一定规律性。因为 I_y 最大，I_z 次之，I_x 最小，因此对于左螺旋

(ω_{y1} 为正，ω_{x1} 为负，ω_{z1} 为正)，$M_{xi}>0$，$M_{yi}<0$，$M_{zi}>0$，即惯性力矩起制滚、制偏和上仰的作用。对于右螺旋(ω_{y1} 为负，ω_{x1} 为正，ω_{z1} 为正)，$M_{xi}<0$，$M_{yi}>0$，$M_{zi}>0$，即惯性力矩也是起制滚、制偏和上仰的作用。

另外，发动机转子产生的陀螺力矩本质上也是惯性力矩，由于它的影响，左右螺旋的动态有所不同。

(3) 螺旋中的力矩关系

螺旋中作用于飞机上的力矩有气动力矩(即操纵力矩、稳定力矩和阻尼力矩)、惯性力矩和陀螺力矩(M_g)。要使螺旋稳定，绕各轴的力矩必须同时取得平衡，实际上这是很难达到的。所谓稳定螺旋也只是绕三个轴的力矩在同一时刻近似取得平衡。

8.2.3 螺旋的动态特点

不同机种的螺旋动态特点有所不同。这里仅介绍螺旋过渡阶段和稳定阶段动态的一般特点。

1. 螺旋过渡阶段的动态特点

进入螺旋前，飞机有前进速度，因此会有一个过渡段。在过渡段中，旋转轴逐渐由水平方向转到垂直方向。

(1) 轨迹中心轴线近似为抛物线

螺旋过渡段中飞机绕纵轴滚转一圈，升力向上和向下的时间相同。因此，当滚转较快时，升力的作用可近似认为互相抵消。所以，过渡段的轨迹中心轴线可近似认为是抛物线，螺旋轨迹是围绕这个中心轴线旋转下降的。

螺旋进入的表速越大，飞行高度越高(同一表速对应的真速越大)，飞行重量越大(飞机动能储备越大)，这个过渡段的时间越长，飞行距离也越长，螺旋过渡段掉的高度也就越多。通常螺旋的头一、二圈都处于过渡段中。

(2) 状态变化大，旋转不均匀

在过渡段，飞行员会感到飞机滚转比较明显，坡度变化大，半圈座舱朝上，半圈座舱朝下，俯仰角变化也大，机头在天地线上下转动，旋转一圈，机头又抬到天地线之上，飞机好像做大半径的"横滚"一样；且旋转会时快时慢，时转时停。这是因为，在过渡段飞机绕介于机体纵轴和气流轴系的一个轴旋转。为简化分析，近似认为飞机只绕机体轴旋转，这会引起迎角和侧滑角的周期性变化(见图 8-2-5)，造成滚转和偏转力矩也周期变化，导致旋转很不均匀。如图 8-2-5 所示，飞机右滚到位置 1(滚转 90°)，出现内侧滑，使旋转减慢；到位置 2(滚转 180°)，迎角减小，引起速度增加；到位置 3(滚转 270°)，产生外侧滑，又使旋转加快；到位置 4(滚转 360°)，迎角又重新增大，速度又跟着减小。如此循环，便形成了螺旋初期的旋转不均匀现象。

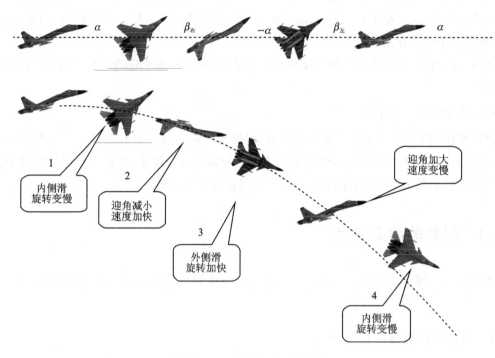

图 8 - 2 - 5　螺旋初始阶段动态

2. 螺旋稳定阶段的动态特点

在螺旋稳定阶段中,旋转轴已垂直于地面,飞机姿态比较稳定,运动参数没有明显变化,螺旋的具体形态已能辨明,螺旋每一圈的情况基本相同。其动态的一般特点是:

(1) 表速小、空速表指针摆动

螺旋进入稳定阶段后,气流接近垂直向上地流过飞机,迎角比较大,飞机阻力和重力平衡,飞行速度相对稳定在一定范围。螺旋中的表速可根据下式求出:

$$V_{表} = 4\sqrt{\frac{G}{C_x S}} \qquad\qquad (8-2-5)$$

值得注意的是:此时空速表的指针会有较大幅度的摆动,并不能指示相应的表速。表速指针的这种摆动,并不说明飞机实际速度也发生这么大的改变,而是由于螺旋中迎角和侧滑角变化较大,空速管在大迎角和大侧滑角的条件下,测量的全压有很大误差引起的。

图 8 - 2 - 6 表明大迎角下空气流过空速管的情形。在空速管的头部,流线向上弯曲,流速加快,压力减小,所以全压孔测得的全压减小,使测得的动压偏小,所以空速就出现少指的误差。迎角或侧滑角越大,少指误差也越大。同样迎角和侧滑角下,飞行速度越大,少指误差也越大。由于发动机进动力矩的影响,在进动力矩使飞机抬头的情况下,飞机可能会出现较强的周期性摇摆,迎角和侧滑角都会强烈地周期性改变,所以空速表指针也会周期性摆动,幅度较大,甚至有反指现象。

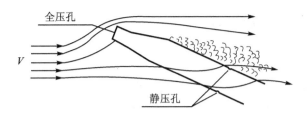

图 8 - 2 - 6　大迎角下气流流过空速管的情形

（2）螺旋半径小，飞行员感到飞机在原地旋转下掉

将式（8-2-1）除以式（8-2-2），可得出螺旋半径的近似公式为

$$r = \frac{g \cdot \cot \alpha}{\omega^2} \qquad\qquad (8-2-6)$$

从式（8-2-6）可以看出，螺旋中迎角越大（即俯角越小），旋转角速度越大，螺旋半径越小。所以平螺旋比急螺旋半径更小。由于螺旋的半径往往较小，轨迹中心线在机头附近，所以飞行员感到飞机在原地旋转下掉。飞行员明显感到方向不断偏转，每转一圈，机头前方扫过的地标基本不变。螺旋中飞行员的视线感觉与在急盘旋下降中的感觉是完全不同的。这是区别飞机是否进入螺旋的一个重要依据。

（3）方向变化明显，坡度变化不明显

由图 8-2-4 可以看出，螺旋中飞机实际的滚转角速度是不小的。但飞行员从座舱前方看出去感到飞机偏转明显滚转不明显。这是因为人们常通过坡度的变化来判断滚转角速度的大小。在螺旋中滚转本应使坡度增大，但飞机带俯角的偏转以及带俯角和坡度的上仰转动，都要使坡度减小，所以稳定螺旋中坡度变化不大，飞行员也就往往感到飞机滚转不明显。

8.2.4　螺旋的改出

1. 改出螺旋的关键——首先制止飞机偏转

飞机进入螺旋后，要尽快改出，越快越有利。螺旋是在极大迎角下的旋转运动，改出螺旋必须最终使旋转停止，迎角减小。那么是先推杆减小迎角还是先制止旋转为好？理论和实践证明，应先制止旋转。其中，制止旋转又必须首先制偏，即首先制偏是改出螺旋的关键。这是因为螺旋中较大的偏转和滚转角速度产生了一个较大的上仰惯性力矩，该力矩阻止迎角的减小。如果带着很大的旋转角速度首先推杆，操纵力矩不足以克服较大的上仰惯性力矩，不仅迎角减小不下来，反而会因为推杆产生帮助滚偏的惯性力矩，使旋转加快。相反，设法首先制止飞机的偏转和滚转，上仰惯性力矩随之减小，那么推杆退出失速就水到渠成了。由于失速后产生偏转力矩的手段依然强有力，加之制偏造成内侧滑，横侧稳定力矩和滚转阻尼力矩也会使滚转迅速停止。可见，首先制止偏转是改螺旋的关键。

2. 各操纵面对改出螺旋的作用

（1）方向舵

① 蹬平舵：既可消除原来顺舵产生的助偏力矩，还可以提高方向稳定性，因为固定舵面时的稳定力矩比舵面松浮时要大。

② 蹬反舵：一方面可以产生制止偏转的方向操纵力矩，另一方面也可消除外侧滑，形成内侧滑，有利于制止机翼自转，减慢滚转角速度。

（2）副翼——压顺杆的作用

① 压顺杆产生的气动滚转力矩和偏转力矩。

螺旋中压顺杆一方面能产生滚转，另一方面又能产生偏转。这个副翼致偏力矩系数 m_y^δ 在大迎角下常常是负值，这说明压顺杆时能产生一个逆螺旋方向的偏转力矩，起制偏作用。这个制偏力矩的大小与飞机的气动布局有关，对于有的飞机有一定作用，而对于有的飞机来讲可能不起主要作用。

② 压顺杆产生的制偏惯性力矩。

以左螺旋为例，压顺杆后，飞机产生向左的滚转力矩，形成一个左滚的角速度增量 $\Delta\omega_{x1}$，这个增量本身就能使螺旋原有惯性力矩有一个增量（ΔM_{yi1}），即

$$\Delta M_{yi1} = (I_z - I_x)\omega_{z1}\Delta\omega_{x1}$$

另一方面，左滚角速度的增加会引起飞机左坡度的增大。而坡度加大，也会产生一个制偏的惯性力矩。这样，螺旋中压顺杆既增加了 ω_{x1}，又增加了 ω_{z1}，所以使 M_{yi} 加大。

特别是现代超声速飞机，质量沿机体纵轴比较集中，$(I_z - I_x)$ 数值很大，因而产生的制偏惯性力矩较大，加上气动制偏力矩的作用，其效果可能比蹬反舵作用强，尤其是螺旋中迎角越大，反舵效用越要减小，顺杆的制偏作用就更重要了。

（3）升降舵（平尾）

显然，推杆可以产生下俯操纵力矩，帮助飞机减小迎角，退出失速。因此，推杆也是改出正螺旋的基本手段。

但是，现代超声速飞机，螺旋中推杆动作不宜过早。如果旋转没有减慢就过早推杆，使 ω_z 由上仰变成下俯，就会使螺旋中原来的制偏、制滚力矩（M_{yi}、M_{xi}）改变方向（符号），起助偏、助滚作用，反而加快螺旋旋转，不利于螺旋改出。

3. 改出螺旋的几种方法

（1）"平、中、顺"

"平、中、顺"即用力蹬平舵，把杆推到中立位置，接着向螺旋方向压杆到底。飞机停止旋转时，将顺杆回到中间位置。飞行速度增加到规定数值时，柔和拉杆改出俯冲。实践证明，这种方法简单可靠，易于掌握，又能和改出失速、过失速形成一套完整的改出程序，所以它是早期歼击机改螺旋的主要方法。

（2）"反舵、推杆"

到目前为止这种方法仍是低速飞机改出螺旋的传统方法，也称标准方法。具体做法是：向螺旋反方向用力蹬满反舵，当飞机旋转明显减慢时，再向正前方推杆到头。飞机停转时，立即把杆舵回到中立位置，俯冲增速到规定速度，柔和拉杆改出俯冲。

用这种方法改螺旋，要注意推杆时机和及时回舵。推杆时机过早，旋转可能加快，延迟改出；回舵不及时，容易引起反向旋转。推杆到头，飞机停转时，容易形成负俯冲状态，飞行员应及时回点杆，预防出现负载荷。

（3）"反舵、斜顺杆"

具体做法是：用力蹬出反舵，接着向螺旋方向的斜前方推杆（即推杆过中立位置或稍过中立位置，同时压顺杆到头）。飞机停止旋转时，立即迅速将杆舵回到中立位置。速度增加到规定数值时，柔和拉杆改出俯冲。

因为蹬反舵和压顺杆都能有效地制止飞机旋转，所以这是上述几种改出方法中效果"最强"的一种方法。用这种方法飞机停止旋转很快，特别要注意停止旋转时及时回杆回舵，以防飞机反向旋转。

上面介绍了几种改出螺旋的基本方法，对于具体飞机的改出方法和操纵动作可参考相应的飞行手册。

8.3　过失速

迎角超过失速迎角的飞行状态称过失速。不同机型在过失速状态下的动态特点并不相同，有的甚至存在质的区别。目前绝大多数飞机在过失速状态下会出现一些诸如变状态、过失速旋转等非操纵性的旋转运动；而一些采用非常规布局的先进战斗机在过失速状态下则可以准确地进行复杂的机动飞行动作，本节将对此分别加以介绍。

8.3.1　常规布局飞机的过失速动态

1. 变状态（又称偏离）

变状态是常规布局飞机过失速飞行中经常首先发生的现象，它以发散的、大幅度的、非指令性的飞机运动为特征。视飞机不同，可以是掉翼尖（即翼尖下坠）、机翼摇晃、偏机头、自发上仰等。变状态发生在过失速之后，即发生在比失速迎角更大一些的迎角上。某些飞机只要稍超过失速迎角，变状态就会发生；而有些飞机则要明显超过失速迎角，变状态才会发生。从飞机动态上看，变状态与失速的差别是失速中飞机仍有一定的稳定性、操纵性，表现在飞机绕自身某轴的旋转是缓和的，飞行员通过操纵能将其控制在一定的角度之内（如歼击机小于30°）；而变状态是非指令性运动，是发散的，其幅度远大于失速，飞行员难以控制其状态变化。

2. 过失速旋转

过失速旋转指的是飞机在失速后紧接着偏离,从而出现的绕机体轴系一个或几个轴的非操纵性运动。作为专门的术语,它并不包括螺旋和某些飞机特有的深度失速。在过失速旋转中,大部分时间内飞机的迎角都超过失速迎角。过失速旋转最常见的形式有三种,即失速性滚转、失速性滚摆以及失速性盘旋下降。

失速性滚转的特点是飞机向一个方向滚转(当然也同时有一定程度的偏转和俯仰运动),滚转一圈大约4～5 s。有些资料上称失速性滚转为进入螺旋前的"大半径横滚"。滚转有时会停顿,但接着又开始滚转,滚转方向不变。

失速性滚摆的特点是左右交替改变方向的迅速滚转,飞机坡度左右变化,机头也跟着左右摆动,但从总体上说飞行方向变化不大。

失速性盘旋下降的动态和螺旋很相似,滚转和偏转方向一致,滚转时滚时停,偏转不改变方向(有时也可能停顿)。

对采用常规布局的飞机,过失速是一种危及飞行安全的不正常飞行现象,所以不允许飞机在过失速范围内飞行。

8.3.2　过失速的防止与改出

防止飞机过失速,首先要防止飞机失速,这在前面已有叙述。

过失速的改出方法与改出失速的方法基本相同,只要确实蹬平舵,杆中立或推杆过中立,即"平、中",一般飞机都能迅速可靠地改出。

8.3.3　非常规布局飞机的过失速机动

过失速机动是飞机迎角远远超过失速迎角,在速度非常小的状态下,迅速改变飞行速度矢量和机头指向的一种机动形式。随着科学技术的发展,一些采用了非常规气动布局、闭环控制、高性能动力装置等技术的先进战机已经可以在一定程度上完成过失速机动动作。如在1995年巴黎国际航展上,美国的X-31验证机进行了四种过失速机动动作。理论分析表明:运用过失速机动可以进一步扩展飞行包线;提高近距格斗能力;增强规避机动效果;提高格斗空战效率,从而取得正常飞行得不到的某些战术优势。

据有关资料介绍,X-31验证机进行过失速机动的基本过程是:飞机从常规飞行状态拉杆做大角度跃升,使迎角达到失速迎角(约30°～40°),并在减速过程中使迎角达到70°;当速度下降到每小时几十千米,飞行员控制飞机绕立轴、横轴或纵轴进行转动,从而可使机头快速指向任意方向;随后推杆减小迎角退出失速,转为俯冲增速,恢复到常规飞行状态。由于速度小,这种机动的旋转角速度比常规机动的瞬时角速度大一倍左右,机头能迅速指向所需方向,有利于快速发射具有离轴能力和全向攻击的先进格斗导弹。

上述表明,过失速机动的基本特点有两个:一是飞机超过失速迎角,速度小(100 km/h 左右),载荷因数小(约为 2);二是在过失速状态下,飞行员可控制飞机绕三个轴转动。由此可见,过失速机动至少应具备以下四个条件:第一,飞机应具有足够的俯仰、偏转和滚转操纵能力,能在机动过程中保持很高的操纵效率。为此,必须采用先进的辅助控制系统如推力矢量技术。第二,飞机应具有极好的大迎角稳定性,这就必须通过闭环控制系统和先进的气动布局来保证。第三,飞机应采用高性能的发动机,以保证在过失速机动中能正常工作。其中,飞机的推重比要高(至少大于 1),发动机耗油率要低。第四,飞机应具有在很短时间内产生很大的瞬时角速度的能力,即应转得快,加减速快。

8.4 急盘旋下降

飞机沿比较陡峭的螺旋线做加速的盘旋下降称为做急盘旋下降。

在改出俯冲、盘旋下降等飞行动作中,由于飞行员操纵不当,飞机可能进入急盘旋下降。图 8-4-1 所示为飞机从俯冲和盘旋下降进入急盘旋下降的轨迹示意图。意外地进入急盘旋下降是一种危及飞行安全的现象。分析急盘旋下降的进入原因和动态,研究它的判断和改出方法,对于预防急盘旋下降,及时发现、正确处置急盘旋下降,保证安全有重要意义。

8.4.1 急盘旋下降的成因

这里以改出俯冲时进入急盘旋下降为例来说明。

在正常情况下,飞行员拉杆改出俯冲时,升力大于重力第一分力,两力之差即为向心力,可使飞机改出俯冲。但在改出俯冲过程中,如果由于某种原因(杆不正或带舵等)引起飞机滚转,拉杆所增加的升力就不能全部用来作为改出俯冲的向心力,只有升力第一分力与重力第一分力之差$(Y_1 - G_1)$作为改出俯冲的向心力,从而延迟了俯冲的改出。同时,升力第二分力作为水平向心力,使飞机在水平面内做曲线运动。如果改出俯冲的时间过长或滚转角速度较大使飞机带了较大的坡度,则可使升力第一分力小于重力第一分力,飞机的俯冲角不但不减小反而增大,加上升力第二分力的作用,飞机就会一面旋转一面急剧下降。如果此时飞行员仍想靠单纯拉杆改出,飞机将会越转越快,越掉越陡而进入急盘旋下降,如图 8-4-2 所示。

可见,进入急盘旋下降的根本原因是飞机在俯冲状态下出现了滚转。防止飞机进入急盘旋下降的关键在于改出俯冲过程中拉杆要正,舵位要适当,避免飞机滚转。同时还可看到,拉杆不能产生正的轨迹变化率 $d\theta/dt$ 是急盘旋下降区别于俯冲和盘旋下降等动作的根本特征。

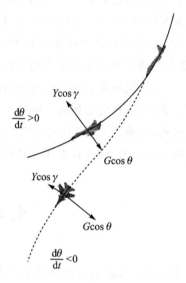

(a) 从俯冲进入　　　(b) 从盘旋下降中进入

图 8 - 4 - 1　急盘旋下降示意图　　　　图 8 - 4 - 2　俯冲改出时带滚转

8.4.2　俯冲速度和俯冲角对进入急盘旋下降的影响

在大速度、大俯冲角的情况下改出俯冲,更应防止飞机因滚转而进入急盘旋下降。理由是在载荷因数一定的情况下,俯冲速度大,改出俯冲的轨迹半径也大,改出的时间随之增长;俯冲角大也会使改出的时间增长。在这种情况下,即使滚转角速度很小,也可能在没有改出俯冲之前就形成很大的坡度,致使升力第一分力明显减小而不能减小俯冲角。加上飞机滚转角速度小,飞行员不易察觉,更增加了进入急盘旋下降的可能性。

由上述分析可知,在俯冲角一定时,速度越大,或俯冲速度一定时,俯冲角越大,都会使改出俯冲的时间增长,增加飞机进入急盘旋下降的可能性。但是,即使俯冲角、俯冲速度大,如果飞机没有滚转角速度,也不会进入急盘旋下降。那么俯冲速度和俯冲角一定时,多大的滚转角速度才能足以使飞机进入急盘旋下降呢? 我们把这一角速度称为极限滚转角速度。

表 8 - 4 - 1 所列是在不同俯冲速度和载荷因数条件下,从垂直俯冲退出时的极限滚转角速度。由表中的数值可以看出,速度越大,或拉杆造成的载荷越小,极限滚转角速度越小。也就是说,俯冲速度越大,拉杆造成的载荷因数越小,进入急盘旋下降的可能性就越大。高速飞机退出俯冲时尤其要注意防止进入急盘旋下降就是这个道理。

表 8 - 4 - 1　不同俯冲速度和载荷因数条件下,从垂直俯冲退出时的极限滚转角速度

°/s

n_y	$V/(\mathrm{km \cdot h^{-1}})$									
	200	300	400	500	600	700	800	900	1 000	1 100
2	6.80	4.55	3.41	2.73	2.28	1.95	1.70	1.51	1.37	
3	13.20	8.80	6.60	5.28	4.40	3.77	3.30	2.93	2.64	2.40

n_y	$V/(km \cdot h^{-1})$									
	200	300	400	500	600	700	800	900	1 000	1 100
4	19.60	13.00	9.80	7.84	6.52	5.60	4.90	4.35	3.91	3.55
5	26.00	17.30	13.00	10.40	8.66	7.45	6.50	5.78	5.20	4.72
6	32.20	21.50	16.10	.12.90	10.70	9.22	8.07	7.17	6.45	5.86

8.4.3　急盘旋下降的判断和改出

在急盘旋下降中,飞机的俯角很大,机头在地面的投影画着大半径的圆圈。由于滚转角速度不大,飞行员不易把急盘旋下降同改出俯冲区别开来。但两者是有所不同的,改出俯冲时飞行员从风挡向前望,可见地面自上而下地移动。进入急盘旋下降后,地面移动的方向带有一些偏斜,天地线始终"出"不来,天地线很高,飞行员要尽力抬头方能看到。

改出急盘旋下降,需要收油门、放减速板,用杆、舵制止飞机绕纵轴的滚转,并消除坡度,然后再拉杆退出俯冲。如果飞机未停旋转就急于拉杆,结果往往适得其反,不仅不能很快改出,反而增大了水平向心力,助长了飞机的旋转。

飞行员应该有这样的习惯:改出俯冲时,特别注意防止飞机绕纵轴的滚转,大速度、大角度俯冲时,尤其要注意。

8.5　抗失速螺旋控制理论

利用各种气动设计方法控制附面层和旋涡可以延迟机翼表面的气流分离,延迟飞行状态偏离,然而不能完全阻止失速、偏离和螺旋等状态的发生。从保证飞行安全的角度,在飞机临近飞行包线的左边界时,应该给飞行员明显的信号提示,如自然警告或者人工警告。更好的设计是在飞行控制系统中设置迎角/过载的限制功能,通过限制飞行员的操纵指令等,自动防止因为飞行员人为粗猛操纵而使飞机超出设计或使用迎角/载荷。此功能在战斗机空战格斗时更为重要,因为空战格斗时动作急剧,飞行员有时会把迎角拉到或超过极限,从而导致出现如下问题:

①　过载过大,飞行员生理上难以承受,或使机体产生过大应力而造成机体损坏;

②　迎角过大,飞机失速、失控;

③　随着迎角接近限制值,飞机抖动更加严重,瞄准困难,而且面临危险。

为避免这些问题,飞控系统中包括一组专门的控制律,在飞行包线左边界设定限制,阻止飞机的迎角/过载超过规定限制。尤其在飞行包线左边界低速大迎角情况下,飞行员操纵疏忽所引起的过载通常不大,但迎角可能很大,达到甚至超过失速迎角,会面临危险,所以必须限制迎角;现代高速飞机飞行时,虽然迎角不大,但一旦飞行员操纵疏忽,仍可能产生超大过载,危及飞行安全,所以还必须限制过载。

8.5.1　迎角/过载限制器

常见的迎角/过载限制系统结构图如图 8-5-1 所示。在控制增稳系统或电传操纵系统中增加迎角/过载限制回路,对飞行员的纵向操纵指令进行限制,以防止由于飞行员在操纵中的疏忽而危及飞行安全,是一种保护措施。

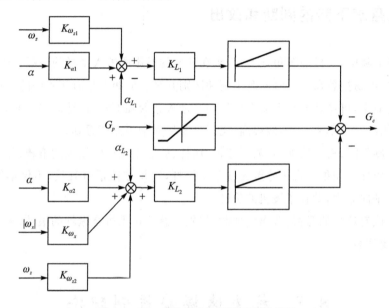

图 8-5-1　迎角/过载限制系统原理图

相比迎角限制,过载限制较易实现,通常在杆力传感器后接入一个非对称限幅电路,当飞行员由于疏忽发出很大的驾驶杆信号时,这个过大的杆力信号将被限制在某个值之内,从而限制了飞机最大过载,确保飞行安全。一般最大正过载值大于最大负过载值。

迎角的限制实现相对复杂些,通常通过迎角传感器引入迎角反馈信号,来抵消一部分控制信号,达到迎角限制幅值的目的。图 8-5-1 中的迎角限幅分两级实现,分别在当量迎角大于启动门限后开始工作,目的在于遵循如图 8-5-2 中所示的允许过载-迎角关系。

图 8-5-2 中允许过载与迎角关系曲线的过渡段需要精心设计,以免对飞行限制过多、过于保守,或者不够安全。为便于实现,实际用折线逼近曲线,如采用三段折线时可以得到两个门限值 α_{L_1} 和 α_{L_2}。迎角限制值 α_{L_1} 和 α_{L_2} 的大小,可以通过飞机全局稳定性来初步确定。一级限制值 α_{L_1} 大致定在失速迎角附近;二级限制值 α_{L_2} 定在出现偏离状态时,这里选择静稳定性丧失时。最后通过模拟、试飞来效验确定。显然 $\alpha_{L_1} < \alpha_{L_2}$,因此当迎角超过 α_{L_2} 时,两条迎角反馈将一起打开,实现第二级限制,以保证飞行安全。

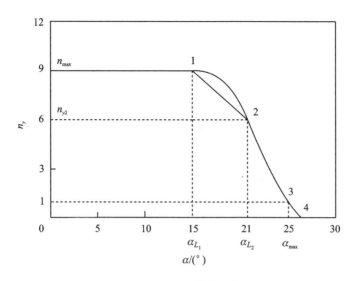

图 8 - 5 - 2 允许过载与迎角关系

8.5.2 螺旋自动防止系统的概念

螺旋自动防止系统的功能主要有两个:一是保证飞机一旦偏离正常飞行状态时能够终止偏离的发展,二是保证飞机进入螺旋后能有效地改出。

与由人控制的飞机相比,由自动控制系统来完成螺旋的预防与改出具有以下优点:

① 能够迅速准确地判断出初始螺旋,包括飞机的姿态和方向;

② 从判断到实施改出操纵的时间很短;

③ 保证改出动作准确到位;

④ 消除了进入反螺旋的倾向。

8.5.3 螺旋自动防止系统的原理

图 8 - 5 - 3 所示为螺旋自动防止系统原理图。图 8 - 5 - 3(a)中首先在偏转角速度 ω_y 和迎角 α 平面上划分出正常机动包线(较低的 ω_y 和 α 值)和发展螺旋区(较大的 ω_y 和 α 值),二者之间的区域表征状态偏离和初始螺旋;螺旋自动防止系统的启动门限设在偏离和初始螺旋区,如图 8 - 5 - 3(b)所示。在实际可能的情况下,一般总是希望将门限尽可能设置在远离形成螺旋区,以便能有效迅速地把飞机恢复到可控飞行状态;另一方面,门限过分接近机动边界会妨碍飞行员进行正常的机动飞行操纵。因此,针对具体飞机的失速/螺旋特性确定恰当的启动门限值是螺旋自动防止系统设计成功的关键之一。如某高性能战斗机的简化启动门限值为 $30°/s$ 和 $57.3°/s$,而其允许使用迎角为 $25°$。

实际螺旋防止系统可分为两个子系统,典型的逻辑框图如图 8 - 5 - 4 所示。

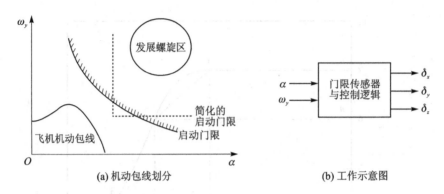

(a) 机动包线划分　　　　　　　　　(b) 工作示意图

图 8 - 5 - 3　螺旋自动防止系统原理

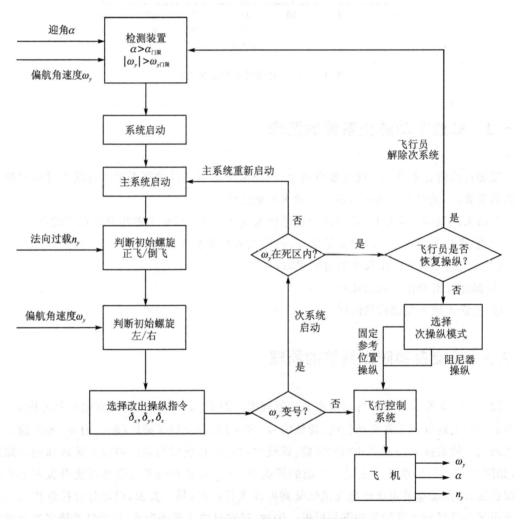

图 8 - 5 - 4　螺旋自动防止系统逻辑框图

　　首先由主系统识别初始螺旋的方向和姿态,然后发出改出操纵指令。对于质量相对集中于机身的现代高速飞机,典型操纵动作是顺螺旋方向的最大副翼操纵(反螺旋方向的最大副翼操纵)、反螺旋方向的最大方向舵操纵和上仰操纵,目的在于制止飞机自动偏转,并且储备下俯